DINOSAURIER

VON A-Z

DINOSAURIER VON A-Z

MICHAEL BENTON

Illustrationen von Jim Channell und Kevin Maddison

ars edition

Der Autor Michael Benton ist einer der bekanntesten Paläontologen in Großbritannien und veröffentlichte zahlreiche Artikel und Bücher über die Vorzeit. Er ist Dozent am Geologischen Institut der Universität von Bristol. Die fachliche Beratung für die deutsche Ausgabe erfolgte durch Prof. Dr. Hans Joachim Conert (Universität Frankfurt/Main).

Weiterer Titel in gleicher Ausstattung:
Tiere der Vorzeit von A - Z

Titelbild: *Allosaurus*
Vorige Seite: *Hypsilophodon*
Unten: *Plateosaurus*
Einbandrückseite: *Vulcanodon*

94 93 92 91 5 4 3

Übersetzt und bearbeitet von Stefan Conert
Titel der Originalausgabe:
»Dinosaurs: An A-Z Guide«

Redaktion der Originalausgabe:
John Grisewood und Nicola Barber
Diagramme: Ralph Orme
Gestaltung: TL Creative Services
Bildredaktion: Sarah Donald
Umschlaggestaltung:
Atelier Langenfass, Ismaning

Printed in Spain
ISBN 3-7607-4552-0

Inhalt

Der Verlag dankt den folgenden Einrichtungen und Personen für die freundliche Überlassung von Fotografien:
Imitor: S. 6, 13, 14; Mary Evans Picture Library: S. 15; Pat Morris: S. 167; Xinhua News Agency: S. 168; Michael Benton: S. 172.

Einleitung

Mehr als 160 Millionen Jahre lang beherrschten die Dinosaurier die Welt, aber vor 65 Millionen Jahren starben sie ohne jede Ausnahme aus. Das geschah lange bevor die Entwicklung des Menschen vor 3,5 Millionen Jahren begann. Die Dinosaurier waren Landbewohner. Manche waren so lang wie zehn hintereinander geparkte Autos und so hoch wie ein dreistöckiges Gebäude, manche nicht größer als ein Dackel. Zwischen diesen beiden Größen finden sich Dinosaurier aller Formen, die nur eines gemeinsam haben: Sie waren von allen heute lebenden Tieren sehr verschieden. Die ersten Dinosaurier wurden zu Beginn des 19. Jahrhunderts entdeckt; seither wurden Tausende von Skeletten gefunden. Die Zahl der verschiedenen Arten ist nur schwer abzuschätzen. In der ersten Zeit bezeichneten die Sammler die entdeckten Tiere mit immer neuen Namen, ohne zu untersuchen, ob die Reste nicht schon vorher benannt worden waren. Zeitweise bekämpften sich die verschiedenen Gruppen von Dinosaurier-Jägern regelrecht, und jede wollte die meisten Neufunde vorweisen. Jedes Tier darf aber nur einen Namen haben, und zwar den ältesten! Deshalb heißt zum Beispiel die »Donnerechse« nicht *Brontosaurus*, sondern mit ihrem älteren Namen *Apatosaurus*. Im Laufe der Jahre sind mehr als 2000 »Arten« benannt und beschrieben worden. Inzwischen hat sich aber herausgestellt, daß es sich tatsächlich nur um etwa 300 Arten handelt, von denen manche lediglich durch einen Knochen oder Zahn bekannt sind. Von den etwa 200 besser bekannten Arten werden in diesem Buch die meisten behandelt.

Ausgrabung von Bein- und Schulterknochen eines großen *Sauropoden* im Dinosaur National Monument (Utah/USA).

Wie ein Fossil entsteht

1. In der Natur existieren Leichen nicht lange. Wenn ein Tier gestorben ist, wird es von Raubtieren und Aasfressern bis auf wenige Reste verzehrt. Insekten und ihre Larven setzen das Werk fort, und schließlich sorgen Pilze und Bakterien dafür, das nichts von ihm übrig bleibt. Manchmal wird ein totes Tier aber in ein Gewässer gespült und sinkt auf den Boden.

2. In kurzer Zeit verwesen Fleisch, Haut und Sehnen, und nur die Knochen, Krallen und Zähne bleiben übrig. Ununterbrochen rieseln feinste Staubteilchen herab und bedecken das Skelett. Allmählich bildet sich eine immer stärkere Schicht von Schlamm, die so dicht wird, daß sie die Knochen luftdicht abdeckt. Jetzt können sie nicht mehr verwesen.

3. Der Schlamm verfestigt sich immer mehr und wird schließlich zu Gestein. Während dieser Zeit ist Wasser in die Knochen eingedrungen, und in den feinen Poren setzen sich Mineralien ab, die im Wasser gelöst waren. Der Knochen löst sich auf, und nur eine Versteinerung bleibt übrig, die genau die Form des Knochens hat, aber viel schwerer ist.

4. Im Verlaufe von Millionen Jahren verändert sich die Erdkruste. Was einst ein See war, wird manchmal zum Gebirge. Wind und Regen zerstören das Gestein, und zuweilen kommt ein versteinertes Tier zum Vorschein, das vor vielen Millionen Jahren gelebt hat. Wenn es zufällig von einem Sammler entdeckt wird, gelangt es vielleicht in ein Museum.

Das System der Dinosaurier

Um die Vielfalt der Lebewesen überblicken zu können, braucht man ein System. Ohne eine solche Klassifizierung herrscht nur Chaos. Offensichtlich sind manche Dinosaurier eng miteinander verwandt, mit anderen dagegen weniger. Deshalb lassen sich verschiedene Verwandtschaftskreise voneinander trennen. Bei den Dinosauriern gibt es zwei Gruppen, die sich in der Ausbildung ihrer Becken unterscheiden: die Dinosaurier mit einem Echsenbecken und die mit einem Vogelbecken. Diese beiden systematischen Gruppen bezeichnet man als Ordnungen.

Bei den Echsenbecken-Dinosauriern finden sich sowohl Fleischfresser als auch Pflanzenfresser, beide bilden je eine Unterordnung. Unter den Fleischfressern gibt es neben anderen Vertretern auch die riesigen Raubtier-Dinosaurier, die eine eigene Zwischenordnung bilden. Diese Zwischenordnung gliedert sich in mehrere Familien, z.B. die Familie der Großechsen. Die Familie umfaßt mehrere Gattungen, zu denen auch die Gattung *Megalosaurus* gehört. Von einer Gattung gibt es noch mehrere Arten, sie werden in der Darstellung rechts nicht mehr berücksichtigt.

Der Beckengürtel der Dinosaurier

Bei den Dinosauriern lassen sich zwei Ordnungen unterscheiden: Dinosaurier mit einem Echsenbecken und Dinosaurier mit einem Vogelbecken. Bei den ersten, den *Saurischia,* war das Schambein (die Pubis) nach vorn-abwärts gerichtet, das Sitzbein (das Ischium) nach hinten-abwärts. Das Darmbein (das Ilium) war nach vorn verbreitert. Die kräftigen Beinmuskeln, die ein zweibeiniges Laufen möglich machten, setzten an der Pubis an. Bei den *Ornitischia* waren Pubis und Ischium nach hinten-abwärts gerichtet, und das Ilium war nach vorn verschmälert. Hier setzten die Beinmuskeln an einem Fortsatz der Pubis oder des Iliums an.

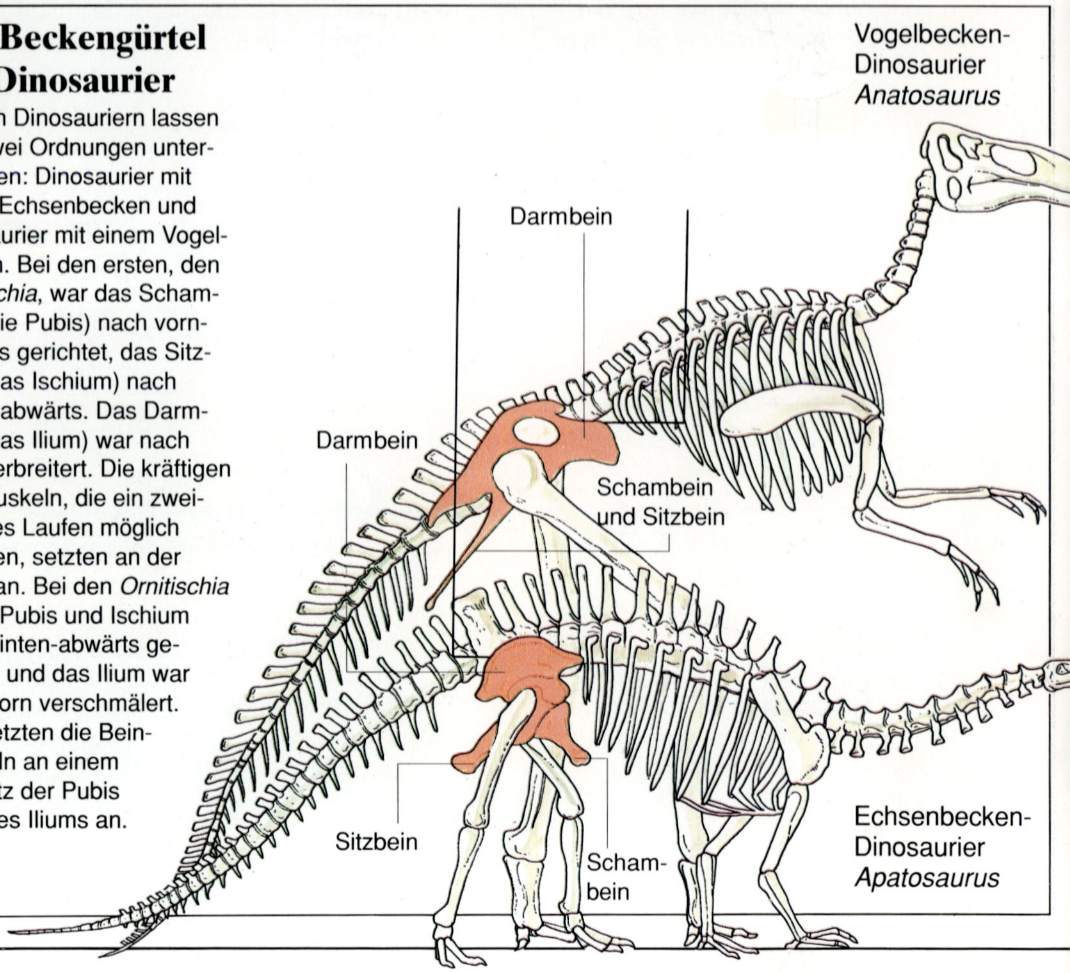

Tyrannosaurus rex im System der Dinosaurier

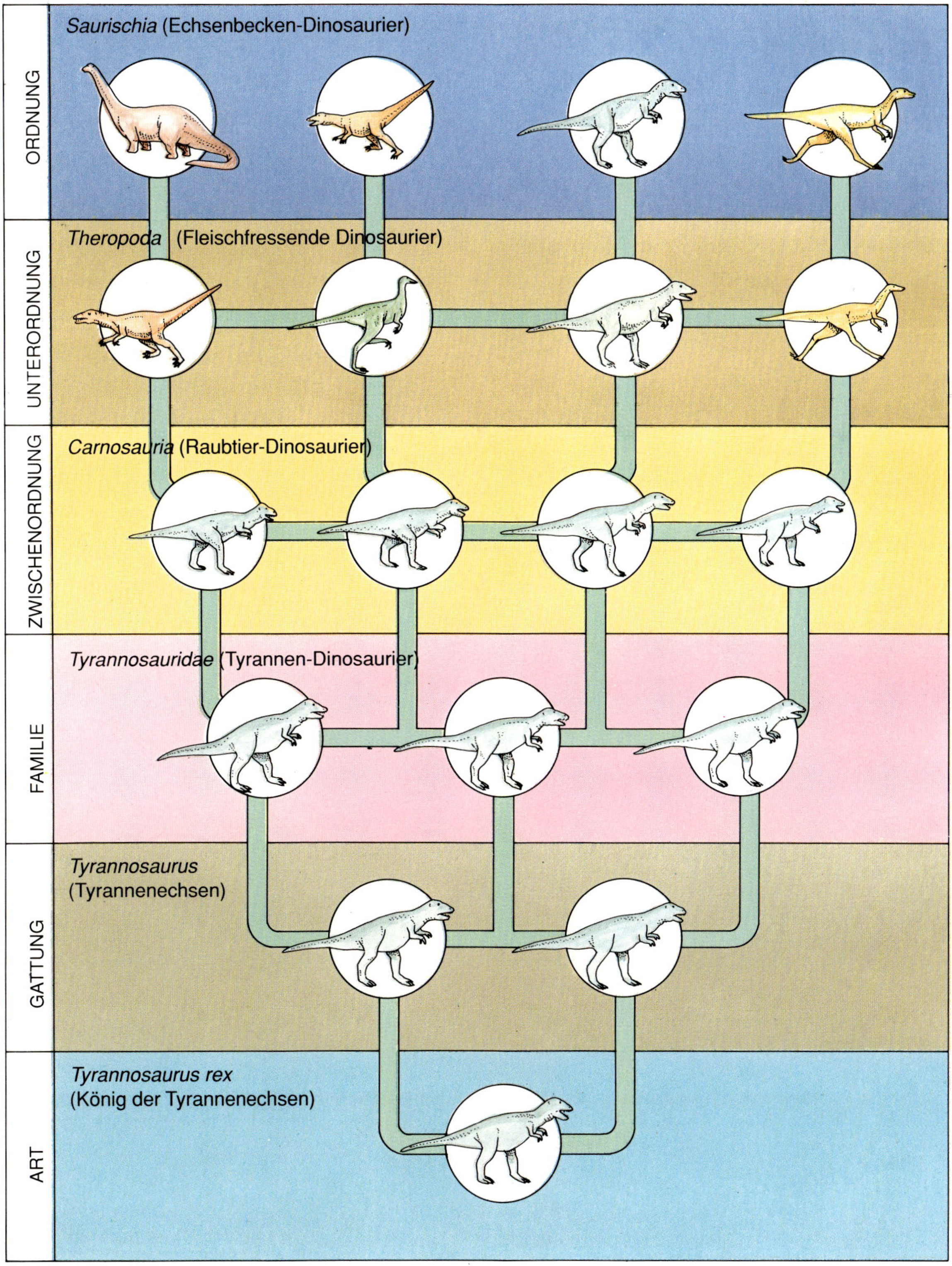

Die Geschichte der Erde

Man schätzt, daß die Erde vor 4600 Millionen Jahren entstand und ihre Urzeit, das Präkambrium, einen Zeitraum von mehr als 4000 Millionen Jahren einnahm. Seit etwa 3500 Millionen Jahren gibt es Lebewesen auf der Erde, aber erst am Ende des Präkambriums traten die ersten Quallen und Würmer auf. Der Zeitraum von der Entstehung des Lebens bis zu den ersten Würmern war also ungleich länger als die Entwicklung von den Würmern bis zu den heute lebenden Tierarten. Hierfür nimmt man etwa 570 Millionen Jahre an.

An die Urzeit der Erde schließt sich die Altzeit der Erde an, das Paläozoikum. Sie umfaßt etwa 325 Millionen Jahre, in denen sich nicht nur Muscheln und Korallen, sondern auch Insekten und Wirbeltiere (Fische, Lurche und Kriechtiere) entwickelten. Bei den Pflanzen vollzog sich der Übergang von im Wasser lebenden Formen zu Landpflanzen. Riesige Farne und Schachtelhalme entstanden und vergingen, und gegen Ende dieser Zeit entwickelten sich die ersten Nacktsamer.

In der anschließenden Mittelzeit der Erde, dem 180 Millionen Jahre andauernden Mesozoikum, entstanden die Vögel und urtümliche Säugetiere, aber auch die Blütenpflanzen. In der Neuzeit der Erde, dem Känozoikum, die etwa 65 Millionen Jahre umfaßt, entstanden die heute verbreiteten Formen der Pflanzen und Tiere. Die Mittelzeit der Erde war die Zeit der Reptilien, die während der Trias, dem Jura und der Kreide alle Lebensräume einnahmen. 160 Millionen Jahre lang beherrschten die Saurier die Welt, bis sie vor 65 Millionen Jahren für alle Zeit und ohne Ausnahme ausstarben.

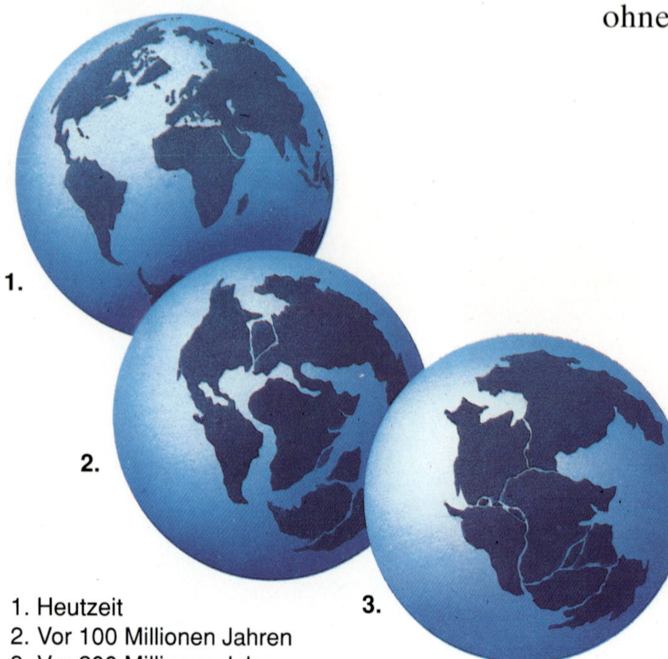

1. Heutzeit
2. Vor 100 Millionen Jahren
3. Vor 200 Millionen Jahren

Vor 200 Millionen Jahren bildeten alle Kontinente der Erde eine einzige Landmasse. Sie zerbrach in einzelne Schollen, und die Kontinente drifteten im Laufe der Zeit immer weiter auseinander. Wie die Kontinente zur Zeit der Trias, des Jura und der Kreide zueinander lagen, zeigen die Karten, die bei jeder Beschreibung eines Dinosauriers zu finden sind.

Zeittafel

(alle Zeitangaben in Millionen Jahren)

KÄNOZOIKUM 65 - 0	**Pleistozän** Die Eiszeiten Erste Menschen treten auf.	0 2
	Pliozän Der *Australopithecus* erscheint. Erste Rinder und Schafe	5
	Miozän Neue Säugetiere treten auf. Erste Mäuse, Menschenaffen	24
	Oligozän Erste Hirsche, Affen, Schweine und Nashörner	37
	Eozän Erste Hunde, Katzen, Pferde, Elefanten und Kaninchen	58
	Paleozän Säugetiere breiten sich aus. Erste Eulen, Spitzmäuse, Igel	65
MESOZOIKUM 245 - 65	**Kreide** Die Dinosaurier sterben aus. Erste Schlangen, Säugetiere	144
	Jura Dinosaurier beherrschen das Land. Erste Vögel treten auf.	208
	Trias Erste Dinosaurier, säugetier- ähnliche Echsen, Schildkröten	245
PALÄOZOIKUM 570 - 245	**Perm** Panzerlurche; viele Land- und Meeresbewohner sterben aus.	286
	Karbon Erste Reptilien Große Steinkohlenwälder	360
	Devon Erste Amphibien, Insekten, Spinnen; erste Landpflanzen	408
	Silur Riesen-Skorpione, Schwämme und Seelilien	438
	Ordovizium Erste Perlboote (Nautilus); viele Korallen und Dreilapper	505
	Kambrium Urtümliche Fische, Dreilapper, Korallen und Muscheln	570
PRÄKAMBRIUM 4600 - 570	**Präkambrium** Erste Algen, Quallen und Würmer Das Leben beginnt im Wasser.	700 3500 4600

Die Entdeckung der Dinosaurier

Außer in der Antarktis wurden auf allen Kontinenten Dinosaurier entdeckt, und in jedem Jahr wird von neuen Funden berichtet. Die Geschichte der Entdeckungen geht bis ins erste Viertel des vorigen Jahrhunderts zurück. Aus Südengland wurden die ersten Dinosaurier beschrieben, noch bevor es die Bezeichnung Dinosaurier überhaupt gab. Funde auf dem europäischen Festland und in Nordamerika folgten, und eine regelrechte Jagd auf die Dinosaurier setzte gegen Ende des vorigen Jahrhunderts ein.

Zwischen 1895 und 1905 gab der amerikanische Multimillionär Andrew Carnegie die damals unglaublich hohe Summe von 25 Millionen Dollar für Expeditionen in den Westen Nordamerikas aus. Hierbei wurden Hunderte von Versteinerungen der verschiedensten Tiere gefunden, unter ihnen auch ein vollständiges Skelett eines *Diplodocus*. Carnegie ließ von diesem Dinosaurier von jedem einzelnen Knochen Abgüsse herstellen und an alle führenden Museen der Welt verschicken.

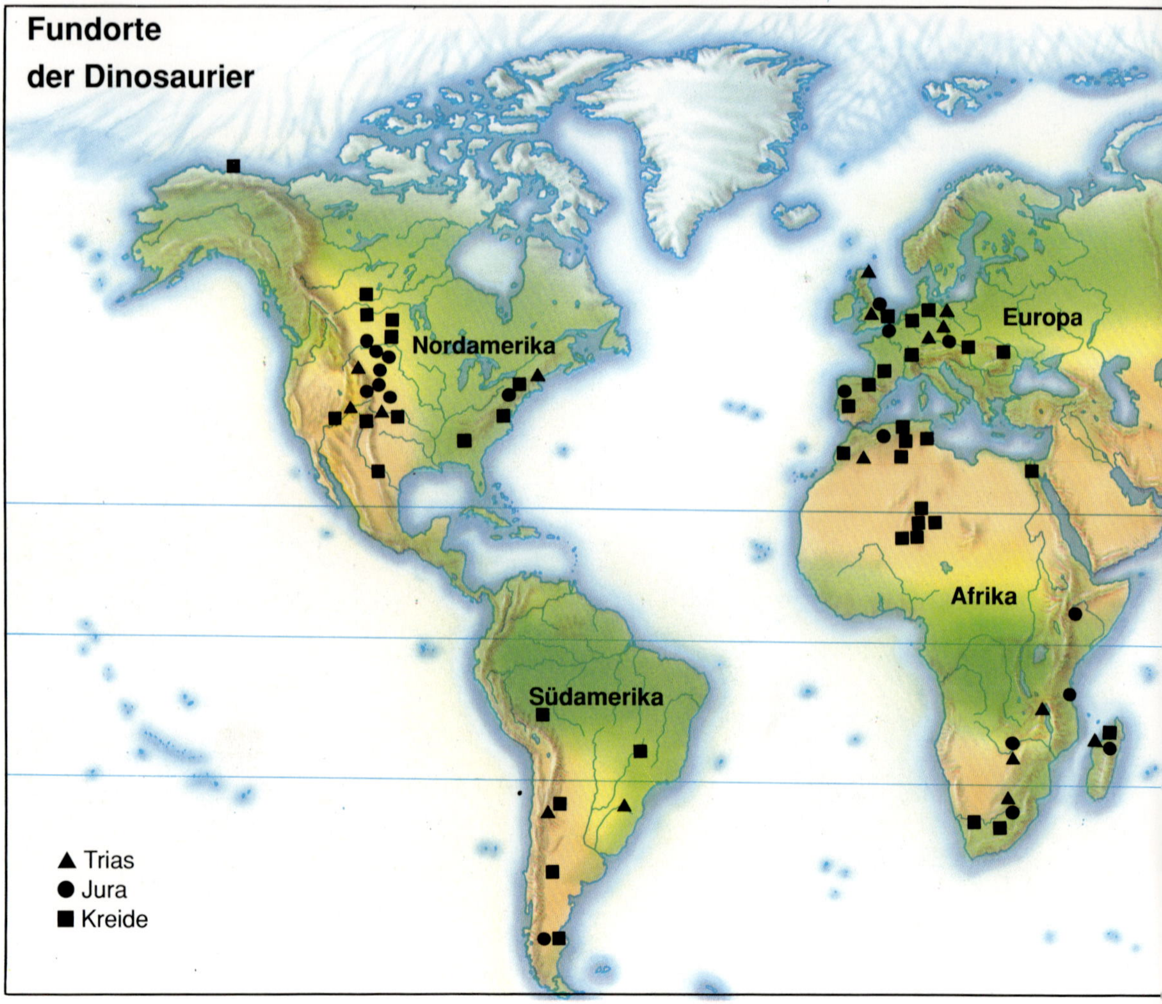

Earl Douglass, der für Carnegie Fossilien von Dinosauriern suchte, entdeckte in Colorado (USA) eine bemerkenswerte Lagerstätte. Sie erhielt 1915 den Namen »Dinosaur National Monument«. In dieser Fundstelle können die Besucher seitdem zusehen, wie die Dinosaurier ausgegraben werden.
Ähnlich umfangreiche Funde wurden zu Beginn dieses Jahrhunderts am Red Deer River in Alberta (Kanada) gemacht. Zwischen 1900 und 1920 führten hier Barnum Brown und Charles Sternberg Ausgrabungen durch. Hunderte von Dinosauriern wurden entdeckt.
Im heutigen Tansania arbeitete ab 1907 der deutsche Geologe Werner Janensch. Im Laufe von vier Jahren wurden 250 t versteinerter Knochen geborgen und nach Berlin gebracht. Das schönste Exemplar, ein *Brachiosaurus*, steht heute im Paläontologischen Museum der Humboldt-Universität (siehe S. 167). Inzwischen wurden Dinosaurier auch in der Mongolei, in China, Australien, Südamerika und 1988 in der Sahara entdeckt.

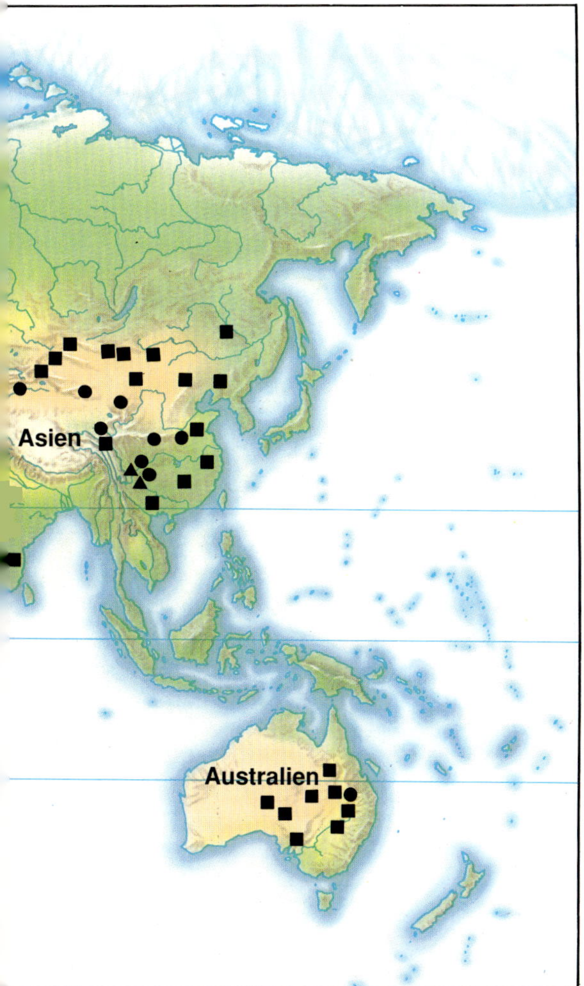

Das Skelett eines *Diplodocus*, das Andrew Carnegie 1900 ausgraben ließ

Berühmte Entdecker

Bereits 1677 gab Dr. Robert Plot die erste Beschreibung eines Dinosauriers. In seinem Buch über die Naturgeschichte von Oxfordshire findet sich die Zeichnung eines Schenkelknochens von *Megalosaurus*. Plot glaubte, den Knochen eines riesigen Menschen gefunden zu haben.

Mary Mantell war Künstlerin und zeichnete Gesteine und Versteinerungen für ein Buch, an dem ihr Mann arbeitete. So war es kein Zufall, daß sie 1822 in Südengland einen versteinerten Zahn fand und ihrem Mann zur Bearbeitung übergab. Damit entdeckte sie einen der ersten Dinosaurier.

Aus der Feder von Dr. Gideon Mantell stammt eines der ersten Bücher über Dinosaurier. Er gab dem versteinerten Zahn, den seine Frau gefunden hatte, und einigen anderen fossilen Knochen den Namen *Iguanodon*. Dr. Mantell war Arzt und sammelte in ganz Südengland Versteinerungen.

Sir Richard Owen verwendete 1841 als erster den Namen »Dinosaurier« für eine Gruppen von Reptilien, von denen zu dieser Zeit 6 - 7 Arten bekannt waren. Seine Vorstellungen vom Aussehen der Tiere waren wichtig, als man 1853 begann, Dinosaurier nach den Knochenfunden zu rekonstruieren.

Edward Cope war ein hervorragender Paläontologe. Er beschrieb und benannte viele Dinosaurier, die zu seiner Zeit im Westen Nordamerikas entdeckt wurden. Lange Zeit war er mit O.C. Marsh befreundet, aber die beiden Wissenschaftler wurden zu erbitterten Rivalen.

Othniel C. Marsh war Professor an der Yale Universität (Connecticut/USA). Im Wettstreit mit Cope war er darauf versessen, immer neue Dinosaurier zu benennen. So beschrieben Marsh und Cope im letzten Viertel des vorigen Jahrhunderts nicht weniger als 130 verschiedene Dinosaurier.

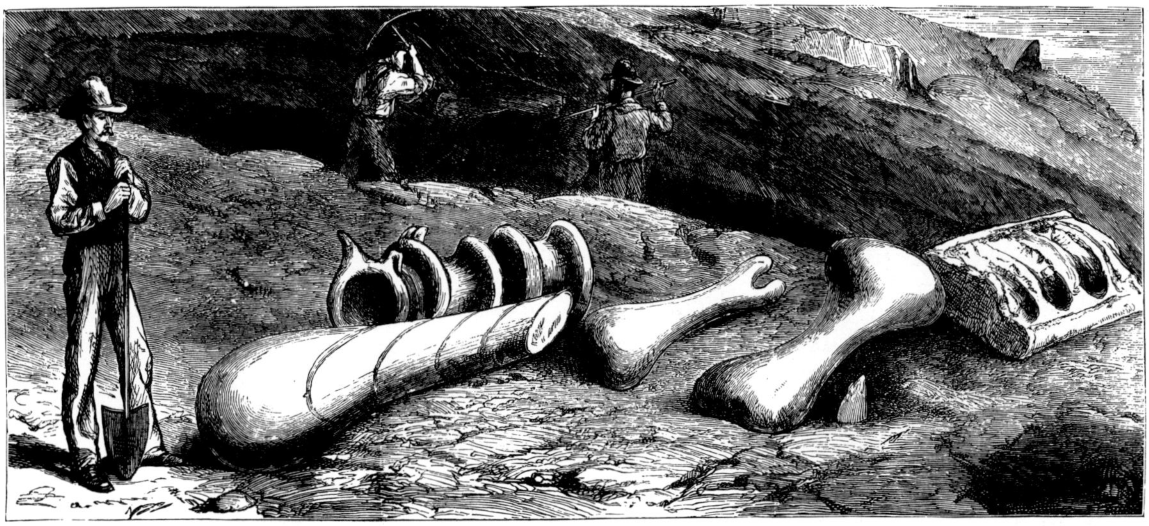

Diese Zeichnung aus dem Jahr 1878 zeigt die Ausgrabung eines Dinosauriers sehr vereinfacht. In Wirklichkeit liegen die Knochen keineswegs so frei auf dem Boden.

Heute sind etwa 300 verschiedene Arten von Dinosauriern bekannt. Fast alle Skelette, die in den Museen ausgestellt sind, wurden in den letzten 150 Jahren entdeckt. Zwar wurden auch schon vorher Versteinerungen von Knochen und Zähnen verschiedener Tiere gefunden, aber die Wissenschaftler wußten nichts mit ihnen anzufangen. Das Skelett eines Riesensalamanders wurde zum Beispiel von Johann Jakob Scheuchzer als Rest eines »armen Sünders« angesehen, der in der Sintflut ertrunken sei. Vom Alter der Erde und der Geschichte der Lebewesen konnte man sich keine Vorstellung machen. Man glaubte, daß Gott alle Pflanzen und Tiere so erschaffen habe, wie sie auch heute noch zu finden sind.
Wie sollte sich dabei die Ansicht entwickeln, daß es schon vor Hunderten von Millionen Jahren Tiere und Pflanzen gab und daß ganze Tiergruppen bereits vor vielen Millionen Jahren ausgestorben waren? Deshalb war es eine hervorragende wissenschaftliche Tat, als William Buckland, Geologie-Professor an der Universität Oxford, einen Kieferknochen mit einigen Zähnen, Rippen und Wirbelknochen einem Reptil zuordnete und diesem Tier 1824 den Namen *Megalosaurus* gab (das bedeutet »Riesenechse«). Schon ein Jahr später folgte die zweite Beschreibung eines Dinosauriers durch Gideon Mantell, als er den versteinerten Zahn, den seine Frau Mary gefunden hatte, als einen Reptilienzahn erkannte. Mantell sah eine Ähnlichkeit mit den Zähnen des heute lebenden Grünen Leguans (Iguana) und nannte die Versteinerung deshalb *Iguanodon*, das heißt »Leguanzahn«.
1841 waren 6 oder 7 Arten von versteinerten Tieren bekannt. In diesem Jahr entdeckte Richard Owen, daß es sich dabei nicht einfach um riesige Echsen handeln konnte. Er nannte sie deshalb Dinosaurier, das heißt »Schreckensechsen«.

Die Beschreibung der Dinosaurier

Nur von wenigen Dinosauriern gibt es einen deutschen Namen, z.B. Donnerechse oder Tyrannenechse. Deshalb sind die Tiere in diesem Buch nach ihrem wissenschaftlichen Namen in alphabetischer Reihenfolge geordnet. Diese Namen stammen von lateinischen oder griechischen Wörtern ab. Sie werden im allgemeinen so ausgesprochen, wie sie geschrieben und nach den Regeln der deutschen Silbentrennung zu trennen sind, z.B. Am-mo-sau-rus oder Ve-lo-ci-rap-tor.
In der Kopfleiste wird für jedes Tier angegeben, zu welcher Ordnung und Unterordnung es im System der Dinosaurier gehört (siehe S. 17). Hinter dem Doktorhut steht der Wissenschaftler, der dem Fossil zum ersten Mal den heute gültigen Namen gegeben hat, und wann das geschah. In der letzten Zeile werden die Museen aufgezählt, in denen ein Skelett des Tieres ausgestellt ist. Die Zahlen entsprechen den Nummern der Museen in der Auflistung auf den Seiten 166 bis 168. Die Karte zeigt, wo die Versteinerung gefunden wurde, aus welcher Zeit sie stammt und wie die Kontinente in jener Zeit zueinander lagen. Im Schattenriß ist die Körperlänge des Dinosauriers und das Größenverhältnis zu einem Menschen angegeben. Die Farbe gibt an, zu welchem Verwandtschaftskreis das Tier gehört.

- Ordnung
- Unterordnung
- Namensgeber und Zeitpunkt der Benennung
- Museen (siehe Liste S. 166-168)

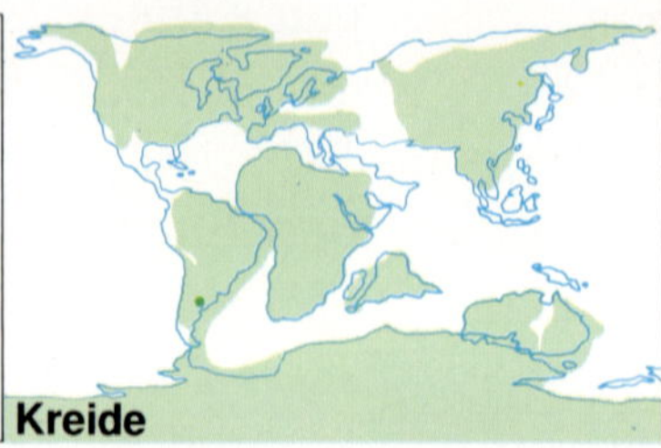

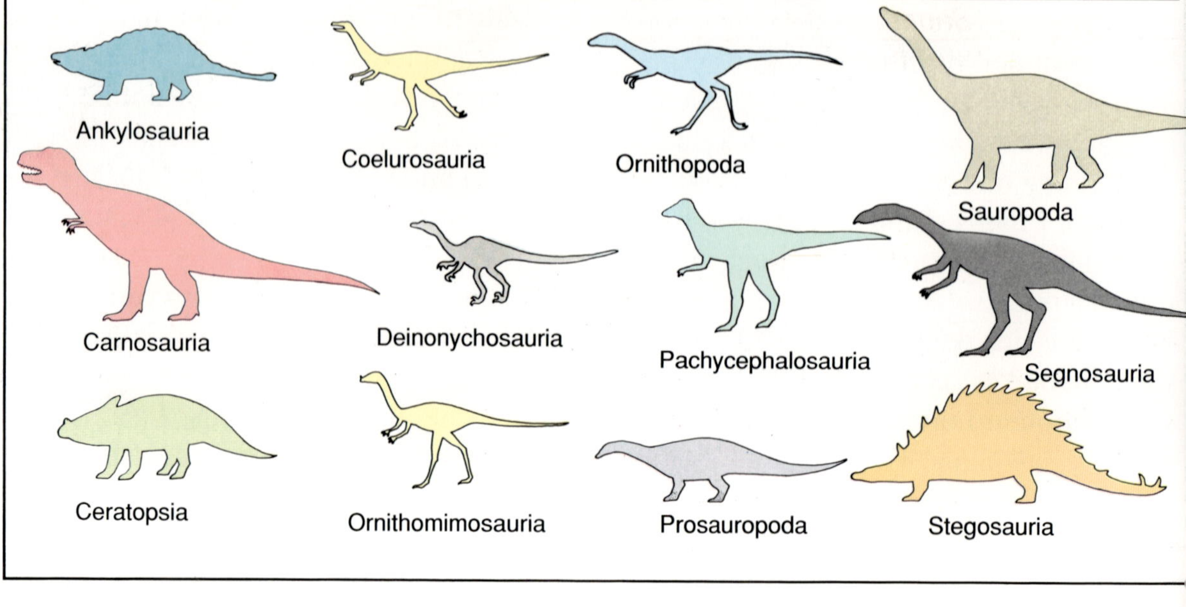

Die Verwandtschaftskreise der Dinosaurier

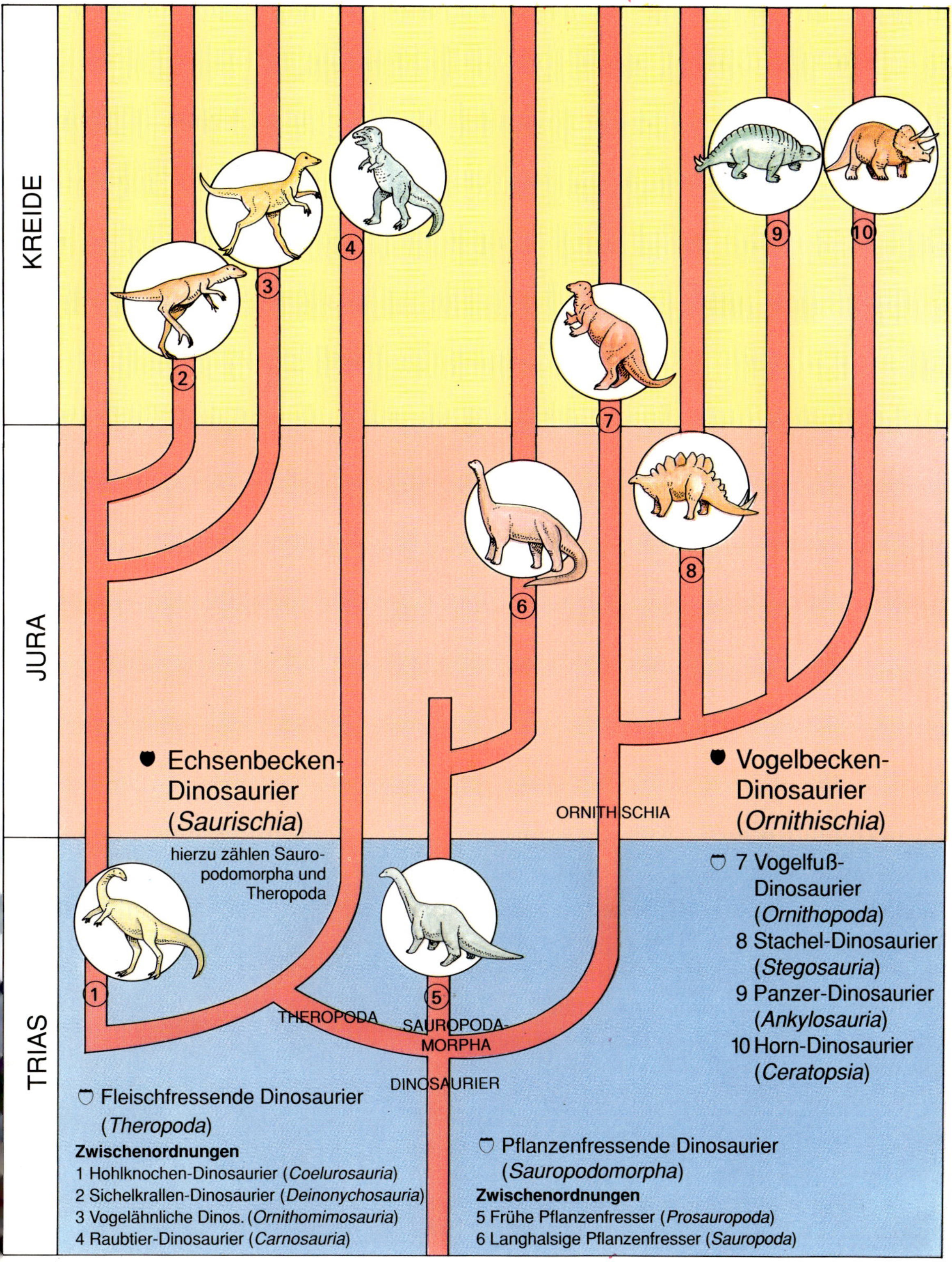

Abelisaurus

- Echsenbecken-Dinosaurier
- Fleischfressende Dinosaurier
- J. F. Bonaparte und F. F. Novas (1985)

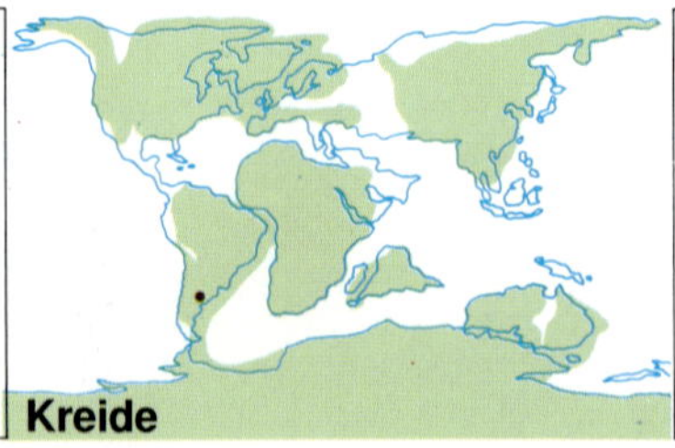

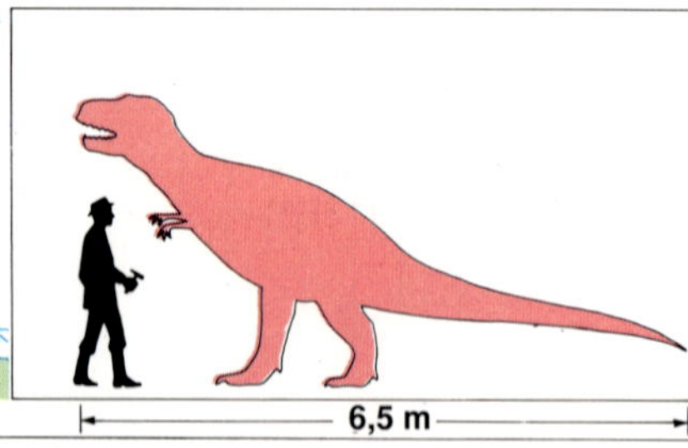

Abelisaurus gehört zu den Raubtier-Dinosauriern (*Carnosauria*) und wurde in Argentinien entdeckt. Die Reste bestanden aus einem gut erhaltenen Schädel, vom übrigen Skelett wurde nichts gefunden. Bereits die Ausbildungen der Schädelknochen zeigten, daß es sich um keinen der bisher bekannten Fleischfressenden Dinosaurier handeln konnte. Wie alle Dinosaurier hatte auch *Abelisaurus* neben den Nasen- und Augenöffnungen auf jeder Seite des Schädels zwei Schläfengruben, aber bei ihm waren sie so groß wie bei keiner anderen Art. Mit 85 cm war der Schädel sehr lang und läßt auf ein großes, stark gebautes Tier schließen. Die langen, dolchähnlichen Zähne erinnern an die von *Tyrannosaurus* und zeigen, daß es sich um einen Raubtier-Dinosaurier handelt.

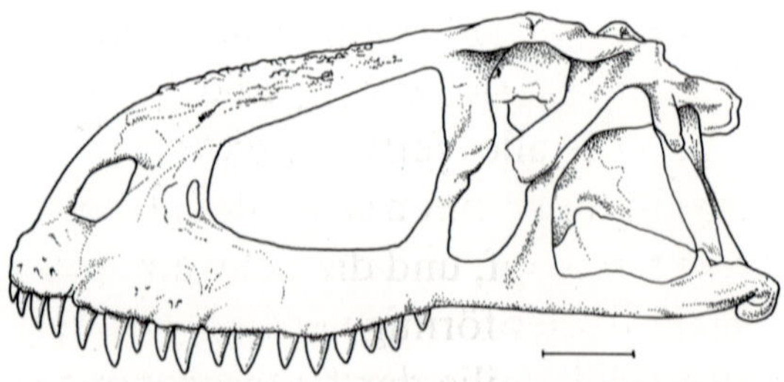

Schädel von *Abelisaurus* (85 cm lang)

Zu den Fleischfressenden Dinosauriern der Kreidezeit – auch den nordamerikanischen – hatte *Abelisaurus* keine engere Beziehung. Deshalb wurde für ihn eine eigene Familie, die *Abelisauridae*, begründet. Ein weiterer Vertreter dieser Familie scheint *Carnotosaurus* zu sein, der ebenfalls in Argentinien entdeckt wurde.

Acanthopholis

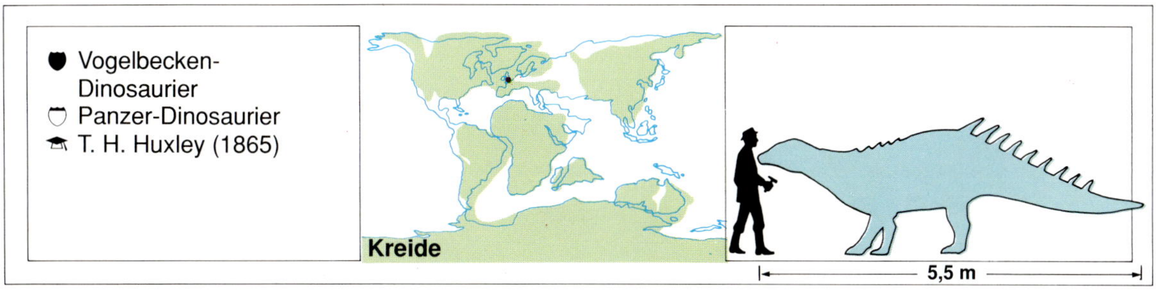

Acanthopholis gehört innnerhalb der Panzer-Dinosaurier zur Familie *Nodosauridae*. Wie alle Vertreter dieser Gruppe hatte er einen schmalen, langgestreckten Kopf, und die Schwanzspitze war nicht keulenförmig verdickt wie bei der zweiten Familie der Unterordnung, den *Ankylosauridae*. *Acanthopholis* hatte vom Nacken bis zur Schwanzspitze viele Knochenplatten, die zu einem beweglichen Panzer verbunden waren. Über dem Nacken und dem Vorderkörper standen paarweise angeordnete Dornen, die das Tier zusätzlich schützten. Die ersten Versteinerungen von *Acanthopholis* wurden 1864 im Kalkstein an der Küste bei Folkestone (Südengland) gefunden. Sie bestanden aus drei Zähnen, einigen Wirbelknochen, Teilen des Schädels und der Gliedmaßen sowie aus zahlreichen Knochenplatten. Auch spätere Funde waren dürftig, so daß von *Acanthopholis* heute nur wenig bekannt ist.

Acrocanthosaurus

Echsenbecken-Dinosaurier
Fleischfressende Dinosaurier
J. W. Stovall und W. Langston (1950)
31

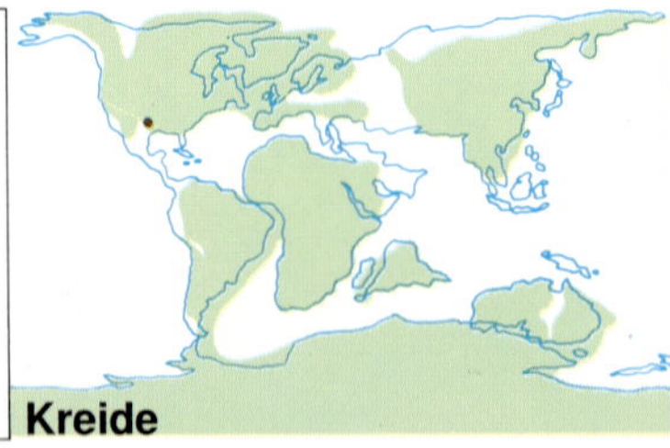

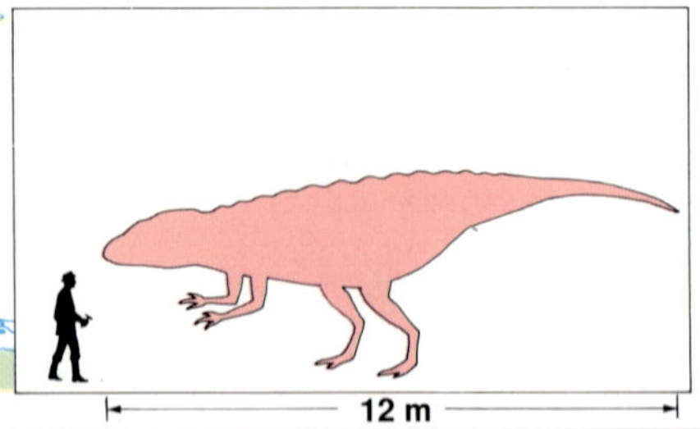

Acrocanthosaurus gehört innerhalb der Raubtier-Dinosaurier (*Carnosauria*) zur Familie *Spinosauridae*, bei der die Tiere auf dem Rücken einen hervortretenden Kamm hatten, der aus den verlängerten Fortsätzen der Rückenwirbel bestand. 1950 wurden mehrere Skelette dieses gewaltigen Tieres in einem kleinen Gebiet in Oklahoma (USA) gefunden. Einige wurden zwar unter dem Namen *Saurophagus* (das bedeutet »Echsenfresser«) beschrieben, sie gehören aber ebenfalls zu *Acrocanthosaurus*.
Bei ihnen waren die Wirbelfortsätze bis zu 30 cm lang und bildeten ein niedriges Segel, wie es auch von *Spinosaurus* bekannt ist. Vielleicht regelten die Tiere damit ihre Körpertemperatur; oder das Segel zeigte an, daß es sich um Tiere der eigenen Art handelte. Für die Paarung kann das eine große Bedeutung gehabt haben.

Alamosaurus

Echsenbecken-Dinosaurier
Pflanzenfressende Dinosaurier
C. W. Gilmore (1922)

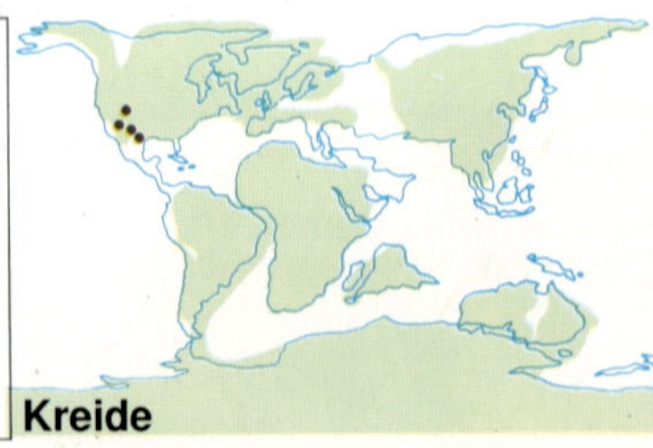

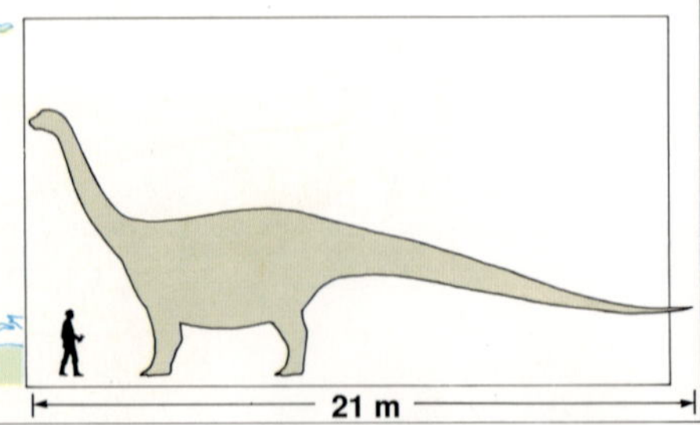

Alamosaurus gehört zu einer Familie der Langhalsigen Pflanzenfresser (*Sauropoda*), die erst gegen Ende der Kreidezeit die Erde besiedelte. Alle Tiere dieser Familie hatten massive, nicht ausgehöhlte Wirbel und einen relativ kurzen Hals für einen *Sauropoden*. *Alamosaurus* ist wohl der einzige Vertreter der Familie *Titanosauridae*, der in Nordamerika gefunden wurde. Sein Name ist vom Fort Alamo bei San Antonio (Texas/USA) abgeleitet. Seine nächsten Verwandten wurden in anderen Teilen der Erde entdeckt, *Saltasaurus* in Südamerika, *Titanosaurus* in Südamerika und Indien und *Opisthocoelicaudia* in der Mongolei.

Albertosaurus

Echsenbecken-Dinosaurier
Fleischfressende Dinosaurier
H. F. Osborn (1905)
7, 13, 29, 30, 32

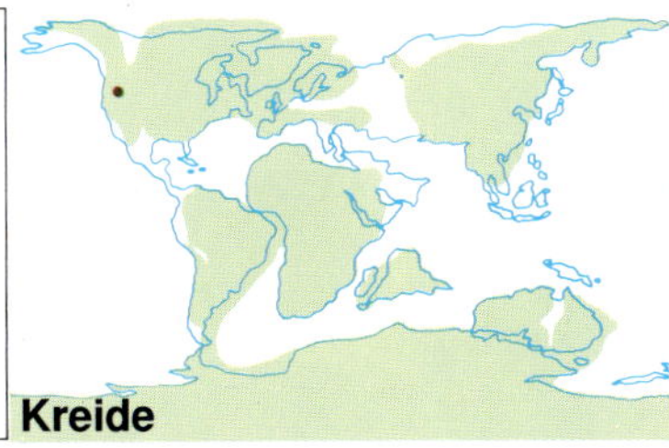

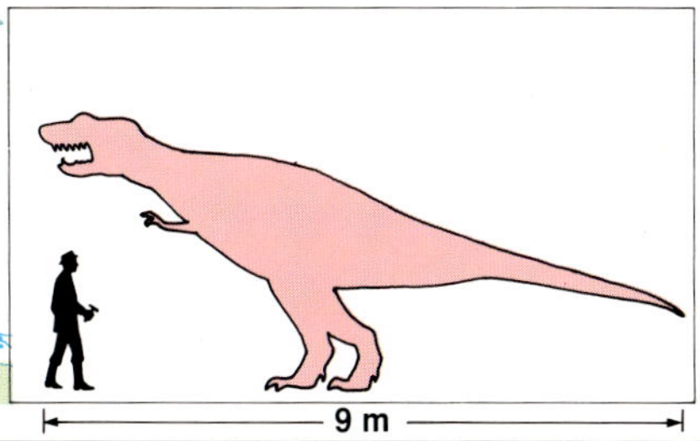

Albertosaurus gehört innerhalb der Raubtier-Dinosaurier (*Carnosauria*) zur Familie der Tyrannenechsen (*Tyrannosauridae*), die hochspezialisierte Fleischfresser umfaßt und erst am Ende der Kreidezeit auftrat. Dutzende von Skeletten und viele Einzelknochen sind von diesem Dinosaurier in den letzten hundert Jahren gefunden und teilweise unter verschiedenen Namen beschrieben worden. Ein kleines Skelett, das 1923 entdeckt wurde, erhielt den Namen *Gorgosaurus*. Später stellte sich heraus, daß es sich um ein junges Tier von *Albertosaurus* handelte. *Albertosaurus* hatte einen großen Kopf, aber die Arme mit je zwei Fingern waren so kurz, daß sie nicht zum Maul reichten. Die Beutetiere wurden mit den Beinen festgehalten und mit den Zähnen zerrissen.

Allosaurus

- Echsenbecken-Dinosaurier
- Fleischfressende Dinosaurier
- O. C. Marsh (1877)
- 7, 8, 9, 11, 14, 16, 29, 30, 33, 35, 44

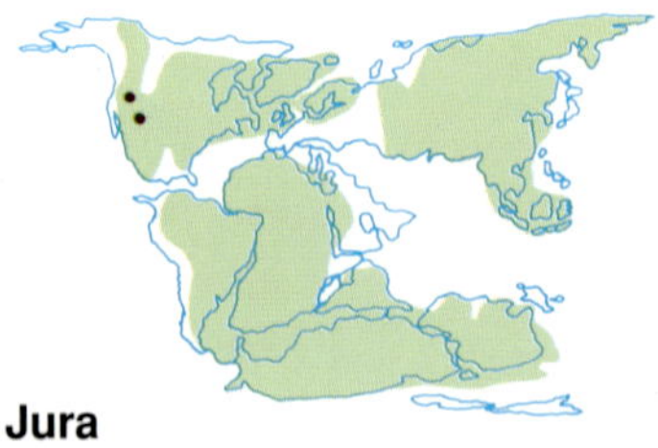

Jura

Allosaurus war unter den Raubtier-Dinosauriern (*Carnosauria*) ein Riese. Mit 12 m Länge, 4,5 m Höhe und einem Gewicht von 1 - 2 t war er noch viel größer als *Megalosaurus*. Bei dieser Größe konnte er kein erfolgreicher Jäger sein. Vielleicht ernährte sich *Allosaurus* vorwiegend von Aas; aber es ist auch möglich, daß er in Rudeln die großen Pflanzenfressenden Dinosaurier bezwang. In Nordamerika hat man jedenfalls Schwanzknochen von *Apatosaurus* gefunden, die Zahnabdrücke von *Allosaurus* aufwiesen.

Das erste Exemplar von *Allosaurus*, das 1869 in Colorado (USA) gefunden wurde, bestand nur aus einem Schwanzknochen. 1877 wurden weitere Knochenteile entdeckt, und es war möglich, das Tier zu beschreiben. In den Jahren 1883 und 1884 wurde ein fast vollständiges Skelett gefunden und 1920 unter dem Namen *Antrodemus* beschrieben. Später hat sich herausgestellt, daß es mit *Allosaurus* übereinstimmt.

Allosaurus

Ammosaurus

- Echsenbecken-Dinosaurier
- Pflanzenfressende Dinosaurier
- O. C. Marsh (1890)

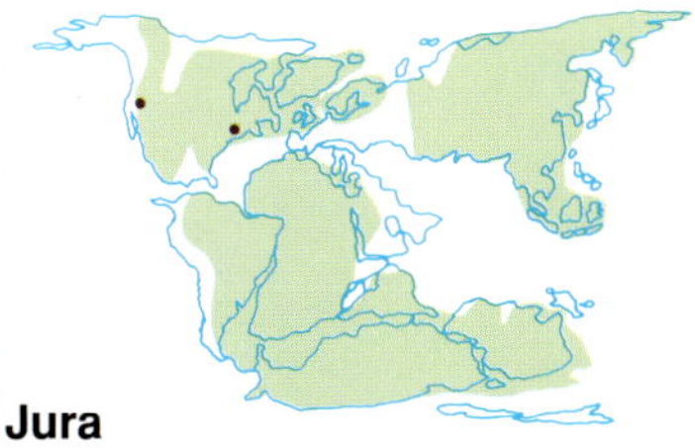

Jura

Ammosaurus war ein langgestreckter, schlanker, etwa 2,4 m langer Dinosaurier, der wohl meist auf allen vieren lief. Aber er konnte sich auch aufrichten und schnell auf den Hinterbeinen fortbewegen, wobei der lange, kräftige Schwanz als Gegengewicht und Steuerruder diente.

Ammosaurus wurde vor etwa hundert Jahren in Connecticut (USA) in einem Steinbruch gefunden, aus dem man Steine für einen Brückenbau gewonnen hatte. Als diese Brücke unlängst abgebrochen wurde, fanden sich im Schutt weitere Teile des Skelettes. In anderen Gebieten Connecticuts, aber auch in Arizona (USA) sind ebenfalls Knochen von *Ammosaurus* entdeckt worden. Die immer noch spärlichen Reste zeigen, daß *Ammosaurus* einem anderen Dinosaurier dieser Gruppe, *Anchisaurus*, recht ähnlich war.

Anatosaurus

- Vogelbecken-Dinosaurier
- Vogelfuß-Dinosaurier
- R. S. Lull und N. E. Wright (1942)
- 7, 10, 33, 34, 63

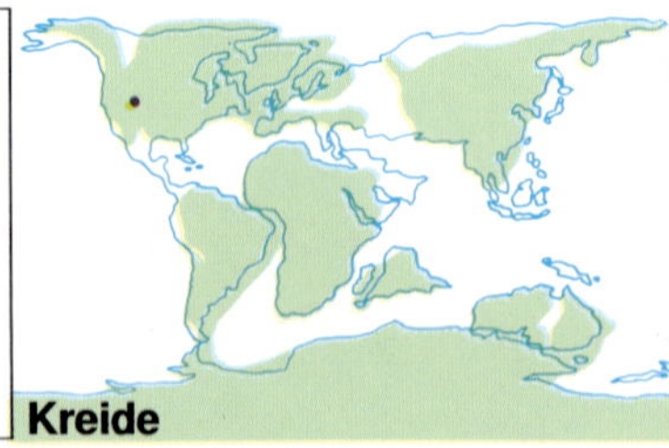

Anatosaurus bedeutet wörtlich übersetzt »Entenechse«. Damit ist schon die wesentlichste Ausbildung der Familie *Hadrosauridae* genannt, denn alle ihre Vertreter besaßen einen langgestreckten Schädel und einen Hornschnabel, der dem einer Ente ähnlich war. *Anatosaurus* hatte keinen Knochenkamm über der Schnauze, wie er bei anderen Gattungen dieser Familie ausgebildet war. Es wurde eine ganze Anzahl von vollständigen Skeletten gefunden, bei denen manchmal sogar Teile der Haut, Sehnen und des Mageninhaltes erhalten waren. An solchen Exemplaren konnte man auch feststellen, daß die Tiere Schwimmhäute zwischen den Zehen hatten. *Anatosaurus* war aber trotzdem ein Landtier, denn zwei Finger an jedem Arm trugen einen Huf.

Anatosaurus

Anchisaurus

Ancheiceratops

- Vogelbecken-Dinosaurier
- Horn-Dinosaurier
- B. Brown (1914)
- 24, 34

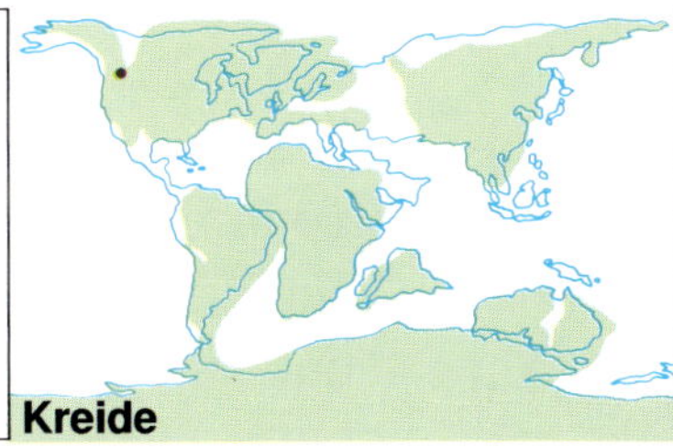

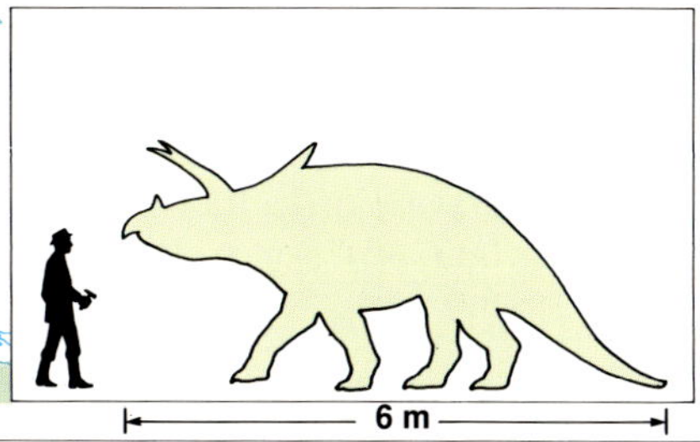

Anchiceratops hatte drei Hörner, die alle nach vorn gerichtet waren: ein kurzes auf der Schnauze und zwei längere oberhalb der Augen. Der Nackenschild war auffallend schmal, aber lang. Er wurde durch einen Kamm in zwei Hälften geteilt, von denen jede ein von Haut überzogenes Fenster hatte. Auf diese Weise wurde das Gewicht des Knochenschildes vermindert. Am oberen Rand des Schildes standen mehrere kurze Knochenfortsätze, von denen zwei nach vorn gerichtet waren.

Anchisaurus

- Echsenbecken-Dinosaurier
- Pflanzenfressende Dinosaurier
- O. C. Marsh (1885)
- 5, 26

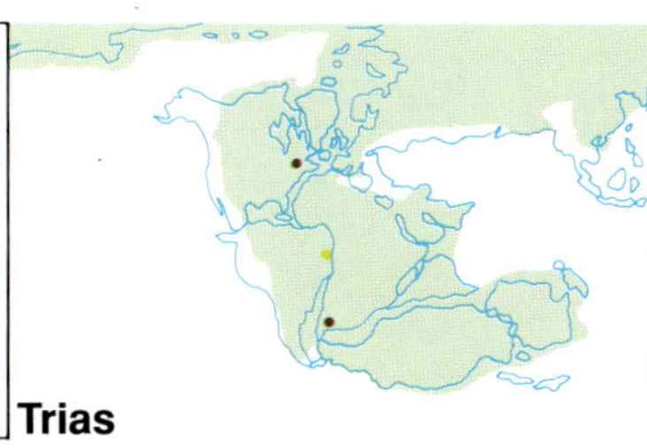

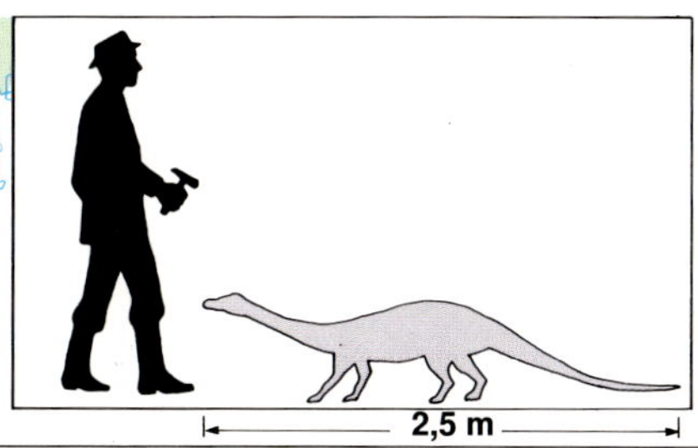

Anchisaurus war ein schlanker, leicht gebauter Dinosaurier und etwa 2,5 m lang. Seine Kiefer waren in der ganzen Länge mit stumpfen, runden Zähnen besetzt, mit denen auch Pflanzen zerkleinert werden konnten. Arme und Beine waren kräftig (die Arme etwa ein Drittel kürzer als die Beine). An den Daumen stand eine lange Kralle, mit der vielleicht Pflanzen ausgegraben wurden oder die zur Verteidigung diente.

Die ersten Knochen von *Anchisaurus* wurden 1818 in Connecticut (USA) gefunden – und damit war wohl der erste Dinosaurier in Amerika entdeckt worden. Einige Zeit später wurde in Südafrika ein Dinosaurier unter dem Namen *Hortalotarsus* beschrieben. Vor kurzem wurde festgestellt, daß er mit *Anchisaurus* identisch ist.

Ankylosauria

Zur Unterordnung *Ankylosauria*, den Panzer-Dinosauriern, gehören Tiere, deren Körper auf dem Rücken und an den Körperseiten dicht mit flachen, nebeneinanderliegenden Knochenplatten bedeckt war. Die Platten waren in die dicke, lederige Haut eingesenkt und bildeten einen festen Panzer. Sie trugen oft kurze Stacheln oder unterschiedlich lange Dornen. Der Körper war schwer und breit, er wurde von vier kräftigen, säulenförmigen Beinen getragen. Die Tiere konnten sich im allgemeinen nur schwerfällig bewegen: Auf den Abbildungen erinnern sie an eine Schildkröte, aber manche waren so groß wie ein Lastwagen! Sie konnten vor einem Raubtier-Dinosaurier nicht davonlaufen, sondern blieben stehen und wehrten sich mit dem mächtigen Schwanz, mit dem sie fürchterliche Schläge austeilen konnten.

Nach der Ausgestaltung des Schwanzes und des Kopfes lassen sich zwei Familien unterscheiden. Bei der Familie *Nodosauridae* war der Schwanz mit Knochenplatten und Dornen besetzt und der Kopf schmal. Die Familie *Ankylosauridae* dagegen hatte an der Schwanzspitze eine schwere Keule aus untereinander verwachsenen Knochen, und der Kopf war breit und halbkreisförmig. Beide Familien lebten in der Kreidezeit und starben mit den anderen Dinosauriern zusammen aus. Die *Nodosauridae* waren meist in Nordamerika (*Nodosaurus*, *Panoplo-*

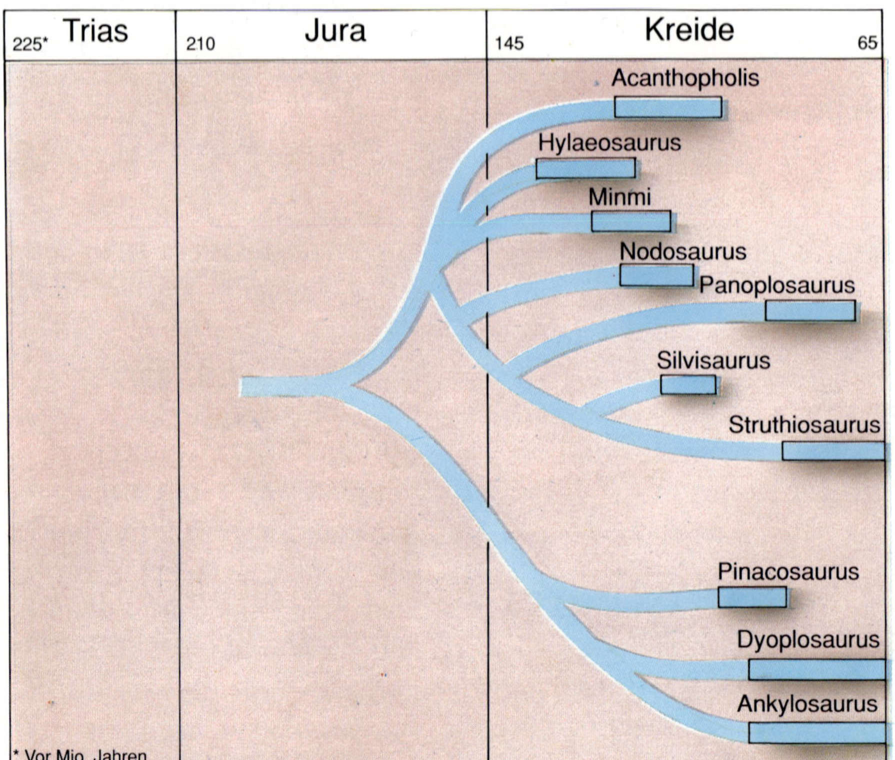

saurus, *Silvisaurus*) und Europa (*Acanthopholis*, *Hylaeosaurus*, *Struthiosaurus*) verbreitet, aber unlängst wurde ein Vertreter in Australien gefunden (*Minmi*).

Die *Ankylosauridae* lebten in Nordamerika (*Dyoplosaurus*, *Ankylosaurus*) und Asien (*Pinacosaurus*), sie traten erst in der Oberkreide auf.

Ankylosaurus

Vogelbecken-Dinosaurier
Panzer-Dinosaurier
B. Brown (1908)
57

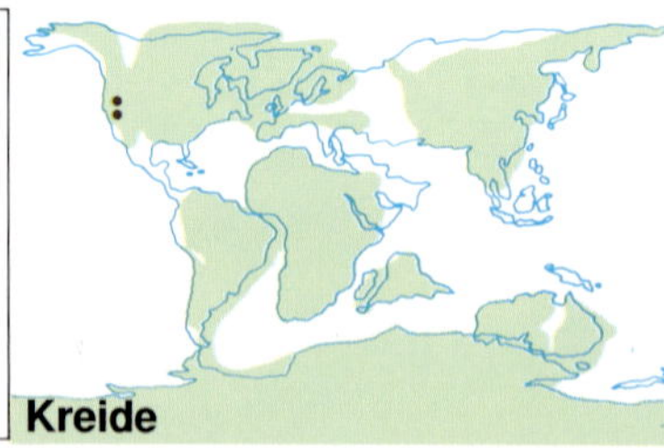

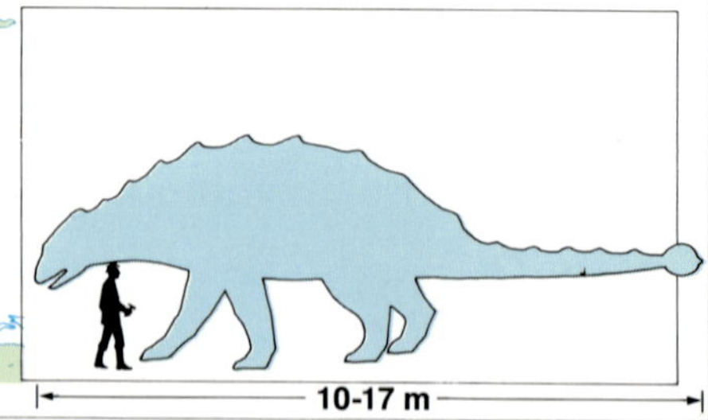

Ankylosaurus ist der größte bisher entdeckte Panzer-Dinosaurier. Er war etwa 10 m lang und 3,5 t schwer, der Körper hatte die Breite und Höhe eines Lastwagens. Rücken und Körperflanken waren mit einem starken Panzer bedeckt, der aus zahlreichen Knochenplatten zusammengesetzt war. Auf den Platten standen einzelne große Höcker und Dornen.
An der Schwanzspitze befand sich eine bis zu 40 cm breite Keule, die aus mehreren miteinander verwachsenen Knochen bestand. Der Schwanz hatte starke Muskeln; mit ihm konnte *Ankylosaurus* wuchtige seitliche Schläge austeilen. Der Kopf war nur 75 cm lang und hatte einen Hornschnabel, mit dem Pflanzen abgerissen wurden. Mit den kleinen, blattförmigen Backenzähnen wurden sie zerkaut.

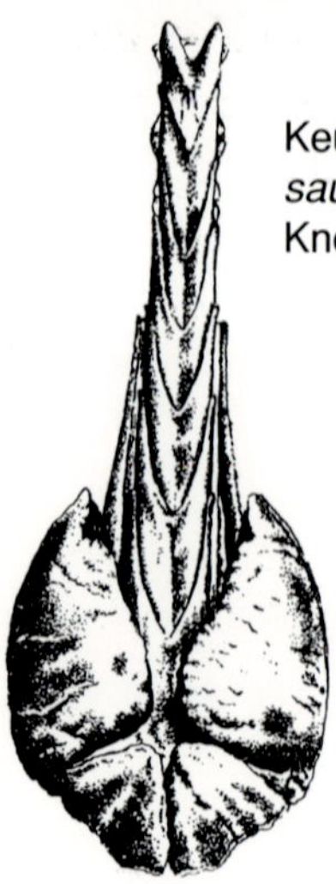

Keulenschwanz von *Ankylosaurus* (Durchmesser der Knochenkugel 40 cm)

Ankylosaurus

Antarctosaurus

Echsenbecken-Dinosaurier
Pflanzenfressende Dinosaurier
F. von Huene (1929)
17

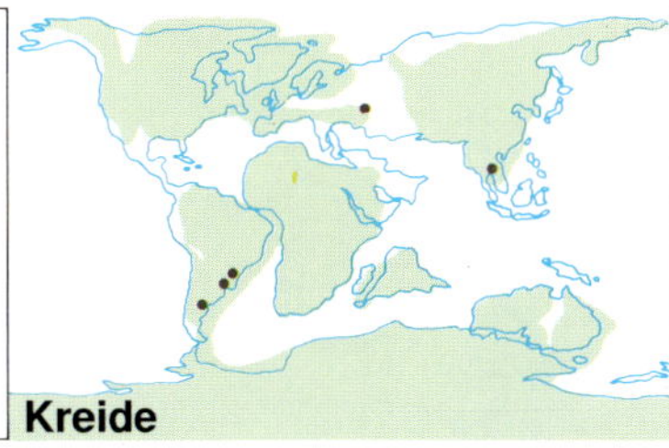

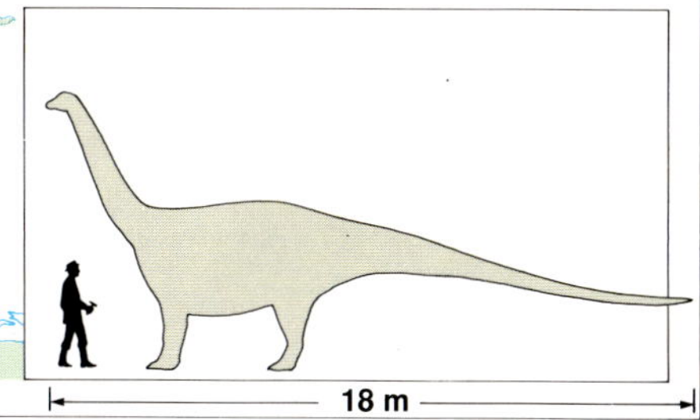

Antarctosaurus ist – wie die meisten Tiere aus der Familie der *Titanosauridae* – nur durch unvollständige Reste bekannt. Einzelne Knochen wurden an verschiedenen Orten Südamerikas und vielleicht auch in Asien gefunden. Sie zeigen, daß *Antarctosaurus* wahrscheinlich 18 m lang war und auf seinem langen Hals einen kleinen, nur 60 cm langen Kopf trug. Der Schädel war stark gewölbt und fiel steil zur Schnauze hin ab. Die wenigen Zähne waren nur im vorderen Teil der Kiefer angeordnet. Mit ihnen riß das Tier wahrscheinlich Blätter von den Bäumen und verschlang sie, ohne die Bissen weiter zu zerkauen. Wie bei vielen Vertretern der Langhalsigen Pflanzenfresser (*Sauropoda*) saßen die Nasenöffnungen oberhalb der Augen. Man nimmt an, daß *Antarctosaurus* eng mit *Diplodocus* verwandt war.

Apatosaurus

Echsenbecken-Dinosaurier
Pflanzenfressende Dinosaurier
O. C. Marsh (1877)
7, 9, 11, 13, 25, 34

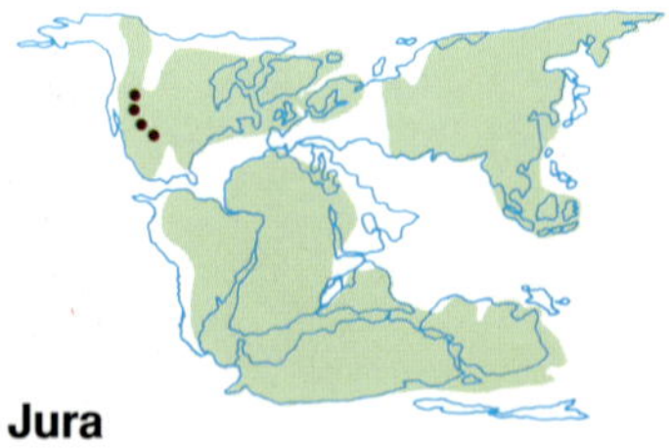

Jura

Apatosaurus ist von allen Langhalsigen Pflanzenfressern (*Sauropoda*) am besten bekannt, wenn auch nicht unter diesem Namen. Lange Zeit wurde er *Brontosaurus* genannt (das bedeutet soviel wie »Donnerechse«), aber da der Name *Apatosaurus* älter ist, muß er verwendet werden. Das Tier war etwa 21 m lang, wovon der größte Teil auf den langen Hals und den noch längeren Schwanz entfiel. Trotz seiner Länge wog es »nur« etwa 30 t. Jeder Fuß hatte fünf Zehen, von denen bei den Vorderfüßen der Daumen, bei den Hinterfüßen je drei Zehen eine Kralle trugen. *Apatosaurus* konnte sich auf die Hinterbeine aufrichten, um an die höchsten Äste der Bäume zu gelangen. Fast 100 Jahre nach dem Skelett wurde 1975 zum ersten Mal ein Schädel gefunden. Er war nur 55 cm lang und hatte lange, schmale Zähne, die lediglich im Vorderkiefer standen.

Avaceratops

- ⬟ Vogelbecken-Dinosaurier
- ◯ Horn-Dinosaurier
- 🎓 P. Dodson (1986)
- 🏛 6

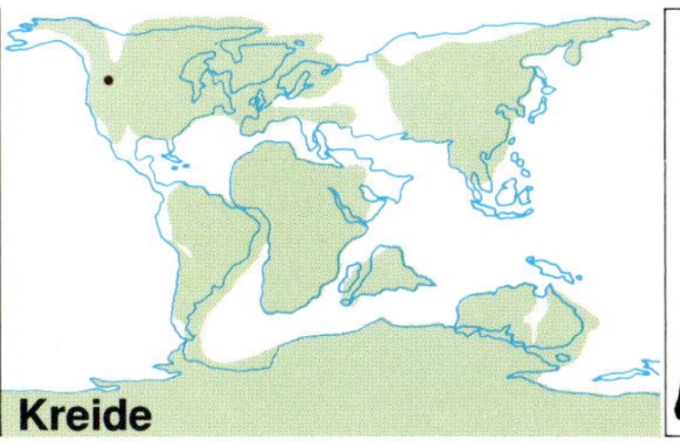

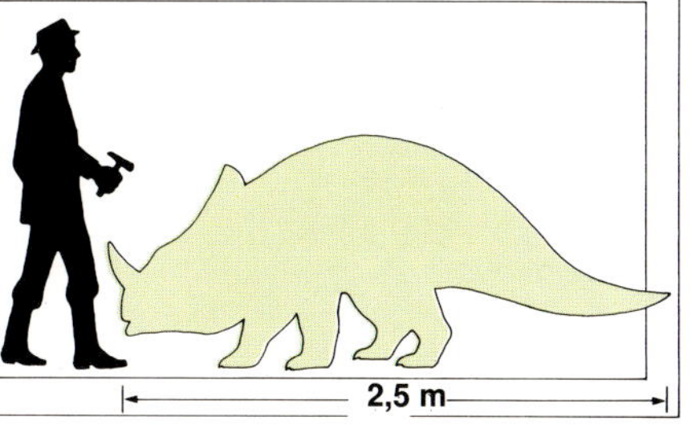

Avaceratops wurde 1986 von P. Dodson beschrieben und seiner Frau Ava zu Ehren benannt. Die 1981 in Montana (USA) gefundenen Reste bestanden aus dem Teil eines Schädels, einem großen Teil der Gliedmaßen und einigen Rükkenwirbeln und Rippen. Sie weisen auf eine Verwandtschaft mit *Brachyceratops* und *Monoclonius* hin.
Avaceratops hatte einen ziemlich großen, abstehenden Nackenschild und ein kurzes, aber breites Horn auf der Schnauze.
Nach den Funden läßt sich eine Körperlänge von 2,5 m errechnen. Das ist für diese Familie der Horn-Dinosaurier, deren Vertreter 5 - 9 m lang werden, sehr wenig. Auch wenn die von *Avaceratops* gefundenen Fossilien von einem noch nicht ausgewachsenen Tier stammten, hätte er diese Länge nicht erreicht. Inzwischen sind am gleichen Fundort auch Knochen von anderen Dinosauriern sowie von Schildkröten, Fischen und Krokodilen entdeckt worden.

Avimimus

- Echsenbecken-Dinosaurier
- Fleischfressende Dinosaurier
- S. M. Kurzanov (1981)
- 60

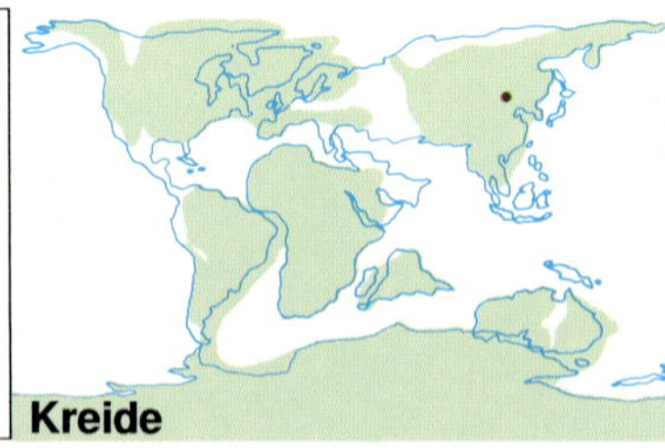

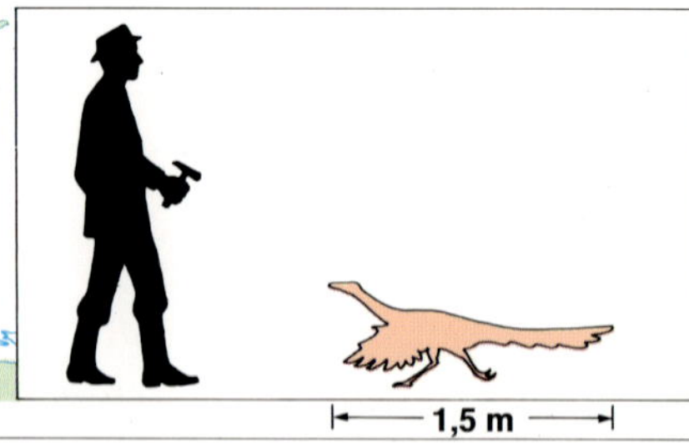

Avimimus hatte einen schlanken, leicht gebauten Körper. Von seinem Skelett sind die Beine am besten erhalten -- sie erinnern in vielen Ausbildungen an einen Vogel. Dr. Kurzanov, der das Tier 1981 beschrieb, nahm an, daß *Avimimus* eng mit den Vögeln verwandt sei.

Bagaceratops

- Vogelbecken-Dinosaurier
- Horn-Dinosaurier
- T. Maryańska und H. Osmólska (1975)
- 60

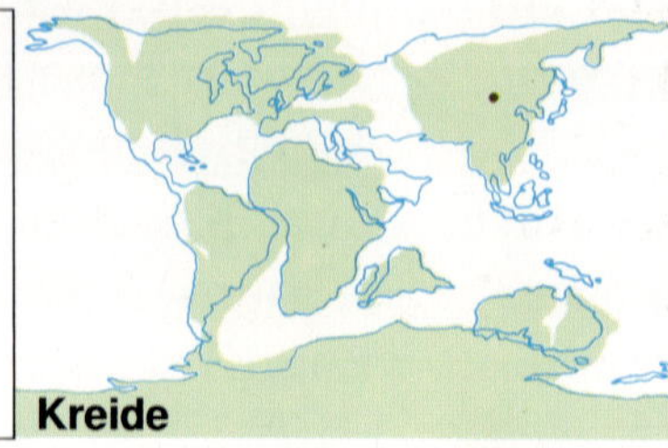

Bagaceratops gehört zu den Vorläufern der »echten« Horn-Dinosaurier. Auf dem Hinterkopf hatte er einen kurzen Knochenkamm und auf der Schnauze ein Horn; der zahnlose Oberkiefer trug einen Hornschnabel.

Barapasaurus

- Echsenbecken-Dinosaurier
- Pflanzenfressende Dinosaurier
- S. L. Jain (1975)
- 37

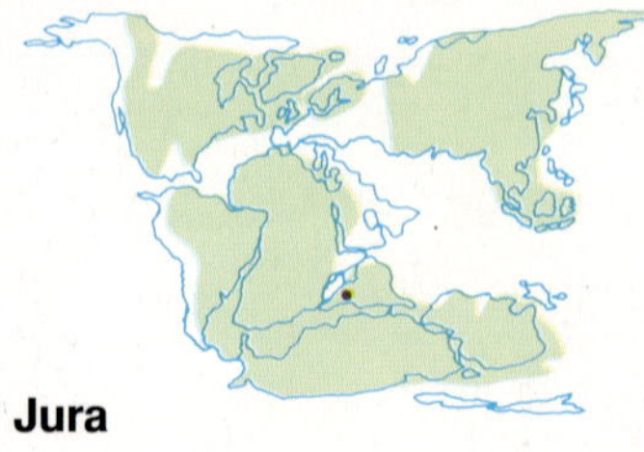

Barapasaurus ist einer der ältesten *Sauropoden*. Seine Knochen wurden weit verstreut über eine große Fläche in Indien gefunden. Als ein Traktorfahrer einen Knochen wegräumen sollte, rief er in seinem Dialekt: »Ein Riesenknochen!« und gab so den Ursprung für den wissenschaftlichen Namen.

Barosaurus

- Echsenbecken-Dinosaurier
- Pflanzenfressende Dinosaurier
- O. C. Marsh (1890)
- 35

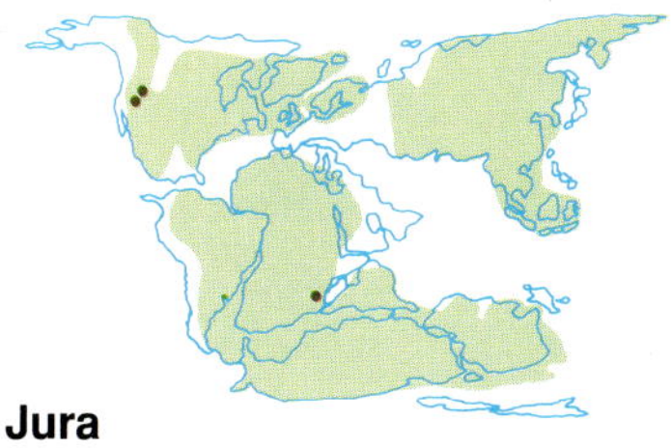

Jura

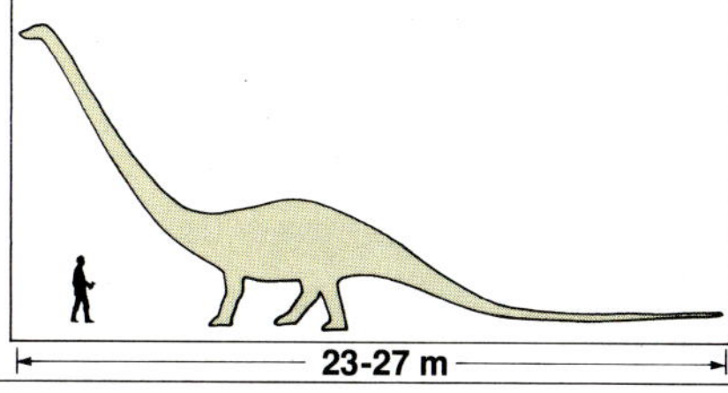

Barosaurus gehört zu den Langhalsigen Pflanzenfressern (*Sauropoda*) und ist mit *Apatosaurus* und *Diplodocus* verwandt. Die Entdeckung von *Barosaurus* ist besonders interessant, weil von ihm sowohl im westlichen Teil der USA als auch in Tansania (Afrika) Exemplare gefunden worden sind. Die Fundorte zeigen, daß diese beiden Kontinente im Jura miteinander verbunden waren, anders ist die Verbreitung von *Barosaurus* nicht zu erklären.

Das riesige Tier hatte einen langen Hals und einen ebenso langen Schwanz. Es konnte sich wahrscheinlich für eine kurze Zeit auf die Hinterbeine aufrichten, um mit dem Kopf bis in die höchsten Baumkronen zu gelangen. Der Kopf war wie bei allen Tieren aus dieser Verwandtschaft sehr klein. Die Wirbel waren leicht und fast hohl, sie bestanden lediglich aus einem Gerüst von Verstrebungen und Knochenbalken. Wären die Wirbel massiv gewesen, hätten *Barosaurus* und seine Verwandten den schweren Hals gar nicht aufrecht tragen können.

Baryonyx

Echsenbecken-Dinosaurier
Fleischfressende Dinosaurier
A. J. Charig und A. C. Milner (1986)
57

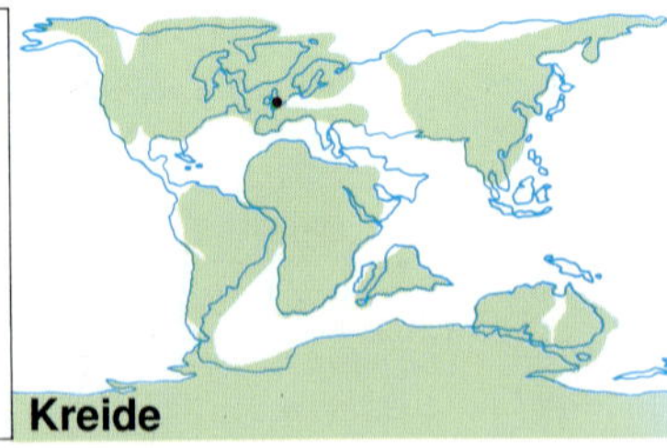

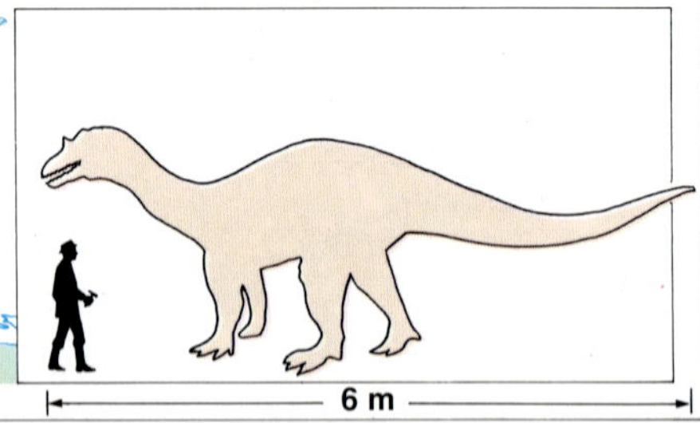

Die Entdeckung dieses Dinosauriers war eine kleine Sensation. 1983 wurde von einem Liebhabersammler in Südengland eine 30 cm lange Kralle gefunden. Man war sich darüber einig: Sie mußte zu einem riesigen Fleischfressenden Dinosaurier gehören, der seine Beutetiere damit tötete und den man bis dahin nirgendwo auf der Welt gefunden hatte. Bei weiteren Ausgrabungen kamen Reste zum Vorschein, die mehr als die Hälfte aller möglichen Knochen umfaßten.

Baryonyx – der Name heißt »schwere Kralle« – gehört zu den Sichelkrallen-Dinosauriern (*Deinonychosauria*). Er hatte einen langen, schmalen Schädel, der dem eines Krokodils ähnelte. In den Kiefern standen viele kleine, spitze Zähne zusammen. Der Hals war dick und wenig beweglich. Am auffallendsten war jedoch die Kralle. Ob sie an den Vorderbeinen oder Hinterbeinen stand, ist nicht zu entscheiden, weil sie einzeln gefunden wurde. Da in der Leibeshöhle Fischschuppen entdeckt wurden, nimmt man an, daß Fische die Hauptnahrung von *Baryonyx* waren.

Brachiosaurus

Echsenbecken-Dinosaurier
Pflanzenfressende Dinosaurier
E. S. Riggs (1903)
48

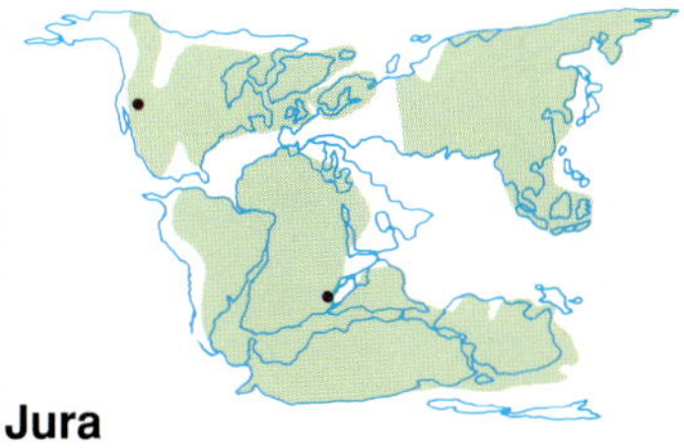

Jura

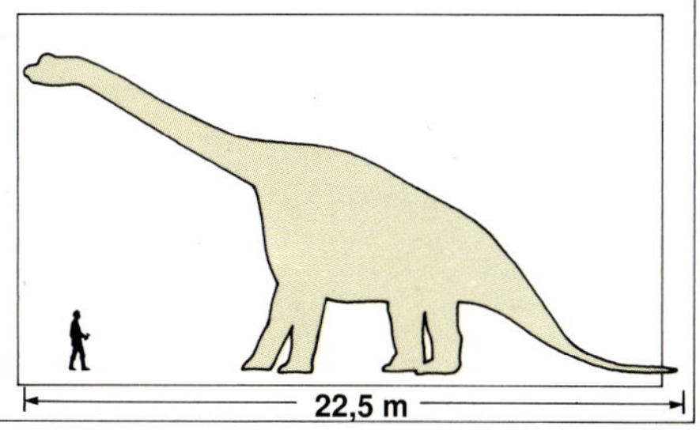

Brachiosaurus ist der größte Dinosaurier unter den Langhalsigen Pflanzenfressern (*Sauropoda*), von denen es ein vollständiges Skelett gibt. Seine Ausmaße waren gigantisch: Er war 22,5 m lang (bei einer Schulterhöhe von 6 m) und 80 t schwer – zwölfmal soviel wie ein ausgewachsener Afrikanischer Elefant!
Dieses Skelett wurde zwischen 1909 und 1912 von einer Expedition der Humboldt-Universität in Tansania (Ostafrika) ausgegraben. Heute ist es im Paläontologischen Institut dieser Universität in Berlin ausgestellt (siehe Seite 167). Weitere Exemplare wurden in Algerien und Colorado (USA) gefunden.

Sie alle zeigen die typische Ausbildung von *Brachiosaurus* und seinen Verwandten (*Supersaurus*, *Ultrasaurus* und *Pelorosaurus*): einen sehr langen, aus 14 Wirbeln bestehenden Hals und einen kleinen, gewölbten Kopf mit breiter, flacher Schnauze. Der Schwanz war verhältnismäßig kurz; die Vorderbeine waren länger als die Hinterbeine, so daß die Rückenlinie nach hinten abfiel. Da die Nasenöffnungen oberhalb der Augen lagen, hat man lange Zeit angenommen, daß die Tiere unter Wasser lebten und nur ihre Nasenöffnungen über die Oberfläche ragten. Aber das ist unwahrscheinlich, der Körper hätte dem Wasserdruck gar nicht standgehalten. Vielleicht ernährten sich die Tiere von Blättern, die sie von den Bäumen zupften.

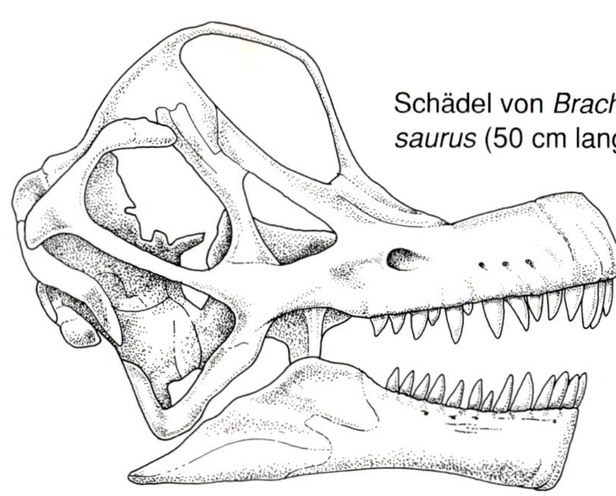

Schädel von *Brachiosaurus* (50 cm lang)

Brachyceratops

- Vogelbecken-Dinosaurier
- Horn-Dinosaurier
- C. W. Gilmore (1914)
- 6, 30

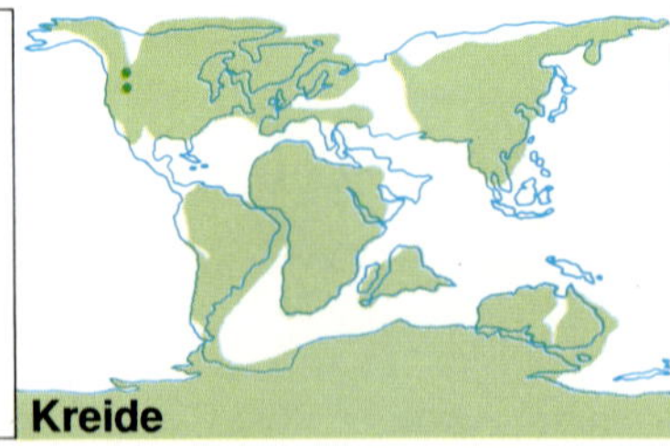

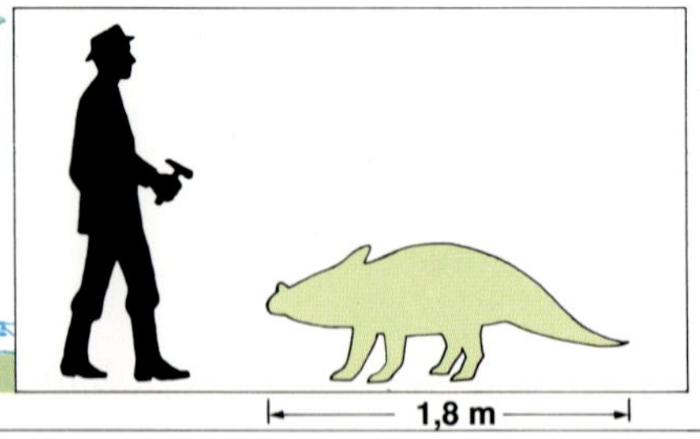

Brachyceratops weicht von allen »echten« Horn-Dinosauriern (Familie *Ceratopidae*) durch seine geringe Größe ab. Er war sogar kleiner als *Avaceratops* (2,5 m), von den übrigen Vertretern (5 - 9 m) ganz zu schweigen. Aber *Brachyceratops* hatte ein gut ausgebildetes, schwach gebogenes Horn auf der Schnauze und zwei kürzere über den Augen sowie einen kurzen Nackenschild. Daher weiß man, daß es sich um einen Horn-Dinosaurier handelt. Bisher wurden nur fünf oder sechs Skelette gefunden, die alle von Jungtieren stammten. Der am besten erhaltene Schädel war in viele kleine Stücke zerbrochen, die einzeln geborgen und im Labor mühsam zusammengefügt werden mußten.

Brachylophosaurus

- Vogelbecken-Dinosaurier
- Vogelfuß-Dinosaurier
- C. M. Sternberg (1953)

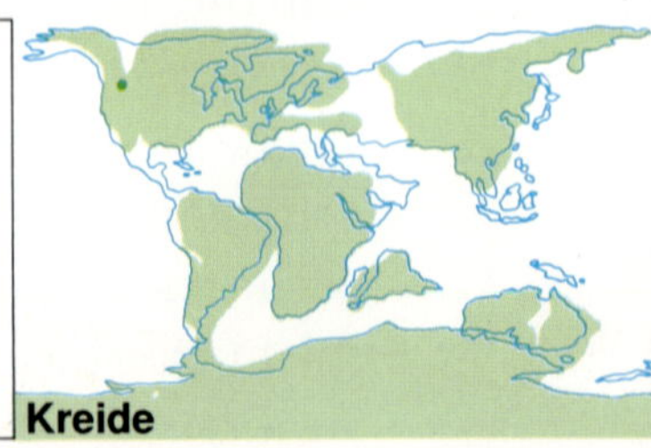

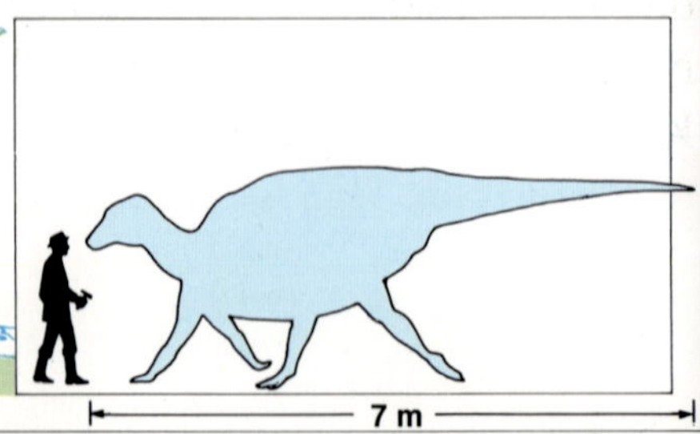

Brachylophosaurus war ein urtümlicher Entenschnabel-Dinosaurier (Familie *Hadrosauridae*). Das erste Exemplar wurde 1936 in Alberta (Kanada) gefunden und bestand aus dem Schädel und dem vorderen Teil des Skelettes. Der hervorragend erhaltene Schädel zeigte alle typischen Merkmale dieser Gruppe: einen langgestreckten Schädel mit einem Entenschnabel und Kiefer, die zahlreiche Backenzähne aufwiesen, während Vorderzähne fehlten. Die Nasenöffnungen waren bei *Brachylophosaurus* auffallend groß. Zwischen ihnen war ein flacher Knochenkamm ausgebildet, der sich zwischen den Augen stark verbreiterte. Über seine Funktion ist nichts bekannt, aber man nimmt an, daß die Tiere sich untereinander daran erkannten.

Camarasaurus

- Echsenbecken-Dinosaurier
- Pflanzenfressende Dinosaurier
- E. D. Cope (1877)
- 9, 11, 25, 30

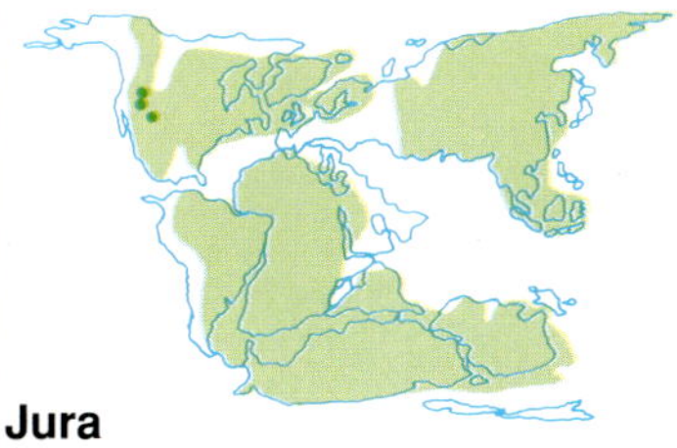

Jura

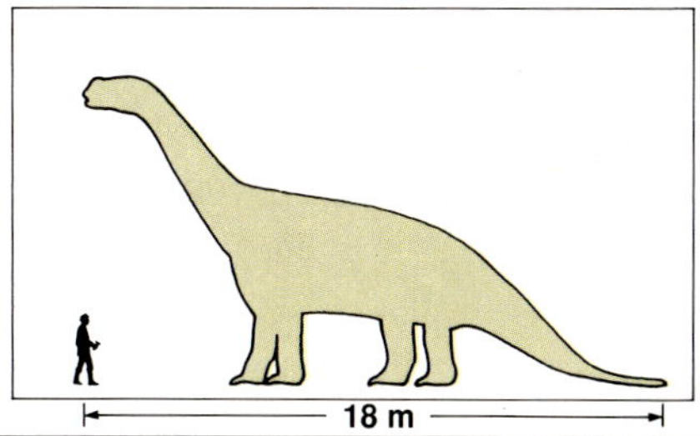

Camarasaurus und seine nächsten Verwandten *Euhelopus* und *Opisthocoelicaudia* bilden eine eigene Familie der Langhalsigen Pflanzenfresser (*Sauropoda*). Alle diese Tiere hatten einen schweren Körper, aber einen relativ kurzen Hals und Schwanz sowie einen hoch gewölbten Schädel. Die Zähne waren lang und nach vorn gerichtet, mit ihnen konnten die Tiere Blätter von Farnen und Schachtelhalmen zermahlen. Unter seinen Verwandten war *Camarasaurus* der größte; sein Hals enthielt 12 kurze Nackenwirbel und trug einen kleinen Kopf mit einer geringen Gehirnmasse.

Die Nasenöffnungen standen über den Augen, und der Luftstrom durch die Nasengänge diente vielleicht zum Kühlen des Gehirns. Auffallend sind die stämmigen Beine, die das beträchtliche Körpergewicht zu tragen hatten. Einige Zehen trugen kurze Krallen.

Camptosaurus

- Vogelbecken-Dinosaurier
- Vogelfuß-Dinosaurier
- O. C. Marsh (1885)
- 7, 9, 11, 14, 16, 25, 29, 30, 35, 59

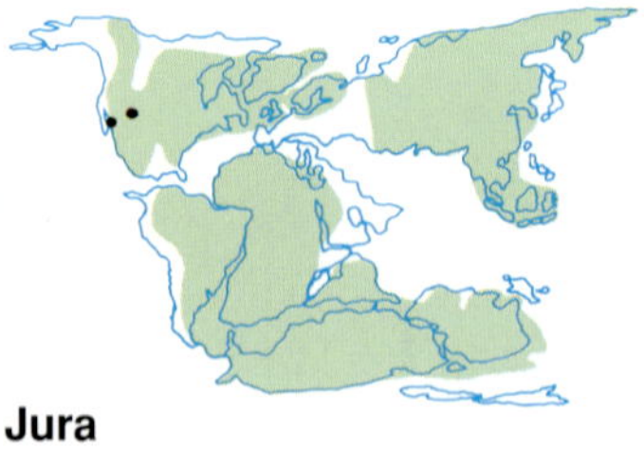

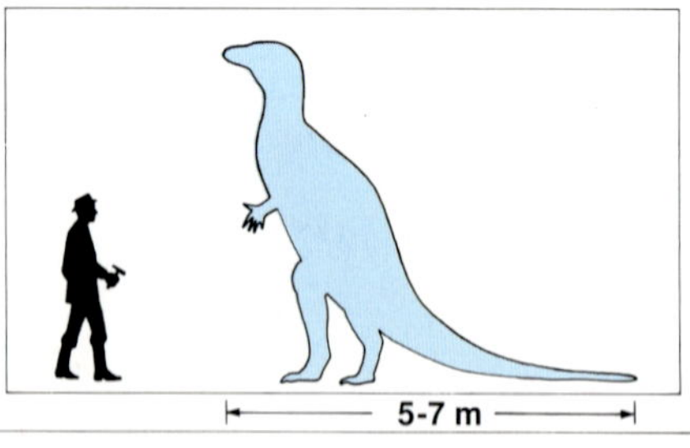

Camptosaurus gehört zu den *Iguanodontidae*, einer Familie, zu der alle großen und schweren Vertreter der Vogelfuß-Dinosaurier gerechnet werden. *Camptosaurus* war im Oberjura weit verbreitet. Da man ihn sowohl in Nordamerika als auch in Europa gefunden hat, kann man annehmen, daß vor etwa 150 Millionen Jahren diese beiden Kontinente verbunden waren. Die Arme waren bei *Camptosaurus* zwar deutlich kürzer als die Beine, doch waren die Nägel auch an den Fingern zu Hufen umgebildet. Deshalb ist es wahrscheinlich, daß er meist auf allen vieren lief.

Camptosaurus

Carcharodontosaurus

Echsenbecken-Dinosaurier
Fleischfressende Dinosaurier
E. Stromer (1931)

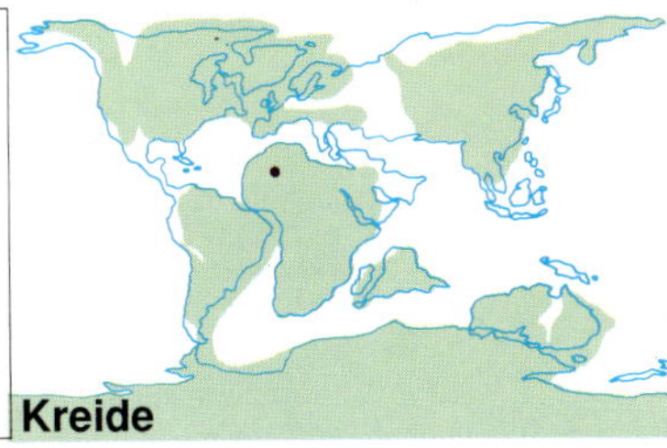

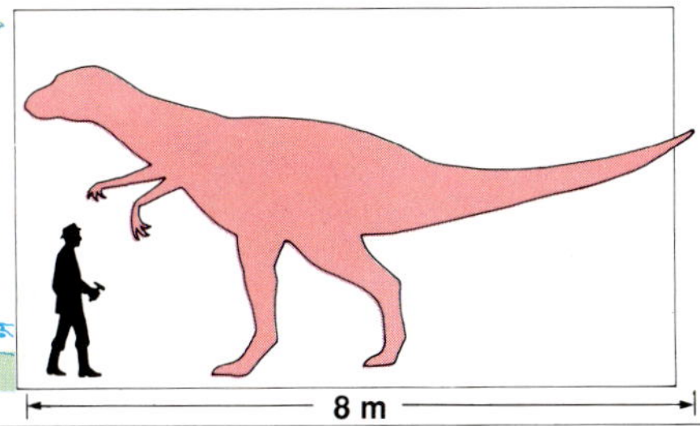

Carcharodontosaurus war ein riesiger, bis 8 m langer Raubtier-Dinosaurier (*Carnosauria*), der sich wahrscheinlich von Pflanzenfressenden Dinosauriern wie *Ouranosaurus* ernährte. In Nordafrika wurden mehrere Exemplare gefunden, von denen aber keines vollständig war. Teile des Schädels, die einige 13 - 14 cm lange Zähne enthielten, Teile der Wirbelsäule und mehrere andere Knochen sind alles, was bisher bekannt ist. Daraus läßt sich ersehen, daß *Carcharodontosaurus* kurze Arme mit starken, krallenbewehrten Fingern hatte und darin *Megalosaurus* glich. Aber an vielen Teilen des Schädels und der Zähne zeigt sich, daß er von diesem aus England beschriebenen Dinosaurier verschieden ist. Inzwischen gibt es noch mehrere Funde von *Carcharodontosaurus* aus Marokko, der Sahara, aus Ägypten und Niger (Afrika).

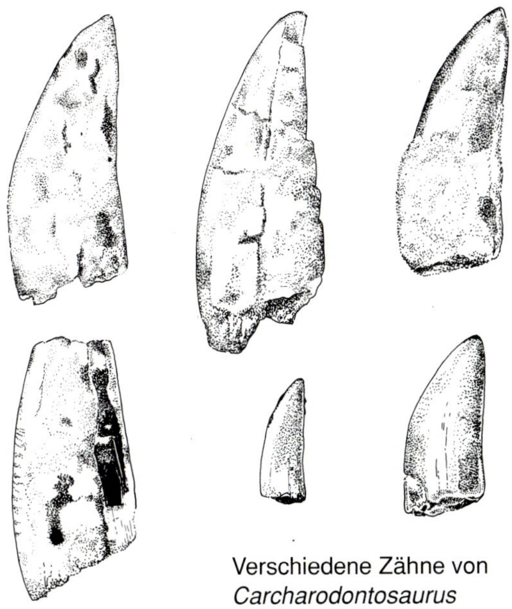

Verschiedene Zähne von *Carcharodontosaurus* mit einer Länge zwischen 6 und 10,5 cm. Sie wurden um 1950 von einer französischen Forschergruppe in der Sahara entdeckt.

Carnosauria

Die Zwischenordnung *Carnosauria* (Raubtier-Dinosaurier) umfaßt die großen Fleischfressenden Dinosaurier. Der wissenschaftliche Name bedeutet »Fleischsaurier«. Die Familie *Megalosauridae* (die »Großechsen«) trat bereits in der Obertrias auf und lebte bis zur oberen Kreide. Manche Arten wurden aus Europa beschrieben (*Megalosaurus*), andere aus Nordamerika (*Dryptosaurus*), wenige aus Afrika (*Carcharodontosaurus*) und in jüngster Zeit aus China (*Xuanhanosaurus*). Noch größere Vertreter umfaßt die Familie *Allosauridae*, die aus Nordamerika (*Allosaurus*) und Südamerika (*Piatnitzkysaurus*) bekannt ist. Deutlicher unterscheiden sich die folgenden Familien: Die *Spinosauridae* kamen in der Kreidezeit häufig vor. Bei ihnen bildeten die Rückenwirbel einen Kamm auf der Rückenlinie. *Acrocanthosaurus* aus Nordamerika und *Spinosaurus* aus Afrika gehören zu dieser Gruppe.
Die *Tyrannosauridae* (die »Tyrannenechsen«) waren in der Kreide in Nordamerika weit verbreitet (*Albertosaurus*, *Daspletosaurus*, *Tyrannosaurus*), kamen aber auch in der Mongolei (*Tarbosaurus*) und in Indien (*Indosuchus*) vor.
Die erst in jüngerer Zeit beschriebene Familie *Abelisauridae* stammt aus der Oberkreide Südamerikas (*Abelisaurus*, *Carnotosaurus*). Diese Tiere waren den Tyrannenechsen ähnlich, hatten aber kürzere Schädel und einen Knochenhöcker über den Augen. Zur Familie *Ceratosauridae* gehören Tiere, die ein kleines Horn auf der Schnauze trugen.

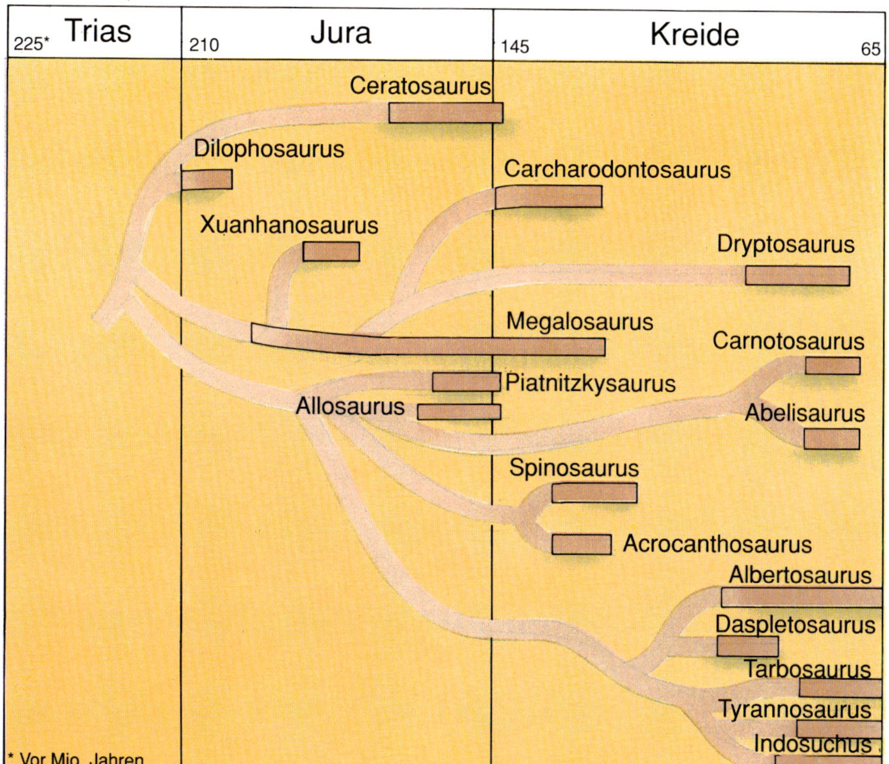

Ceratopsia

Zur Unterordnung der Horn-Dinosaurier (*Ceratopsia*) werden alle Dinosaurier zusammengestellt, die in typischer Ausbildung auf der Schnauze und über den Augen mehr oder minder lange Hörner hatten. Am Hinterende des riesigen Schädels befand sich ein knöcherner Nackenschild, und die Kiefer waren zu einem Hornschnabel umgebildet, der an den eines Papageien erinnert. Alle Tiere waren Pflanzenfresser und konnten mit den scharfen Rändern ihres Schnabels auch zähe Pflanzenteile zerschneiden. Der massige Körper war durch eine dicke, zähe Haut geschützt, aber einen Rückenpanzer wie bei den Panzer-Dinosauriern gab es nicht. Die Horn-Dinosaurier traten in der Oberkreide auf und lebten »nur« etwa 20 Millionen Jahre lang auf der Erde. Mit den anderen Dinosauriern zusammen starben sie am Ende der Kreidezeit aus. Bisher wurden Horn-Dinosaurier nur in Asien und Nordamerika gefunden. Die Unterordnung *Ceratopsia* läßt sich in drei Familien gliedern. Die *Psittacosauridae* (Papageien-Dinosaurier) hatten keine Hörner, und der Nackenschild bestand nur aus einem Knochenkamm. Aus dieser Gruppe entwickelten sich die Vertreter der »urtümlichen« Horn-Dinosaurier (Familie *Protoceratopidae*). Nicht alle hatten Hörner, viele aber noch Zähne, und stets war ein Nackenschild ausgebildet.
Zu den »echten« Horn-Dinosauriern (Familie *Ceratopidae*) gehören die riesigen Tiere mit großem Nackenschild und

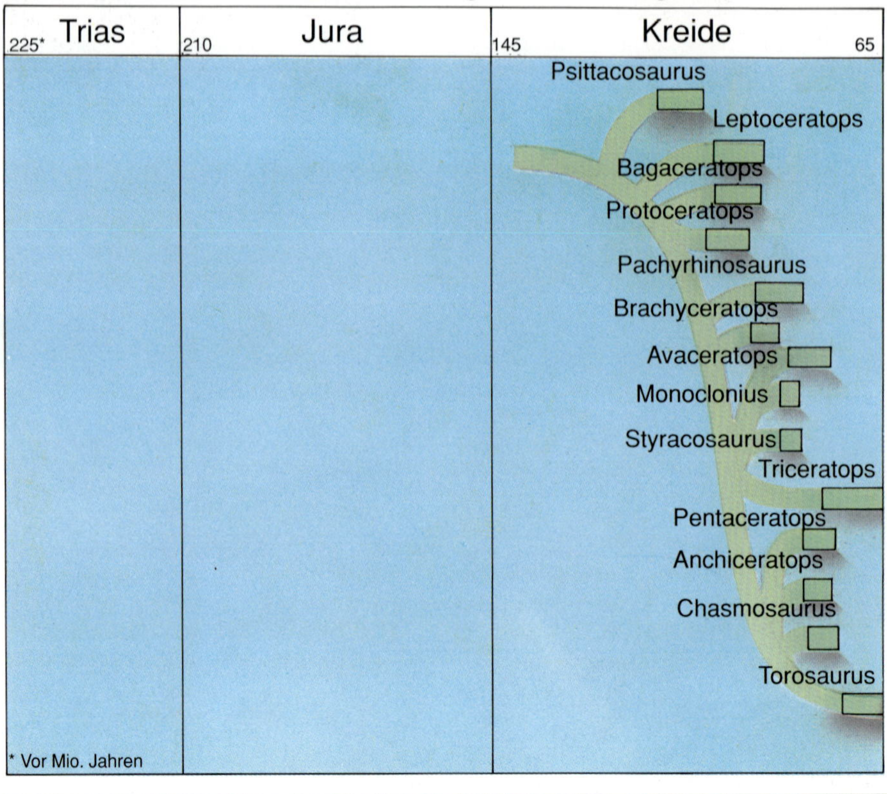

langen Hörnern auf der Schnauze und über den Augen. Sie lassen sich in zwei Gruppen teilen: Tiere mit kurzem Nackenschild und langen Hörnern oder mit langem Nackenschild und langen Hörnern.

Ceratosaurus

- Echsenbecken-Dinosaurier
- Fleischfressende Dinosaurier
- O. C. Marsh (1884)
- 11

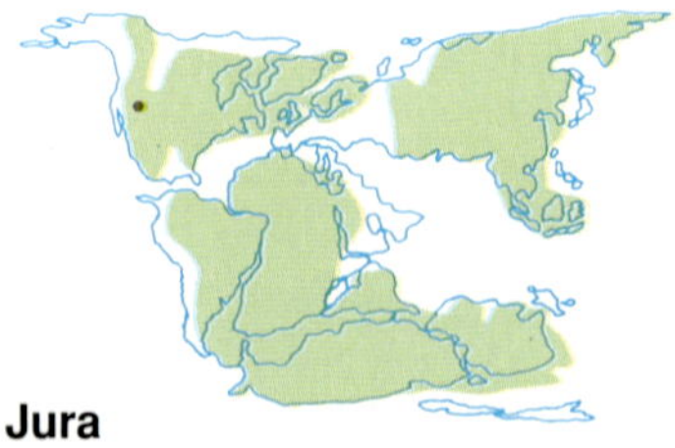

Jura

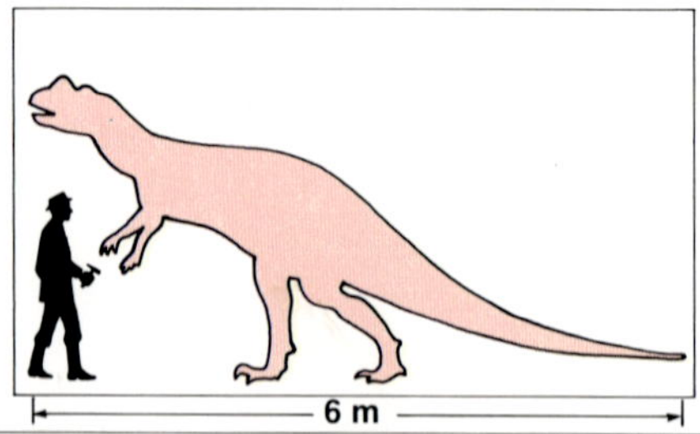

Ceratosaurus weicht von allen Raubtier-Dinosauriern (*Carnosauria*) durch eigenartige Ausbildungen an seinem Kopf ab. Über den Augen hatte er Knochenwülste und auf der Schnauze ein kurzes Horn. Über die Bedeutung dieses Hornes ist wenig bekannt. Vielleicht war es nur bei den Männchen vorhanden und diente bei den Kämpfen vor der Paarung als Waffe, um den Nebenbuhler zu vertreiben.

Ceratosaurus hatte einen großen Kopf mit langen, kräftigen Kiefern. Die Zähne waren dolchartig gekrümmt. An den kurzen Armen standen je vier Finger mit Krallen. Auffallend sind die schmalen Knochenplatten, die auf Rücken und Schwanz in Reihen zusammenstanden und eine Art niedrigen Kamm bildeten.

Ceratosaurus lebte wahrscheinlich in größeren Gruppen zusammen und machte Jagd auf die großen Pflanzenfressenden Dinosaurier, die während der Jurazeit in Nordamerika lebten.

Cetiosaurus

- Echsenbecken-Dinosaurier
- Pflanzenfressende Dinosaurier
- Richard Owen (1841)
- 3, 53, 59

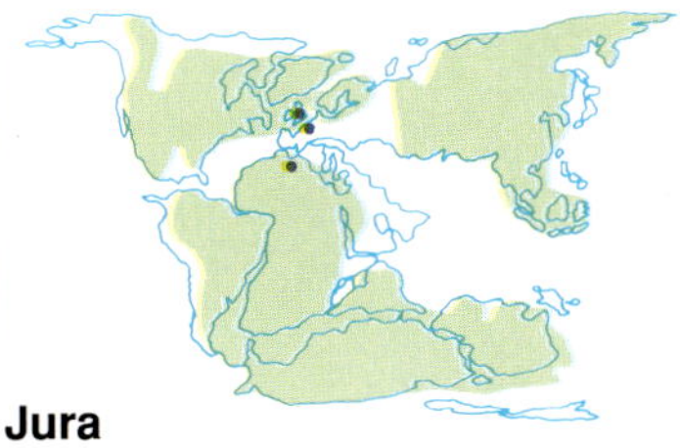
Jura

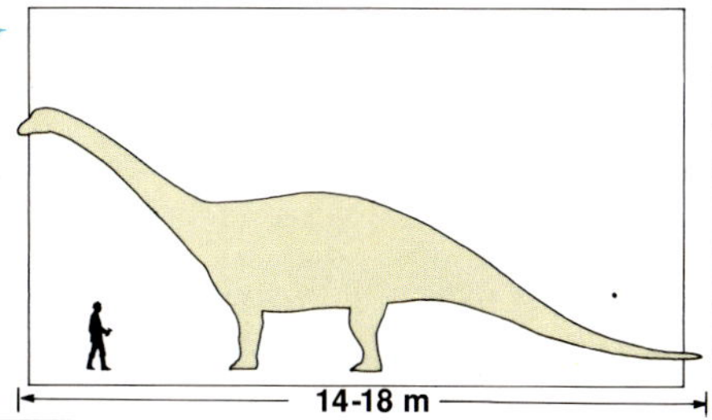

Cetiosaurus war einer der ersten Dinosaurier, die überhaupt entdeckt wurden, und zwar 1809 in Oxfordshire (Südengland). Die Wissenschaftler glaubten, ein riesiges Meerestier vor sich zu haben und gaben ihm deshalb den Namen *Cetiosaurus*, das heißt »Walechse«. 1870 wurde ein teilweise erhaltenes Skelett bei Oxford gefunden, und in neuerer Zeit entdeckte man ein fast vollständiges Skelett in Rutland (England). Es ist jetzt im Leicestershire Museum aufgestellt. Ein riesiger Oberschenkelknochen wurde 1972 in Marokko gefunden.
Die Größe des *Cetiosaurus* war enorm: Der Oberschenkelknochen war mit fast 2 m größer als ein normalwüchsiger Mensch, und ein Schulterblatt hatte eine Breite von mehr als 1,5 m.

Cetiosaurus gehört zu den urtümlichen Dinosauriern dieser Gruppe. Seine Wirbelknochen waren z.B. noch teilweise massiv, während die späteren Langhalsigen Pflanzenfresser hohle Knochen hatten.

Chasmosaurus

- Vogelbecken-Dinosaurier
- Vogelfuß-Dinosaurier
- L. M. Lambe (1914)
- 29

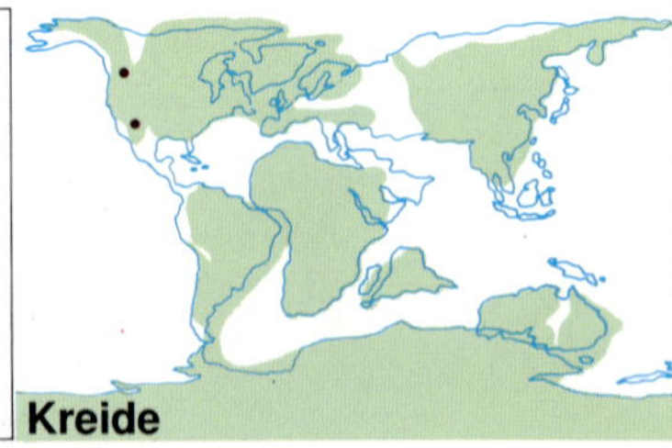

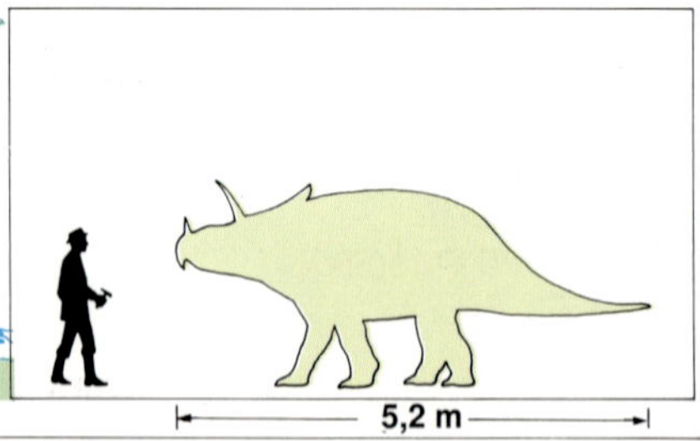

Chasmosaurus gehört zur Familie *Ceratopidae*, deren Vertreter einen langen Nackenschild trugen. Er hatte ein verhältnismäßig kurzes Horn auf der Schnauze und zwei längere, leicht nach oben gerichtete Hörner über den Augen. Der lange Nackenschild reichte bis auf den Vorderrücken und hatte am Rande kurze Dornen und Knochenhöcker. Zwei große Fenster machten den Schild leichter; aber bei der Verteidigung war er wohl nicht sehr wirksam. Eventuell wirkte er nur zur Abschreckung und zum Anlocken der Weibchen. Am Red Deer River in Alberta (Kanada) wurden zwei Exemplare gefunden, von denen eines nur kurze Hörner hatte. Vielleicht war es ein Weibchen, und die Hörner wurden nur beim Männchen ausgebildet.

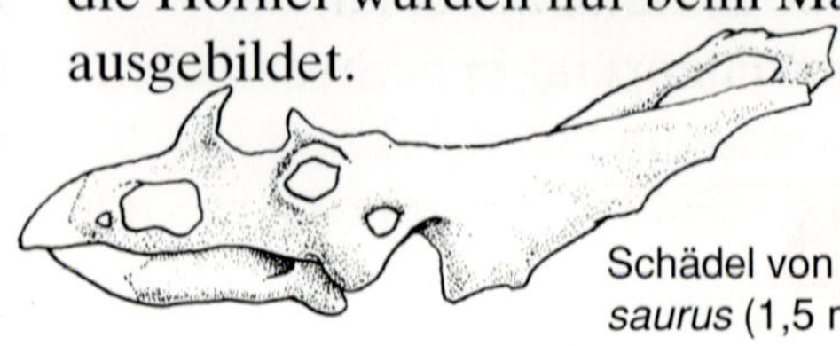

Schädel von *Chasmosaurus* (1,5 m lang)

Claosaurus

- Vogelbecken-Dinosaurier
- Vogelfuß-Dinosaurier
- O. C. Marsh (1890)
- 25

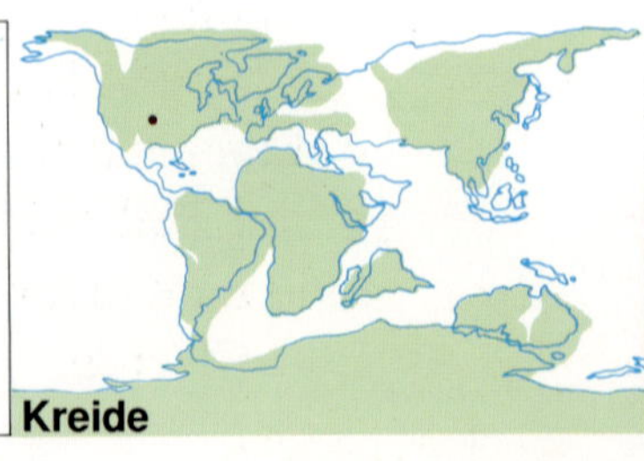

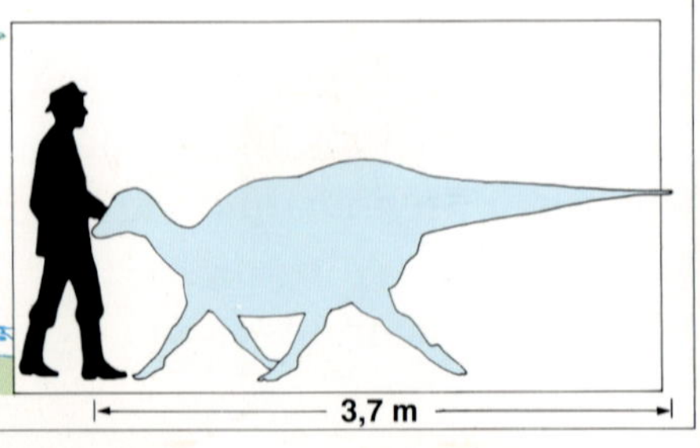

Claosaurus gehört zur Familie der Entenschnabel-Dinosaurier (*Hadrosauridae*), in der die Tiere einen flachen, zahnlosen Schnabel hatten, der tatsächlich dem einer Ente glich. Im hinteren Teil der Kiefer standen Backenzähne, mit denen die Pflanzennahrung zerkleinert wurde. *Claosaurus* hatte an den Zehen der Vorder- und Hinterbeine Nägel, die zu Hufen umgebildet waren. Er lief auf allen vieren, konnte sich aber aufrichten und schnell davonlaufen, wenn Gefahr drohte. *Claosaurus* gehört zu den ältesten Vertretern der Gruppe. Er hatte einen flachen Kopf ohne Knochenkamm, der aber bei vielen Entenschnabel-Dinosauriern ausgebildet war.

Coelophysis

Echsenbecken-Dinosaurier
Fleischfressende Dinosaurier
E. D. Cope (1889)
7, 20, 32, 49

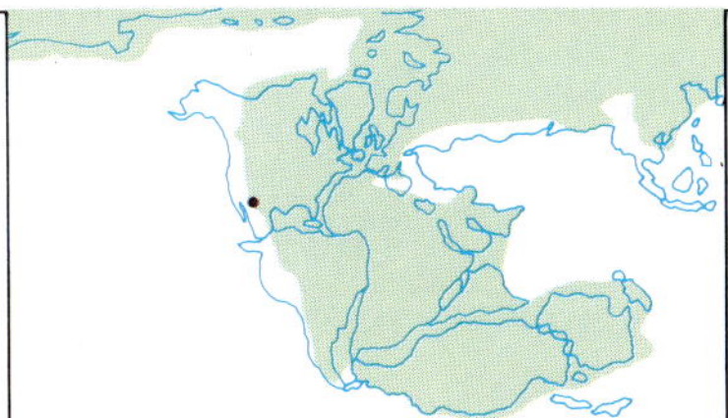

Trias

Coelophysis ist einer der ältesten Dinosaurier. Zwar gibt es aus der Obertrias noch andere Vertreter wie *Ischisaurus*, *Procompsognathus*, *Saltopus* und *Staurikosaurus*, aber diese sind nur durch wenige Skelette bekannt. Von *Coelophysis* wurden dagegen im Jahr 1947 mehr als 100 Skelette auf einmal entdeckt. Der Fundort lag bei Ghost Ranch (New Mexiko/USA). Die dort ausgegrabenen Skelette waren zwischen 1 m und 3 m lang und stammten von verschiedenen Altersstadien.

Coelophysis war ein schlanker Jäger, dessen Knochen dünn und teilweise hohl waren. An den Händen saßen je vier Finger, von denen drei kräftig und zum Ergreifen der Beute geeignet waren. Die langen Beine hatten drei Zehen und scharfe Krallen. Der Kopf dieses Hohlknochen-Dinosauriers (*Coelurosauria*) war schmal und langgestreckt; die Kiefer waren mit scharfen, eingekerbten Zähnen besetzt. Wahrscheinlich lebten die Tiere in Rudeln zusammen und fraßen auch Jungtiere ihrer eigenen Art. In der Leibeshöhle von zwei Skeletten fand man jedenfalls Knochen von kleineren Tieren.

Coelurosauria

In die Zwischenordnung *Coelurosauria* werden die kleineren bis mittelgroßen, leicht gebauten Fleischfressenden Dinosaurier gestellt. Sie waren schnellfüßige Jäger und hatten dünnwandige Knochen. »Hohlschwanzechsen« ist deshalb auch die wörtliche Übersetzung des Namens *Coelurosauria*. In diesem Buch werden sie als Hohlknochen-Dinosaurier bezeichnet. Die meisten Vertreter dieser Tiergruppe liefen aufrecht auf ihren Hinterbeinen. Die gut ausgebildeten, mit Klauen bewehrten Arme wurden zum Ergreifen der Beutetiere verwendet. Zu den Hohlknochen-Dinosauriern gehören mehrere Gruppen von ursprünglichen Dinosauriern, die am Ende der Trias lebten. Manche hatten noch fünf Finger an den Händen – eine Ausbildung, die bei den Dinosauriern als ursprünglich gilt.

Die *Coelurosauria* lassen sich in mehrere Familien gliedern. Zur Familie *Podokesauridae* gehören die ältesten und einfachsten Gattungen, z.B. *Coelophysis*, *Procompsognathus* und *Saltopus*. Sie lassen sich durch die Ausbildung der Schädel und die Zahl der Finger von den erst im Oberjura auftretenden Familien *Coeluridae* (*Coelurus*) und *Compsognathidae* (*Compsognathus*) unterscheiden. Ein weiterer Verwandtschaftskreis, der als Nebenast der *Coelurosauria* aufgefaßt werden kann, wird in diesem Buch als Zwischenordnung *Ornithomimosauria* bezeichnet.

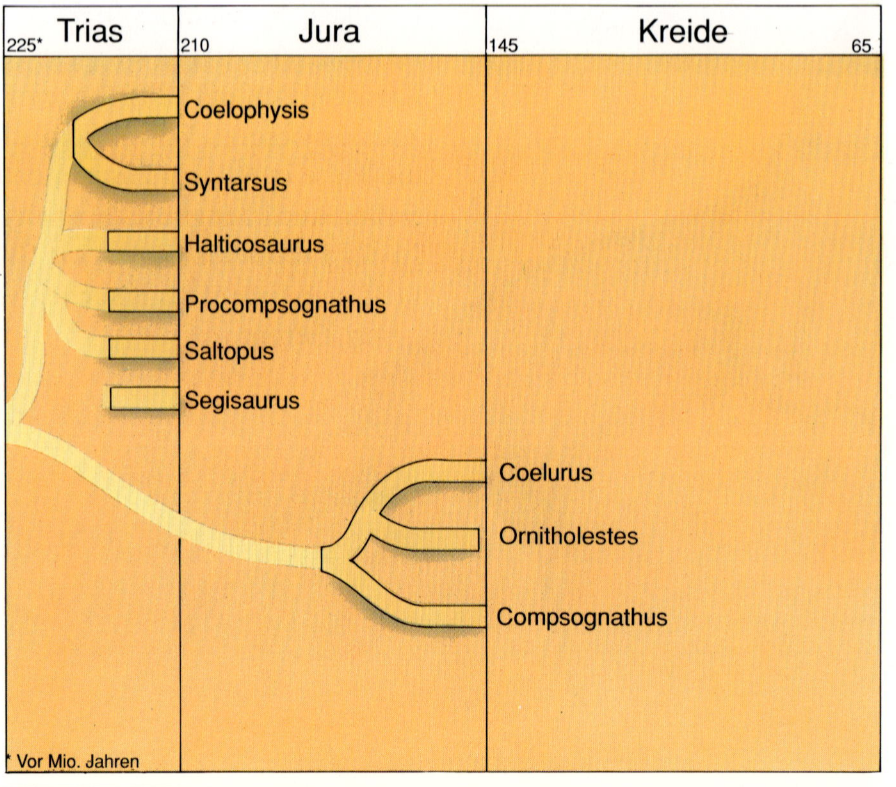

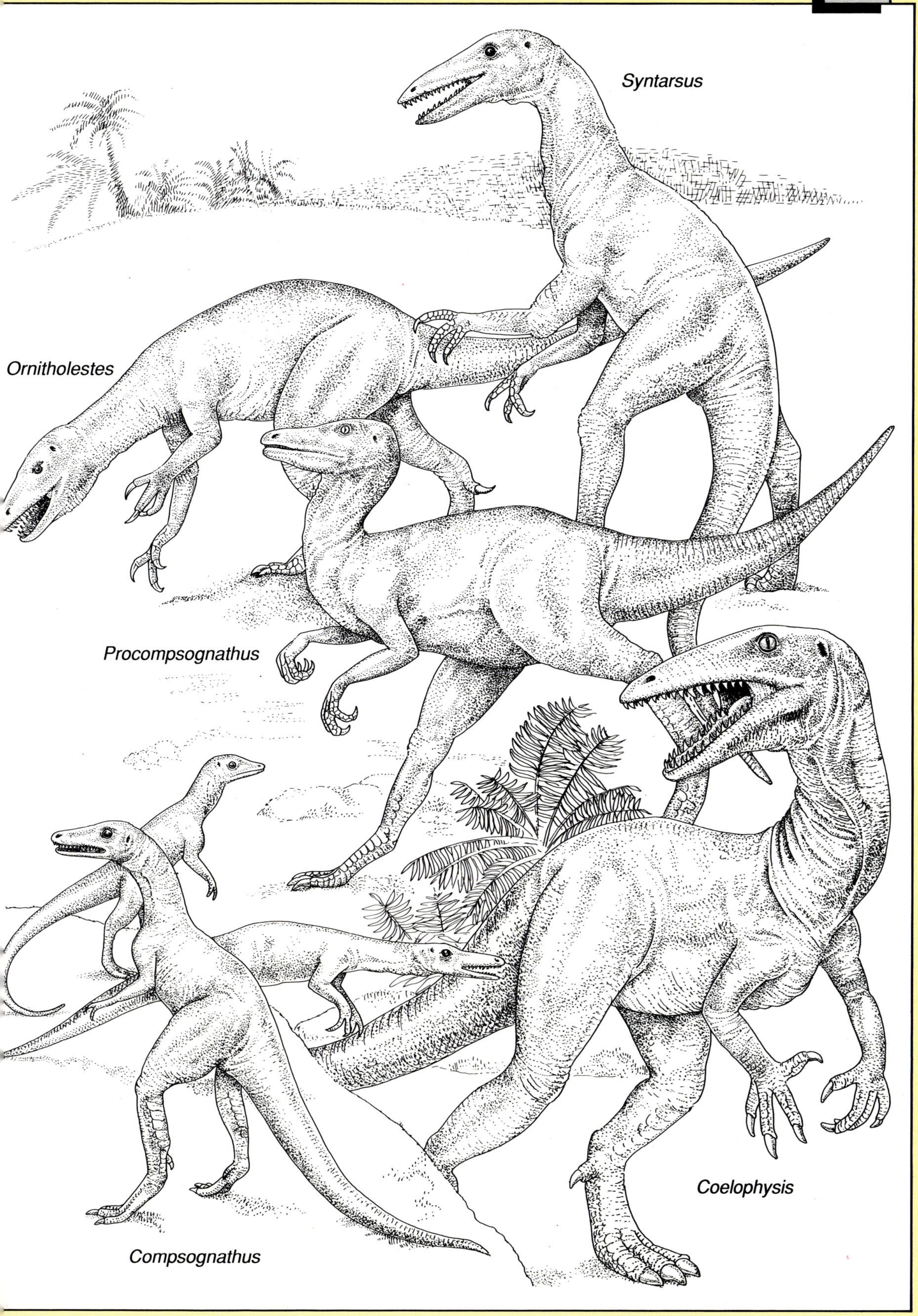
Syntarsus
Ornitholestes
Procompsognathus
Coelophysis
Compsognathus

Coelurus

- Echsenbecken-Dinosaurier
- Fleischfressende Dinosaurier
- O. C. Marsh (1879)

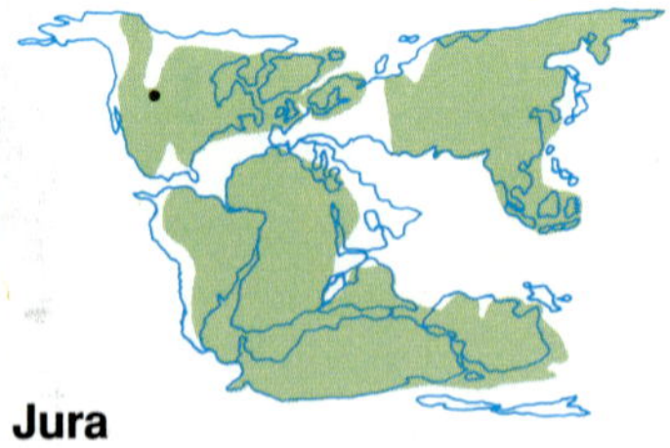

Jura

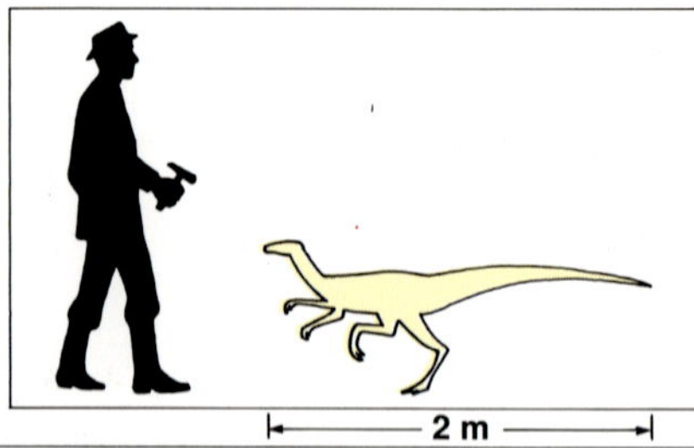

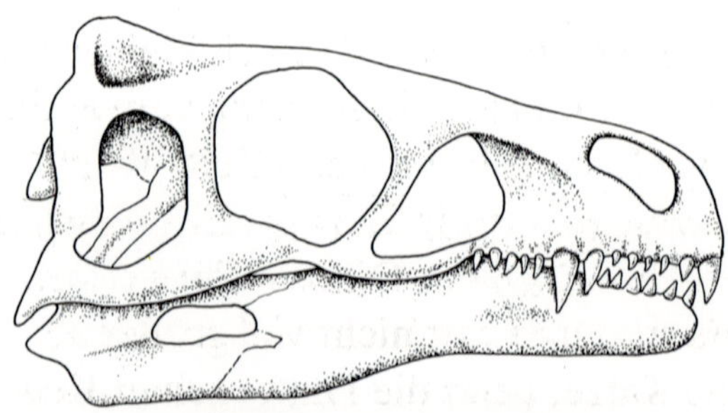

Schädel von *Coelurus* (15 cm lang)

Coelurus gehört zu einer Familie der Hohlknochen-Dinosaurier (*Coelurosauria*), die vom Oberjura bis zur Unterkreide vorkam. Ihre Vertreter unterschieden sich vom Verwandtschaftskreis um *Saltopus* und *Procompsognathus* dadurch, daß sie nur drei Finger an jeder Hand hatten.

Coelurus war ein bis zu 2 m langes, schlankes und langbeiniges Tier, dessen Schwanzknochen dünnwandig und hohl waren. An den Händen war ein Finger dick und wie ein Daumen ausgebildet, die beiden anderen waren schlank und trugen eine scharfe, gekrümmte Kralle. Mit ihnen konnte *Coelurus* kleine Echsen und Säugetiere ergreifen. Als O. C. Marsh das Tier beschrieb, lag ihm nur ein Knochen der Wirbelsäule vor. Wenige Jahre später wurde im gleichen Gebiet von Wyoming (USA) ein fast vollständiges Skelett gefunden und 1903 als *Ornitholestes* beschrieben. Lange Zeit nahm man an, daß beide Funde zur gleichen Tierart gehören. Aber das erwies sich als Irrtum. Genauere Untersuchungen und weitere Funde haben ergeben, daß es sich tatsächlich um zwei verschiedene Dinosaurier dieser Gruppe handelt.

Compsognathus

- Echsenbecken-Dinosaurier
- Fleischfressende Dinosaurier
- J. A. Wagner (1859)
- 42, 51

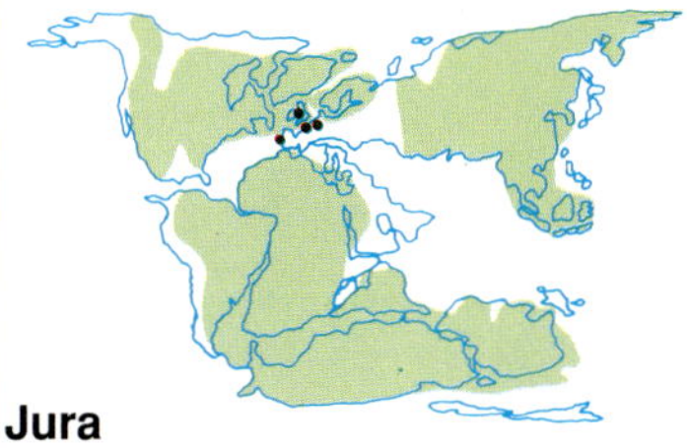

Jura

0,8 m

Compsognathus war deutlich kleiner als *Coelurus* und mit diesem eng verwandt. Beide lebten zur gleichen Zeit, aber *Compsognathus* in Europa. Er gehört zu den Hohlknochen-Dinosauriern (*Coelurosauria*) und war nicht viel größer als eine Katze, denn die Hälfte seiner Körperlänge entfiel auf den Schwanz. Seine dünnen Knochen waren hohl. Die langen Laufbeine hatten eine dünne, nach hinten gerichtete und drei kräftige Zehen; an den kurzen Armen saßen nur je drei Finger.

Eine Herde von *Compsognathus*

Mit vorgestrecktem Hals und waagerecht gehaltenem Schwanz erreichte *Compsognathus* eine beträchtliche Geschwindigkeit. Zu seinen Beutetieren gehörten kleine Echsen – Knochen eines solchen Tieres hat man jedenfalls in der Leibeshöhle eines 1861 in Deutschland gefundenen Skelettes entdeckt.

An diesem Exemplar ist der Kopf weit nach hinten gebogen. Diese unnatürliche Lage ist erst nach dem Tode des Tieres durch das Austrocknen der Nackenmuskeln entstanden. Die Stellung ist auch bei anderen Tieren nicht ungewöhnlich. In jüngerer Zeit wurde ein gut erhaltenes Skelett in Südfrankreich entdeckt; es ist größer als das in Deutschland gefundene.

Corythosaurus

- Vogelbecken-Dinosaurier
- Vogelfuß-Dinosaurier
- B. Brown (1914)
- 6, 7, 9, 16, 29, 32

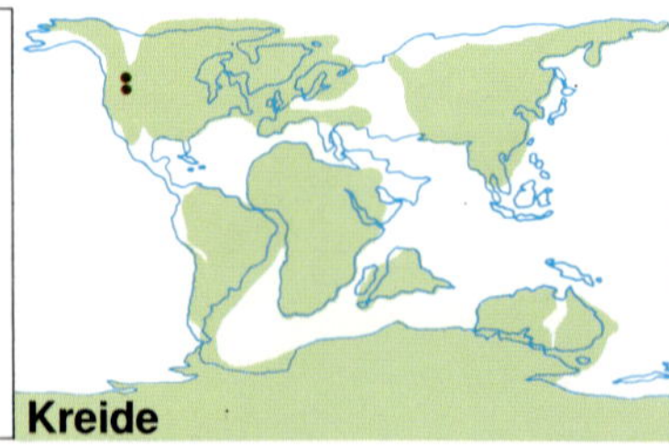

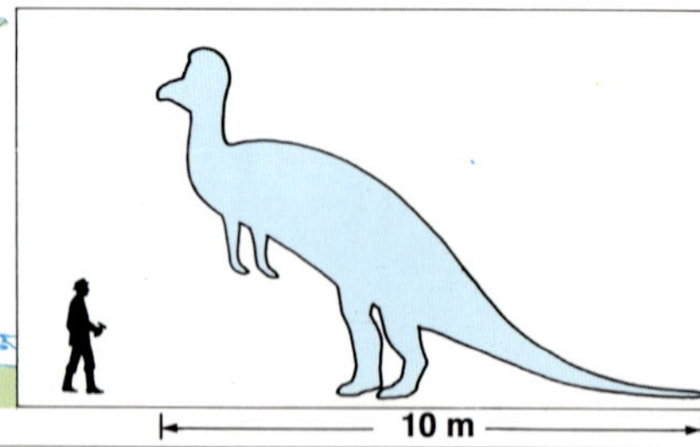

Corythosaurus ist einer der am besten bekannten Entenschnabel-Dinosaurier (Familie *Hadrosauridae*). Mit einer Körperlänge von etwa 10 m gehört er zu den Riesen in dieser Gruppe. Auf dem Kopf hatte er einen über 30 cm hohen, halbkreisförmigen, hohlen Knochenkamm, der vom Nasenbein gebildet und von den beiden Nasengängen durchzogen war. Sie führten von der Nasenöffnung bis zum oberen Rand des Kammes, bogen dann um und mündeten in der Schnauze.
Es gibt viele verschiedene Meinungen darüber, wozu dieser Kamm gut war. Manche Wissenschaftler meinten, daß die Tiere im Wasser gelebt hätten und der Knochenkamm eine Art Schnorchel gewesen wäre. Heute nimmt man eher an, daß der Kamm mit aufblasbaren Hautsäcken in Verbindung stand und die Tiere damit Laute erzeugen konnten. Auf diese Weise könnten sie sich untereinander verständigt haben, und auch für die Paarung könnten diese Signale eine Bedeutung gehabt haben. Der Knochenkamm scheint bei Jungtieren noch verhältnismäßig klein gewesen zu sein und wurde mit zunehmendem Alter der Tiere größer. Außerdem war er wohl beim Männchen größer als bei den Weibchen. In der Lebensweise unterschied sich *Corythosaurus* nicht von seinen Verwandten: Er war ein riesiger, in Herden lebender Pflanzenfresser.

Corythosaurus

Dacentrurus

- Vogelbecken-Dinosaurier
- Stachel-Dinosaurier
- R. Owen (1875)
- 59

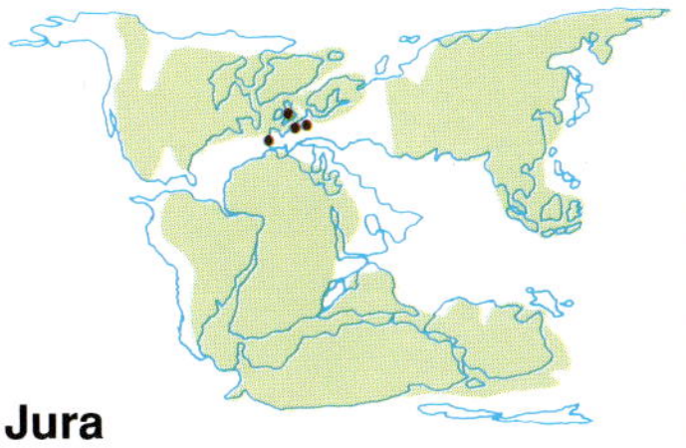

Jura

Größe unbekannt

Dacentrurus war einer der ältesten Stachel-Dinosaurier und lebte im Mittleren Jura. Versteinerungen dieses Tieres wurden bisher in England, Frankreich und Portugal gefunden, aber in jedem Fall handelte es sich nur um einzelne Knochen. Die Größe und Körperhaltung des Tieres ist deshalb nicht bekannt, aber es gibt keinen Grund anzunehmen, daß sich *Dacentrurus* darin von anderen Vertretern seiner Gruppe unterscheidet. *Dacentrurus* hatte allerdings wahrscheinlich Dornenpaare auf dem Rücken, während die Knochenplatten fehlten.

Die ersten Versteinerungen wurden in den 70er Jahren des vorigen Jahrhunderts entdeckt und von Richard Owen 1875 als *Omosaurus armatus* beschrieben. Da es aber schon ein anderes Tier unter dem Namen *Omosaurus* gab, mußte Owens Bezeichnung in *Dacentrurus* geändert werden.

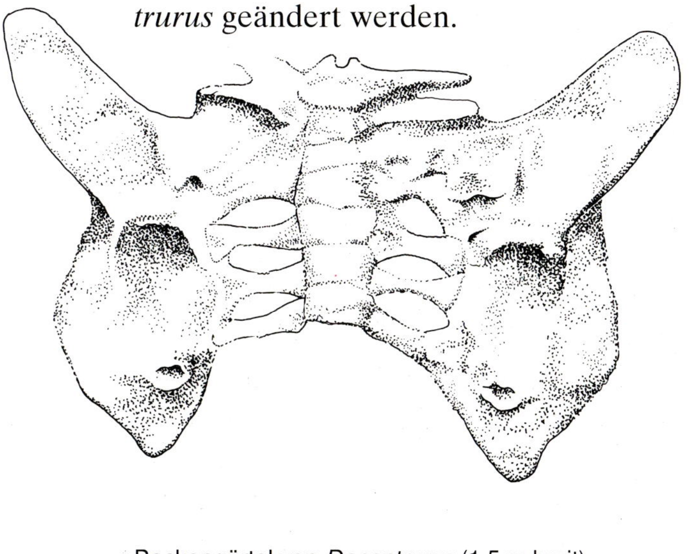

Beckengürtel von *Dacentrurus* (1,5 m breit)

D

Daspletosaurus

Echsenbecken-Dinosaurier
Fleischfressende Dinosaurier
D. A. Russell (1970)
24

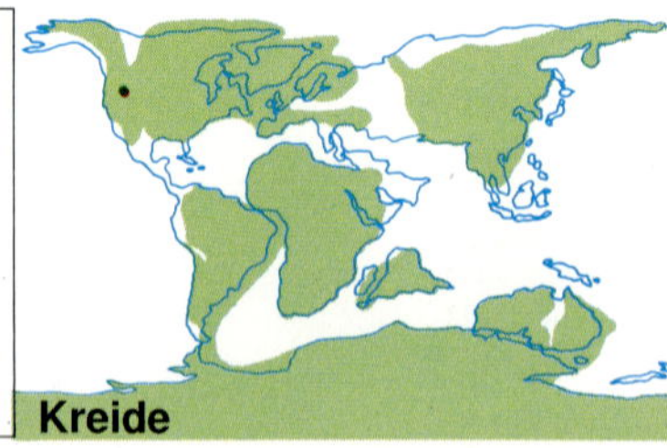

Daspletosaurus war ein etwa 9 m langer Raubtier-Dinosaurier (*Carnosauria*). In seinen kurzen Kiefern standen Zähne, die noch größer waren als bei den übrigen Tyrannenechsen, aber ihre Anzahl war geringer. Diese dolchartigen, spitzen Zähne waren gekrümmt und nach hinten gerichtet. Mit ihren messerscharfen Schneiden konnten die Beutetiere leicht zerkleinert werden. Zu den Opfern gehörten auch die riesigen Horn- und Entenschnabel-Dinosaurier, die mit *Daspletosaurus* zusammen in Nordamerika lebten. An seinen kräftigen Laufbeinen hatte *Daspletosaurus* drei Zehen und an den kurzen Armen je zwei Finger.
Das erste Exemplar – ein fast vollständig erhaltenes Skelett – wurde 1921 am Red Deer River bei Alberta (Kanada) gefunden. Zuerst als *Gorgosaurus* (jetzt korrekt *Albertosaurus* genannt) beschrieben, stellte sich bald heraus, daß es sich bei *Daspletosaurus* um eine eigene Gattung handelte.

Datousaurus

Echsenbecken-Dinosaurier
Pflanzenfressende Dinosaurier
Dong Zhiming und Tang Zilu (1984)

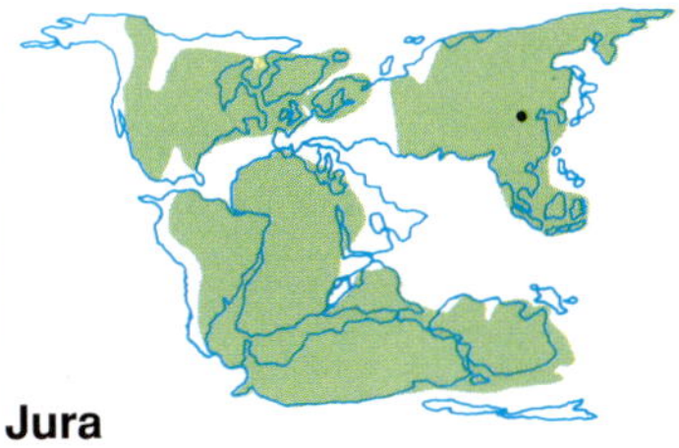

Jura

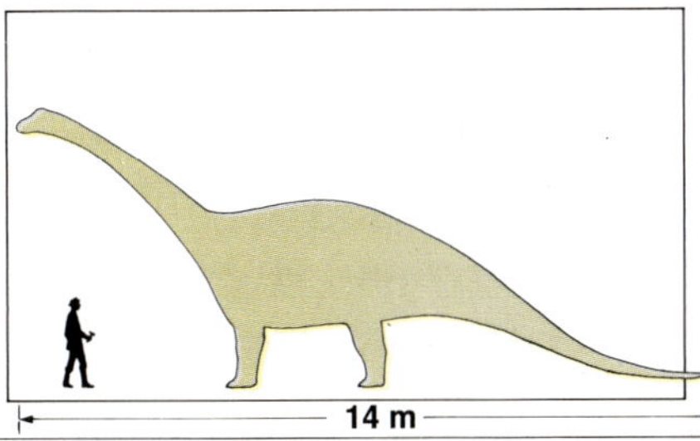

14 m

Datousaurus gehört zu den ältesten Dinosauriern aus der Gruppe der Langhalsigen Pflanzenfresser (*Sauropoda*). Seine Reste wurden in der Provinz Sichuan (China) entdeckt und nach ihrem Fundort Datou benannt.
Datousaurus hatte einen verhältnismäßig großen Schädel mit zahlreichen langen, löffelförmigen Zähnen. Sein Hals war kürzer als bei den verwandten Gattungen, außerdem war der Beckengürtel sehr kräftig ausgebildet. Dinosaurier dieser Gruppe waren im Jura weltweit verbreitet und wurden bereits in England, Argentinien, Indien, Australien und China gefunden.

Deinocheirus

Echsenbecken-Dinosaurier
Fleischfressende Dinosaurier
H. Osmólska und E. Roniewicz (1967)
50

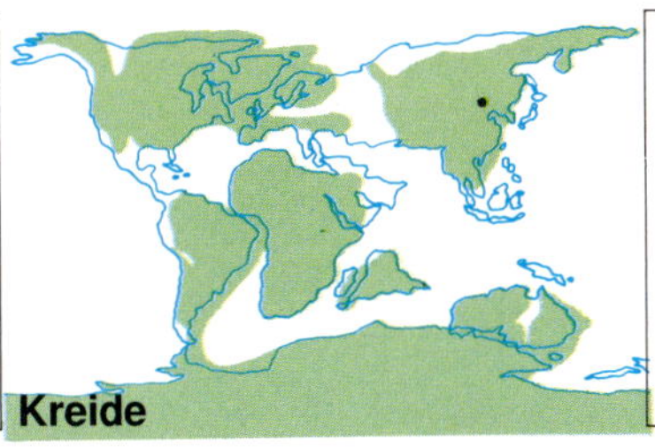

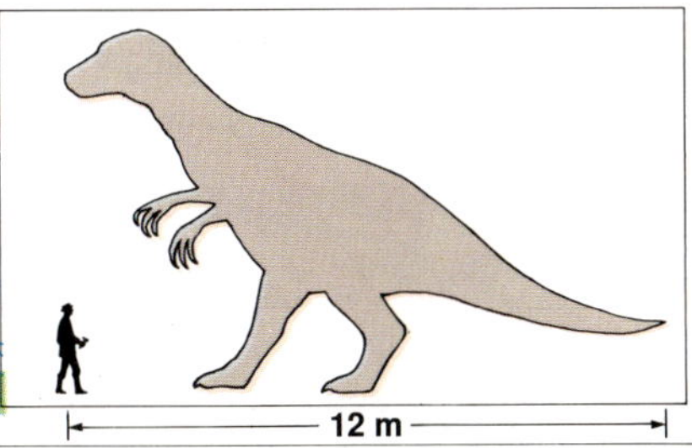

12 m

Von *Deinocheirus* kennt man bisher nur die Arme – und die sind jeweils 2,6 m lang. »Schreckenshand« ist daher auch die wörtliche Übersetzung des wissenschaftlichen Namens.
Über die nähere Verwandtschaft dieses riesigen Tieres ist nichts bekannt. Sicher ist, daß es sich bei ihm um einen Fleischfressenden Dinosaurier (*Theropoda*) handelt; deshalb hat man für ihn zunächst eine eigene Familie (*Deinocheiridae*) aufgestellt.
Die Arme von *Deinocheirus* wurden vor einigen Jahrzehnten von einer polnisch-mongolischen Expedition in der südlichen Mongolei gefunden. An jeder Hand saßen drei Finger, die alle eine große Kralle trugen (siehe S. 171). Die Arme waren im Verhältnis zu ihrer Länge ziemlich dünn; von der Länge läßt sich nur ungefähr auf die Größe des ganzen Tieres schließen, aber die hier angenommenen 12 m sind eher zu gering als zu viel.

Deinonychosauria

»Echsen mit schrecklichen Krallen« ist die wörtliche Übersetzung des Namens *Deinonychosauria* – und damit ist auch schon die auffälligste Ausbildung dieser Gruppe genannt: ihre riesige, sichelförmige Kralle jeweils an der zweiten Zehe der Füße und oft auch an den Fingern der langen Arme. Zwar waren *Dromaeosaurus* und *Velociraptor* schon längere Zeit bekannt, aber erst der Fund von *Deinonychus* machte deutlich, daß es sich hier um eine eigene Zwischenordnung von kreidezeitlichen Dinosauriern handelt. In diesem Buch werden sie als Sichelkrallen-Dinosaurier bezeichnet. Die Tiere benutzten ihre lange Kralle zum Töten der Beutetiere. Im Körperbau ähnelten sie mehr den Hohlknochen-Dinosauriern (*Coelurosauria*), in der Ausbildung des schweren, breiten Kopfes, dessen Kiefer mit spitzen Zähnen ausgestattet waren, eher den Raubtier-Dinosauriern (*Carnosauria*). Zur Familie *Dromaeosauridae* gehören die in Nordamerika gefundenen *Deinonychus* und *Dromaeosaurus* sowie die asiatischen *Hulsanpes* und *Velociraptor*. Auch die Vertreter der Familie *Saurornithoididae* hatten eine lange, sichelförmige Kralle. Sie werden von den meisten Wissenschaftlern zu den Hohlknochen-Dinosauriern (*Coelurosauria*) gestellt. Zu dieser Gruppe gehören *Troodon* (Nordamerika) und *Saurornithoides* (Asien). Die systematische Stellung von zwei weiteren Gattungen ist unsicher, weil nur spärliche Funde vorliegen: *Deinocheirus* und *Baryonyx*.

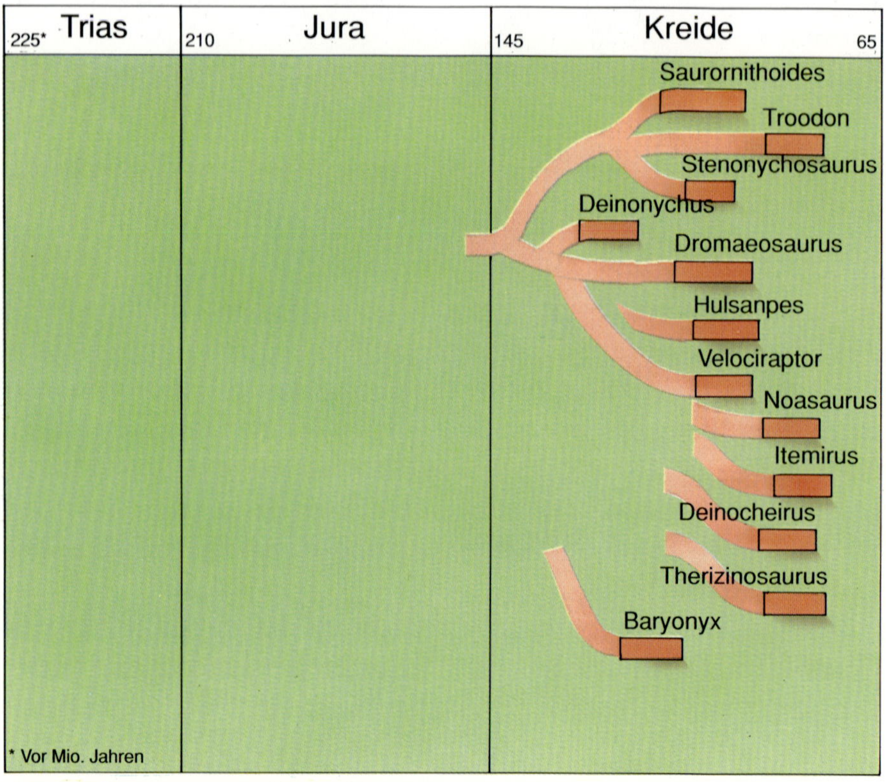

Deinonychus
Velociraptor
Stenonychosaurus

Deinonychus

Echsenbecken-Dinosaurier
Fleischfressende Dinosaurier
J. H. Ostrom (1969)
6, 25

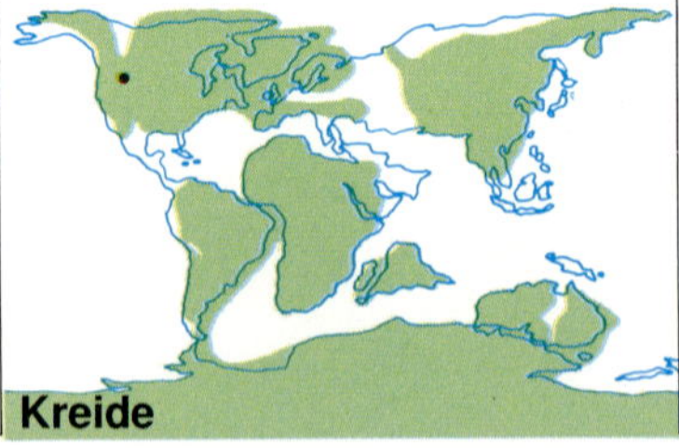

Als 1964 im südlichen Montana (USA) mehrere vollständige Skelette von *Deinonychus* gefunden wurden, war den Wissenschaftlern bald klar, daß es sich um eine neue Zwischenordnung der Fleischfressenden Dinosaurier (*Theropoda*) handelte – um die Sichelkrallen-Dinosaurier (*Deinonychosauria*). *Deinonychus* war mit 3 - 4 m Länge deutlich größer als *Dromaeosaurus* und *Velociraptor*. Aufgerichtet betrug seine Höhe etwa 1,8 m bei einem Gewicht von ungefähr 65 kg. Seine Arme waren verhältnismäßig lang und hatten je drei Finger mit langen, gekrümmten Krallen.

Am auffallendsten waren jedoch die vier Zehen an den langen, muskulösen Laufbeinen. Die erste Zehe war verkümmert, aber die zweite trug eine bis zu 15 cm lange, sichelförmige Kralle, die beim Laufen zurückgezogen werden konnte. Auf einem Bein stehend muß *Deinonychus* mit der Kralle des anderen Beines seine Beutetiere regelrecht aufgeschlitzt haben. Mit den gekerbten, scharfen Zähnen konnte er Stücke aus ihrem Körper reißen. Der Schwanz diente dabei als Stütze, er war durch Knochenstäbe verfestigt. Wahrscheinlich jagten die Tiere in Rudeln und überwältigten auch große Pflanzenfressende Dinosaurier.

Dicraeosaurus

Echsenbecken-Dinosaurier
Pflanzenfressende Dinosaurier
W. Janensch (1929)
48

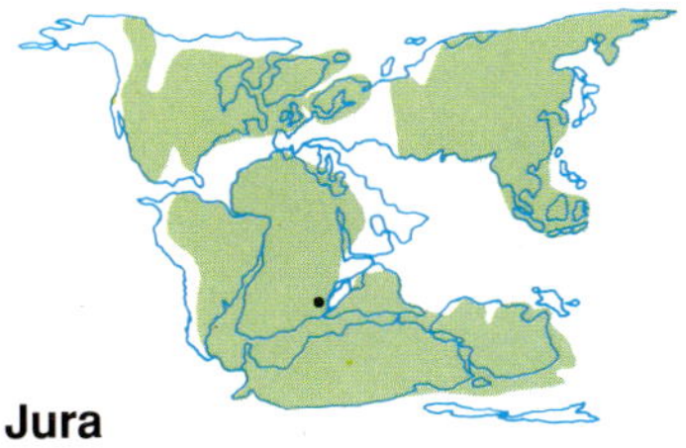

Jura

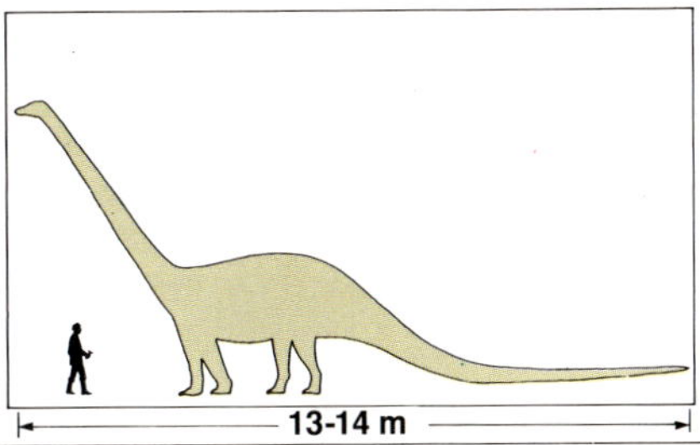

13-14 m

Dicraeosaurus ist durch ein fast vollständiges Skelett bekannt. Er gehört zu den Langhalsigen Pflanzenfressern (*Sauropoda*) und war mit *Apatosaurus* und *Diplodocus* verwandt. *Dicraeosaurus* unterscheidet sich von diesen durch seinen kürzeren Hals und den größeren Kopf.

Auf jedem Wirbel saß ein großer Dorn, der gegabelt war und einem Y ähnelte. Der Name des Tieres bedeutet deshalb »Gabelechse«. Zähne standen nur im vorderen Teil des Kiefers, und Augen- und Nasenöffnungen waren auffallend klein.

Dilophosaurus

Echsenbecken-Dinosaurier
Fleischfressende Dinosaurier
S. Welles (1970)
16, 21, 40

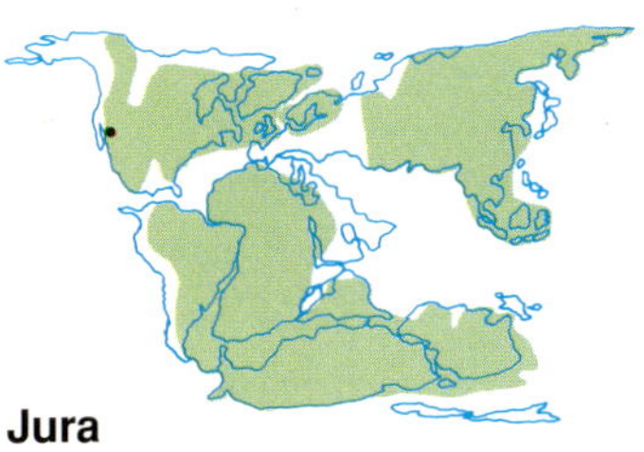

Jura

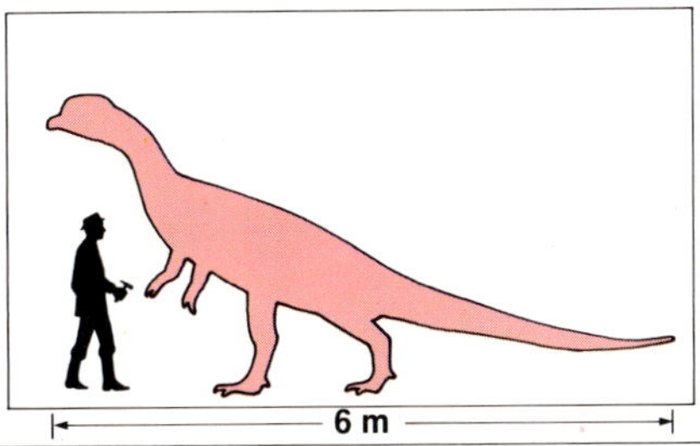

6 m

Dilophosaurus stammt aus dem Unteren Jura und gehört damit zu den ältesten Raubtier-Dinosauriern (*Carnosauria*).
Er hatte einen breiten Kopf, aber die Knochen des Skelettes waren leicht und schlank gebaut. Am auffälligsten waren zwei halbmondförmige Knochenkämme, die an beiden Seiten des Schädels standen und sich auf dem Hinterkopf zu einem Dorn verschmälerten. Vielleicht hatten nur die Männchen diese Kämme, denn sie wurden nicht bei allen Tieren gefunden.
Im Unterkiefer standen dünne, aber scharfe Zähne, während im Oberkiefer Vorderzähne und Backenzähne getrennt waren. Eventuell tötete *Dilophosaurus* seine Beutetiere mit den scharfen Krallen an seinen kurzen Armen, denn das Gebiß war wohl zu schwach dazu; vielleicht verzehrte er auch Aas.

Diplodocus

- Echsenbecken-Dinosaurier
- Pflanzenfressende Dinosaurier
- O. C. Marsh (1878)
- 7, 9, 10, 11, 13, 15, 18, 23, 30, 45, 51, 57, 63

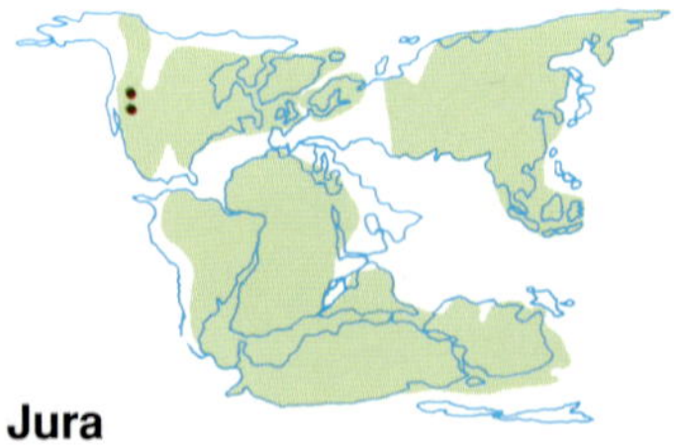

Jura

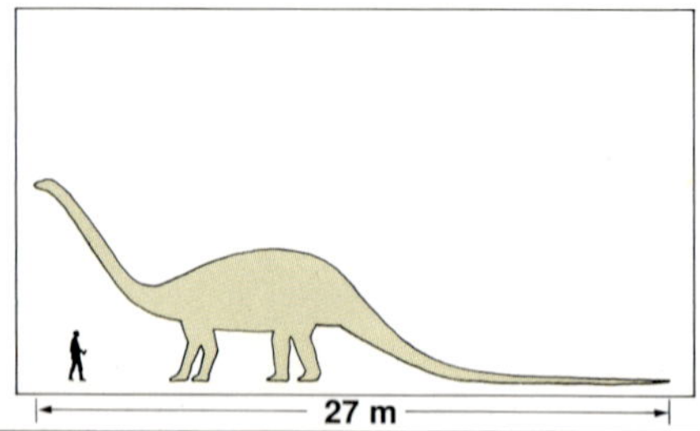

Diplodocus war fast 27 m lang, aber er wog nur 10 bis 11 t – viel weniger als seine engeren Verwandten, die ebenfalls zu den Langhalsigen Pflanzenfressern (*Sauropoda*) gehören. Über 7 m seiner Länge kamen auf den Hals mit dem kleinen Kopf und nicht weniger als 14 m auf den Schwanz.

Der Name *Diplodocus* bedeutet soviel wie »doppelter Balken«. Er bezieht sich auf bestimmte Knochen, die auf der Unterseite jedes Schwanzwirbels standen und einem Amboß ähnlich sahen. *Diplodocus* konnte sich auf die Hinterbeine aufrichten, um mit dem Kopf hoch in die Baumkronen zu gelangen. Wahrscheinlich wehrte er sich auch gegen Angreifer, indem er sie mit den Vorderbeinen in den Boden stampfte.

Das erste vollständige Skelett wurde um 1900 von einer Expedition gefunden, die der amerikanische Millionär Andrew Carnegie ausgerüstet hatte. Ihm zu Ehren wurde das Tier *Diplodocus Carnegiei* genannt.

Dravidosaurus

- Vogelbecken-Dinosaurier
- Stachel-Dinosaurier
- P. Yadagiri und K. Ayyasami (1979)

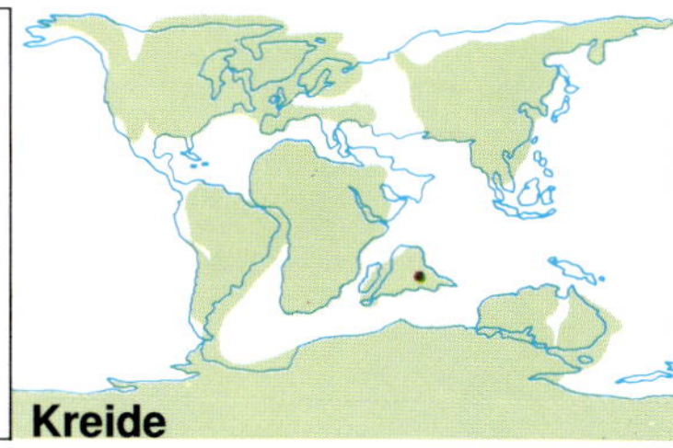

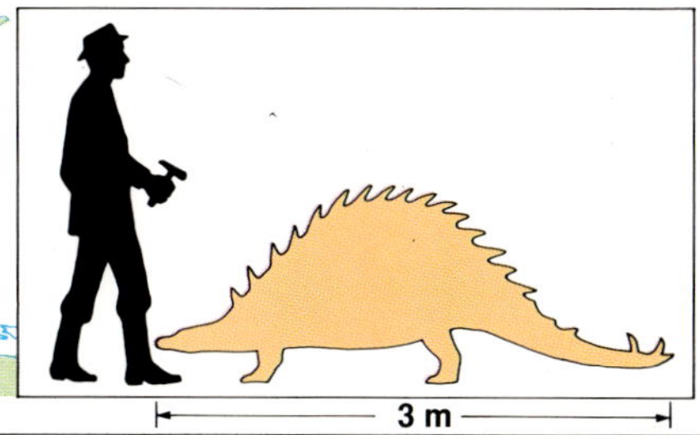

Dravidosaurus lebte in der Oberkreide in Indien und unterscheidet sich dadurch von allen anderen Stachel-Dinosauriern, von denen die meisten im Jura, wenige in der Unterkreide lebten. Sie sind alle viele Millionen Jahre älter. Daß *Dravidosaurus* so lange überleben konnte, lag wohl daran, daß er auf einer Insel – und das war Indien zu seiner Zeit – vorkam und von Konkurrenten und Feinden verschont blieb. *Dravidosaurus* hatte zwei Reihen von Knochenplatten auf dem Rücken und zusätzlich merkwürdig geformte Dornen.

Dromaeosaurus

- Echsenbecken-Dinosaurier
- Fleischfressende Dinosaurier
- W. D. Matthew und B. Brown (1922)
- 32

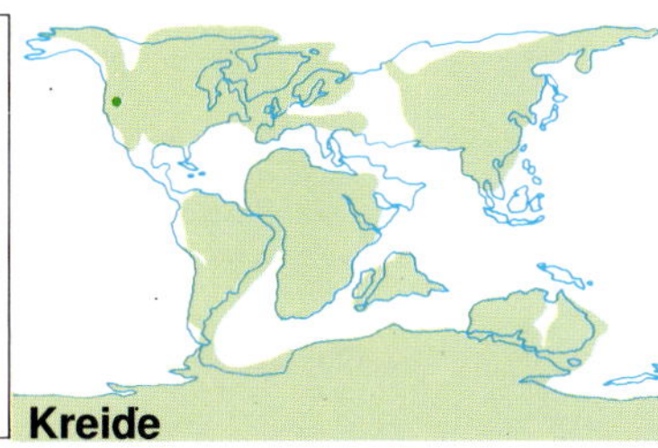

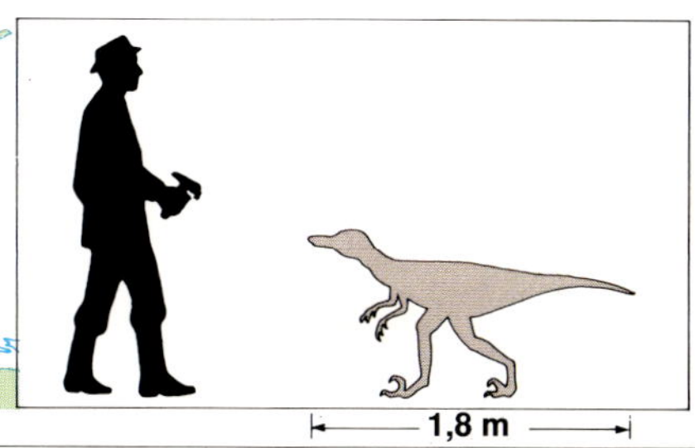

Dromaeosaurus wurde 1914 in Kanada am Red Deer River entdeckt. Da nur der Schädel und wenige Knochen gefunden wurden, waren sich die Wissenschaftler nicht im klaren darüber, ob sie einen kleinen Raubtier-Dinosaurier oder einen großen Hohlknochen-Dinosaurier vor sich hatten. Erst durch die Entdekkung des eng verwandten *Deinonychus* stellte sich heraus, daß *Dromaeosaurus* zu den Sichelkrallen-Dinosauriern gehört. Die Schädelhöhle deutet auf ein großes Gehirn dieses Raubsauriers hin. Die zweite Zehe der Füße trug eine sichelförmige Kralle, mit der die Beutetiere getötet wurden.

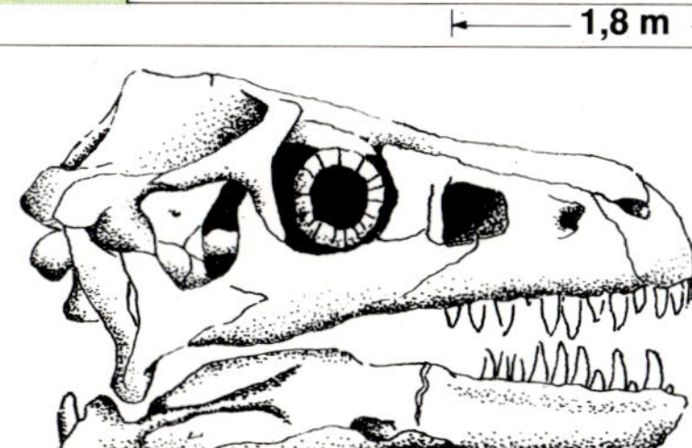

Schädel von *Dromaeosaurus* (18 cm lang)

Dryosaurus

- Vogelbecken-Dinosaurier
- Vogelfuß-Dinosaurier
- O. C. Marsh (1894)
- 9, 11, 48

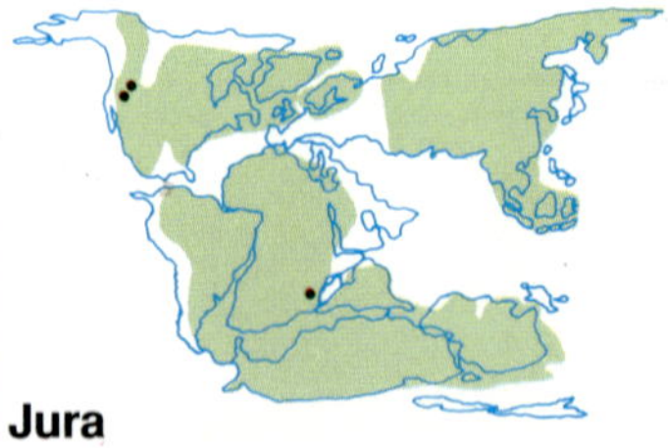

Jura

Dryosaurus war mit *Hypsilophodon* verwandt und bildet mit einigen anderen Gattungen zusammen die Familie *Hypsilophodontidae* - die »Echsen mit hohen Zahnleisten«. Es handelte sich um sehr schlanke, wendige Tiere, die schnell auf den Hinterbeinen laufen konnten und mit ihren großen Backenzähnen Pflanzenteile zermahlten.
Dryosaurus gehört mit einer Körperlänge bis zu 3 m zu den großen Vertretern dieser Gruppe. An den kurzen, aber kräftigen Armen saßen je fünf Finger, an den Beinen je drei Zehen. Er hatte einen zahnlosen Hornschnabel, mit dem Pflanzen abgerissen wurden. Die zerkleinerten Bissen wurden in einer Backentasche gesammelt und erst dann verschluckt.
Dryosaurus war weit verbreitet und wurde nicht nur in Nordamerika, sondern auch in Ostafrika gefunden. Diese Kontinente waren im Jura nur durch den schmalen Nordatlantik getrennt, und es gab Landbrücken, über welche die Tiere sich vor 140 Millionen Jahren ausbreiten konnten. Im gleichen Raum lebten andere Pflanzenfresser wie *Apatosaurus*, *Brachiosaurus* und *Diplodocus*, aber auch Fleischfressende Dinosaurier, z.B. *Allosaurus, Coelurus* und *Elaphrosaurus.*

Dryptosaurus

Echsenbecken-Dinosaurier
Fleischfressende Dinosaurier
O. C. Marsh (1877)

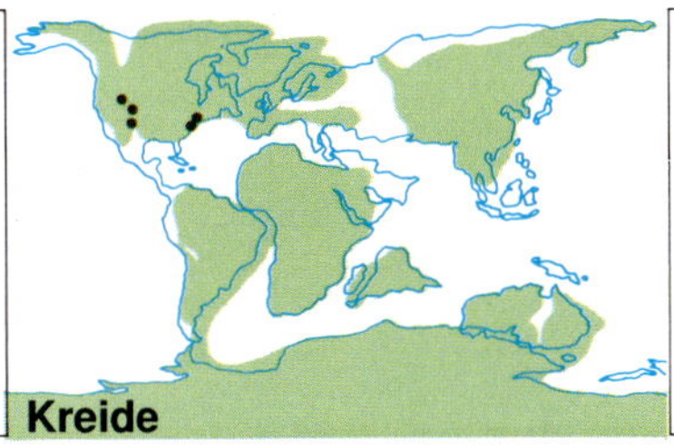

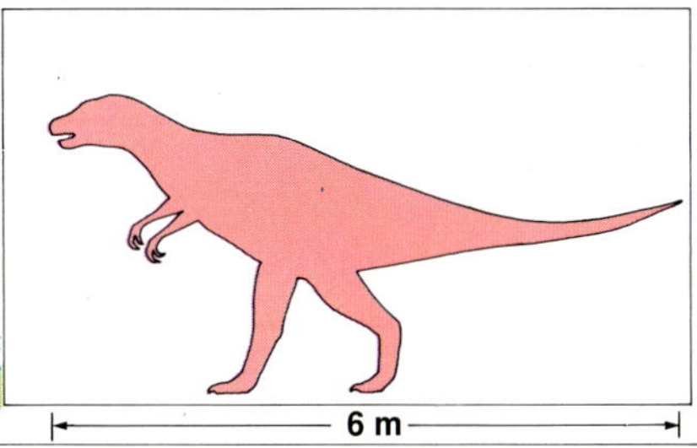

Dryptosaurus war ein Raubtier-Dinosaurier (*Carnosauria*) und während der Kreidezeit über weite Teile Nordamerikas verbreitet. Aufgrund einzelner Zähne und Kieferteile wurden nicht weniger als 12 verschiedene Arten beschrieben, aber trotzdem weiß niemand so recht, wie die Tiere ausgesehen haben könnten. Ein einziges Skelett wurde 1866 entdeckt und von E. D. Cope unter dem Namen *Laelaps* beschrieben.

Cope, der sich um die Kenntnis der im Westen der USA gefundenen Dinosaurier sehr verdient gemacht hat, entwarf ein Modell seines *Laelaps*, das zeigt, wie er einen anderen Dinosaurier angreift. Dieser Name kann aber nicht übernommen werden, da er schon früher für ein Insekt verwendet wurde und zwei Tiere nicht den gleichen Namen haben dürfen.

Dyoplosaurus

Vogelbecken-Dinosaurier
Panzer-Dinosaurier
W. Parks (1924)

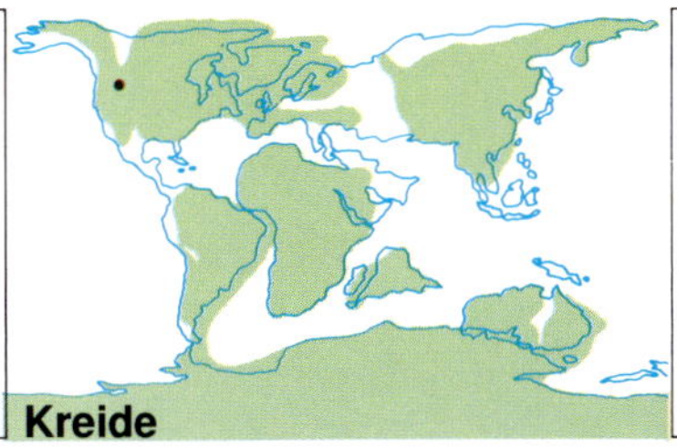

Dyoplosaurus war ein etwa 6 m großer Panzer-Dinosaurier, dessen Versteinerungen zu Beginn dieses Jahrhunderts am Red Deer River in Alberta (Kanada) gefunden wurden. Vom gleichen Fundort stammen die Fossilien von *Euoplocephalus*, ebenfalls einem Panzer-Dinosaurier. Es ist bisher nicht geklärt, ob die Versteinerungen nicht von der gleichen Tierart stammen.

Dyoplosaurus hatte eine Länge von etwa 6 m, sein Rücken war durch viele Knochenplatten mit großen Fortsätzen gepanzert. Auch der Nacken war geschützt; Schultern und Schwanz waren mit dreieckigen Dornen besetzt. An der Schwanzspitze stand wie bei *Ankylosaurus* eine schwere Knochenkugel. Mit ihr konnte *Dyoplosaurus* wuchtige Schläge austeilen.

Edmontosaurus

Vogelbecken-Dinosaurier
Vogelfuß-Dinosaurier
L. M. Lambe (1917)
16, 29, 30

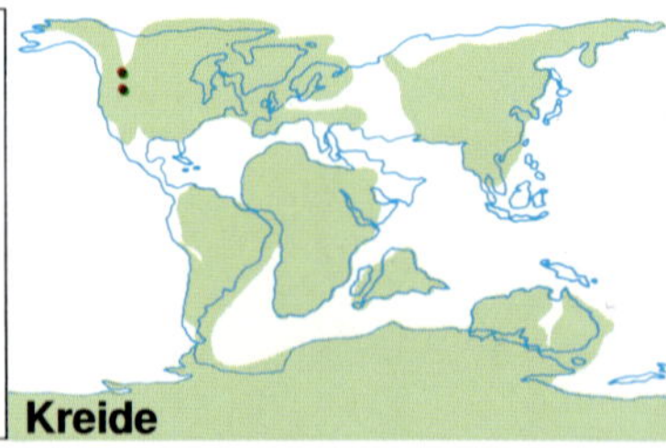

Edmontosaurus gehört zu den Entenschnabel-Dinosauriern (Familie *Hadrosauridae*) und zählt mit einer Körperlänge von 10 - 13 m zu den größten Vertretern dieser Gruppe. Seine Vorderbeine waren gut ausgebildet, so daß die Tiere zumindest zeitweise auf allen vieren laufen konnten. An den Zehen und an zwei Fingern jeder Hand waren die Nägel zu Hufen umgebildet.

Edmontosaurus hatte keinen Knochenkamm auf der Schnauze. Sie hatte eine langgestreckte Form, und der ganze Schädel war verhältnismäßig flach. Im vorderen Teil des Entenschnabels waren keine Zähne, aber im hinteren Teil des Kiefers standen Hunderte in zahlreichen Reihen zusammen. Auf diese Weise entstand eine Reibfläche, die der Oberfläche einer Raspel glich. Mit geschlossenem Maul konnte *Edmontosaurus* auch zähe Pflanzenfasern zerreiben, indem er die Kiefer seitwärts gegeneinander bewegte, wie das unter den Säugetieren die Wiederkäuer tun.

Elaphrosaurus

- Echsenbecken-Dinosaurier
- Fleischfressende Dinosaurier
- W. Janensch (1920)
- 48

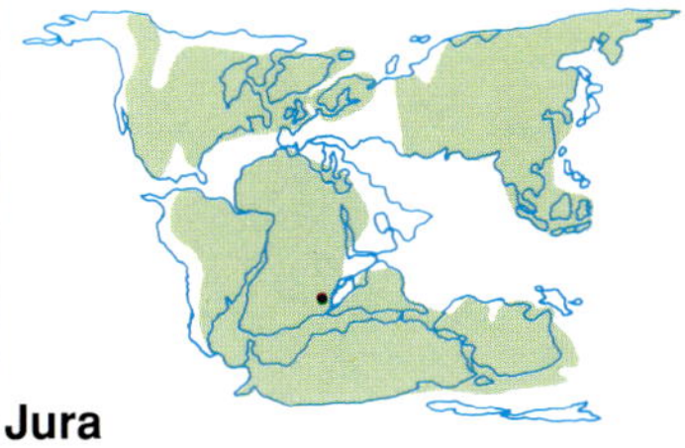

Jura

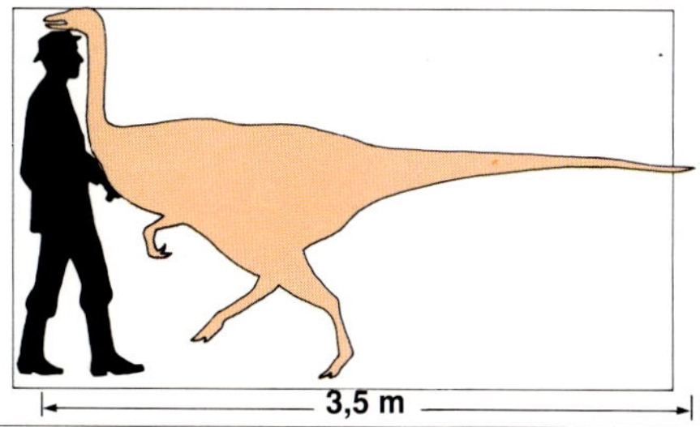

Elaphrosaurus wird als der älteste Vertreter der Vogelähnlichen Dinosaurier (*Ornithomimosauria*) angesehen – er ist der einzige, der aus dem Oberjura stammt. Alle anderen Gattungen kamen in der Oberkreide vor, etwa 70 Millionen Jahre später. Es ist allerdings bisher ungeklärt, ob *Elaphrosaurus* überhaupt zu dieser Gruppe gehört, denn dem einzigen bisher entdeckten Skelett fehlt der Schädel. Die daneben gefundenen Einzelzähne, die nicht zu dieser zahnlosen Gruppe passen, können allerdings auch zu anderen Dinosauriern gehören. In den Tendaguru-Schichten in Tansania wurden nämlich auch Reste von *Barosaurus*, *Brachiosaurus* und *Kentrosaurus* entdeckt.

Elaphrosaurus war etwa 3,5 m lang. Sein Körper war langgestreckter und nicht so vogelähnlich wie bei den anderen Gattungen dieser Gruppe. Er hatte lange, schlanke Laufbeine mit je drei Zehen und kurze, dünne Arme, an denen jeweils drei Finger saßen.

Euhelopus

- Echsenbecken-Dinosaurier
- Pflanzenfressende Dinosaurier
- A. S. Romer (1956)
- 36, 61

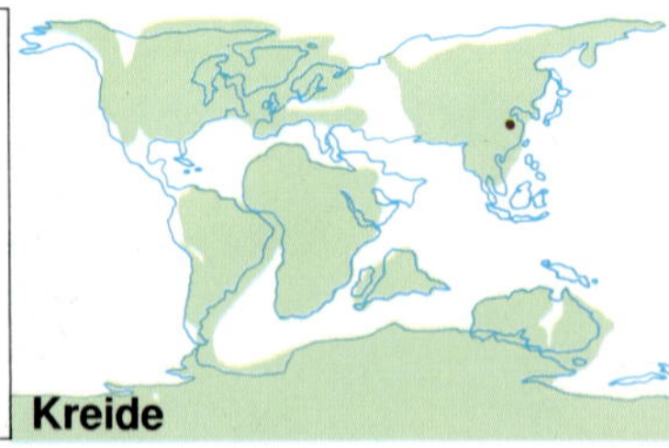

Euhelopus war mit *Camarasaurus* verwandt und gehört zu den Langhalsigen Pflanzenfressern (*Sauropoda*). Er war etwa 10 – 15 m lang und hatte einen langen Hals mit 17 bis 19 Wirbeln (bei *Camarasaurus* war er mit nur 12 Wirbeln kürzer). Sein Kopf war länger und zugespitzt.
Euhelopus war der erste in China gefundene Dinosaurier, er wurde 1920 von einer schwedischen Expedition entdeckt. Ein 1970 in China gefundener *Sauropode* war viele Millionen Jahre älter und stammt aus dem Oberjura. Er ist unter dem Namen *Omeisaurus* beschrieben worden, gehört aber vielleicht auch zu *Euhelopus*. Bei diesem Exemplar befanden sich die Nasenöffnungen am vorderen Ende des Schädels.

Euskelosaurus

- Echsenbecken-Dinosaurier
- Pflanzenfressende Dinosaurier
- T. H. Huxley (1866)

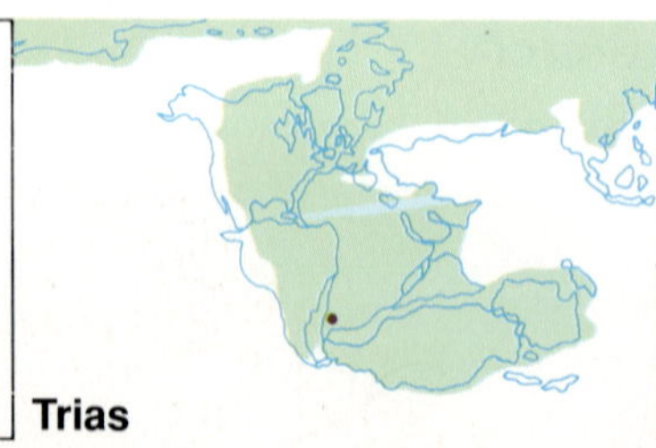

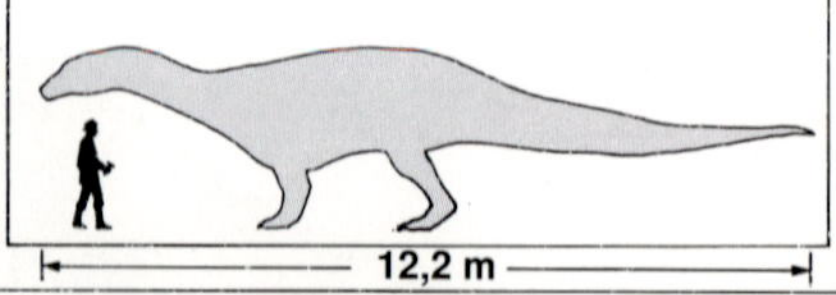

Euskelosaurus war einer der ersten Dinosaurier, die in Afrika entdeckt wurden. Spärliche Knochenreste von einem Hinterbein wurden in Südafrika gefunden und zur Bearbeitung nach England geschickt. Seither ist eine ganze Reihe von Fossilien gefunden worden, die zu *Euskelosaurus* gehören. Die Knochen waren riesig und ließen auf ein großes Tier schließen. Allein der Oberschenkelknochen war über 1 m lang. Leider ist bisher kein Schädel gefunden worden. Aus den langen Halswirbeln und dem Alter der Fossilien läßt sich schließen, daß es sich um einen Frühen Pflanzenfresser (*Prosauropoda*) handelt. Vielleicht war er mit *Plateosaurus* oder mit *Melanorosaurus* verwandt.

Fabrosaurus

Vogelbecken-Dinosaurier
Vogelfuß-Dinosaurier
L. Ginsberg (1964)

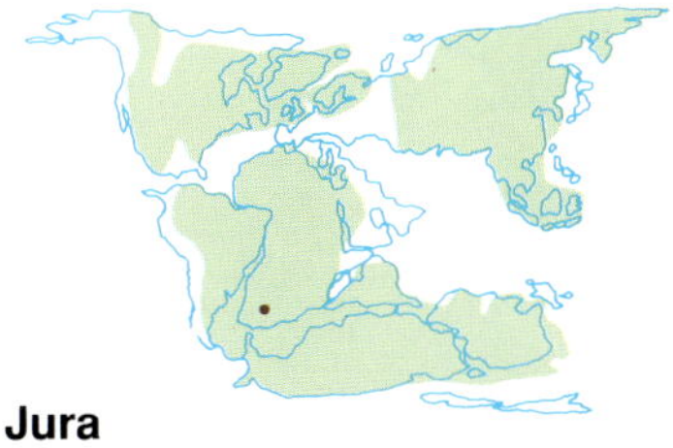

Jura

Fabrosaurus lebte im Unterjura und war damit einer der ältesten Vogelfuß-Dinosaurier. Mit *Scutellosaurus* und *Xiaosaurus* zusammen bildet er die Familie *Fabrosauridae*. Sie umfaßt kleine, zierliche Tiere, die sich blitzschnell auf den kräftigen Laufbeinen bewegten, während die Arme verhältnismäßig kurz waren und zum Ergreifen der pflanzlichen Nahrung dienten. Die kräftigen Zähne waren spitz und hatten eingekerbte Schneiden.

Fabrosaurus wurde 1964 in Südafrika entdeckt und allein nach einem Kieferknochen mit einigen Zähnen beschrieben. Wesentlich besser erhaltene Fossilien wurden später in Lesotho (Südafrika) ausgegraben und *Lesothosaurus* genannt. Ob beide Funde von der gleichen Tierart stammen, ist noch nicht geklärt.

Gallimimus

- Echsenbecken-Dinosaurier
- Fleischfressende Dinosaurier
- H. Osmólska, E. Roniewicz, R. Barsbold (1972)
- 50, 57

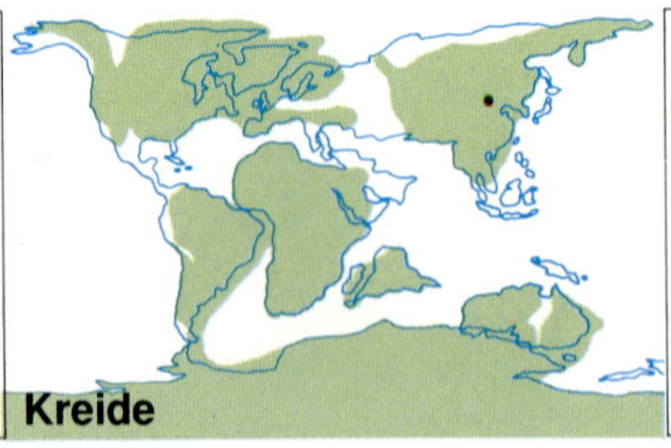

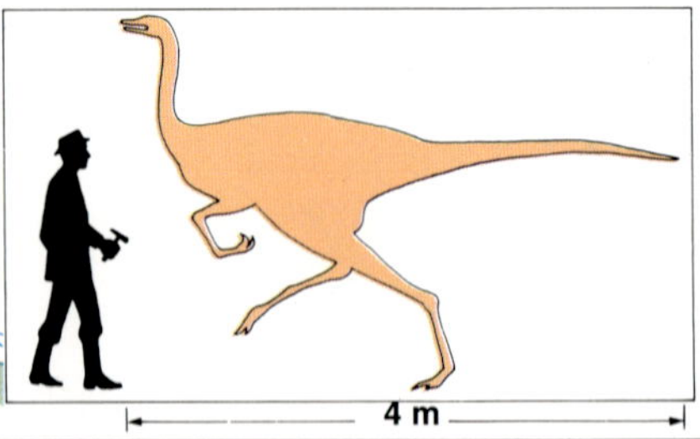

Gallimimus war mit einer Körperlänge von 4 m der größte Vertreter der Vogelähnlichen Dinosaurier (*Ornithomimosauria*). Bisher wurden in der Mongolei drei fast vollständig erhaltene Skelette gefunden. Der kleine Kopf hatte einen breiten und flachen Schnabel, und die langen Kiefer trugen keine Zähne. Mit den dünnen und kurzen Armen konnte *Gallimimus* wohl kaum Beute ergreifen; man nimmt an, daß er damit Dinosaurier-Eier aus dem Boden gegraben hat.

Mit den langen, dünnen Laufbeinen erreichte *Gallimimus* eine Geschwindigkeit von schätzungsweise 50 km/h.

Geranosaurus

- Vogelbecken-Dinosaurier
- Vogelfuß-Dinosaurier
- R. Broom

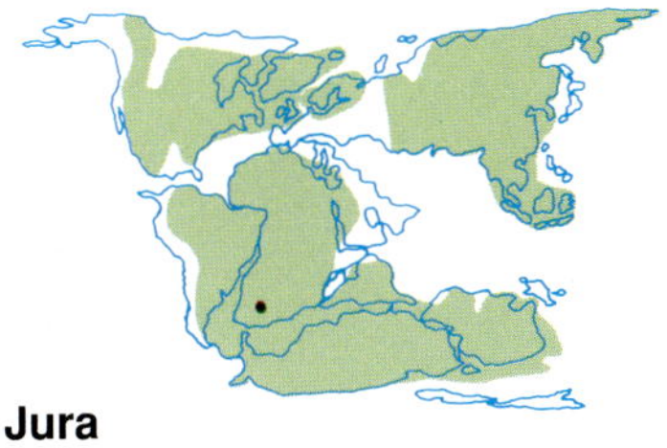

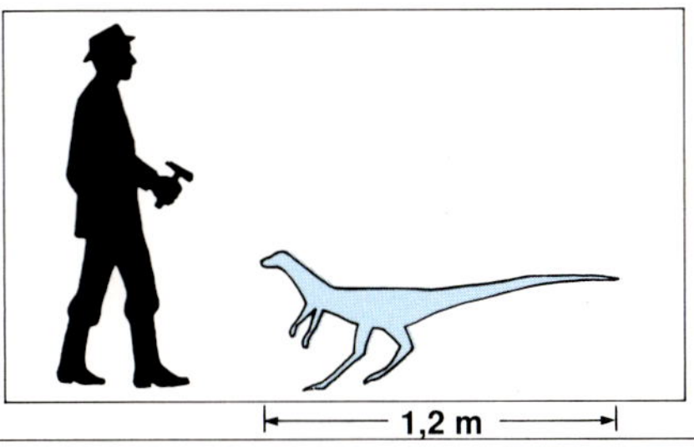

Geranosaurus gehört mit *Heterodontosaurus* und *Lycorhinus* zusammen zur Familie *Heterodontosauridae*, den »Echsen mit verschiedenen Zähnen«. Bei ihnen war das Gebiß in Schneidezähne, Eckzähne und Backenzähne unterschieden. Das ist ungewöhnlich, weil alle anderen Dinosaurier nur eine Sorte von Zähnen hatten. Von *Geranosaurus* wurden vor etwa 100 Jahren nur Teile eines Kiefers und eines Beines gefunden. Die verschiedenen Zähne lassen aber keinen Zweifel an seiner Verwandtschaft. Inzwischen hat man sechs weitere Gattungen aus Südafrika beschrieben, die zu dieser Familie gehören – manche mit Eckzähnen, manche ohne. Vielleicht handelt es sich nur um Männchen und Weibchen der gleichen Art.

Goyocephale

- Vogelbecken-Dinosaurier
- Dickkopf-Echsen
- A. Perle, T. Maryańska, H. Osmólska (1982)

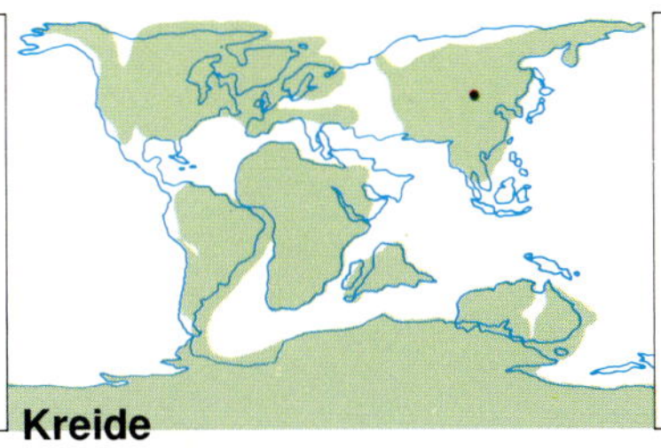

Goyocephale ist von Fossilien bekannt, die Teile des Schädels, des Schwanzes und der Gliedmaßen umfassen. Da der Schädel verhältnismäßig flach war, kann man annehmen, daß *Goyocephale* am engsten mit *Homalocephale* verwandt war. Beide Tiere waren höchstens 2 m lang, hatten starke Laufbeine und verhältnismäßig kurze Arme.

Bei *Goyocephale* – der Name bedeutet »geschmückter Kopf« – war der Schädel mit einem Muster von Knochenhöckern und spitzen Auswüchsen bedeckt. Auf dem Hinterkopf standen außerdem vier oder fünf breite Dornen. Das Becken war auffallend breit und fest mit der Wirbelsäule verwachsen. Hier wurde ein großer Teil der Wucht abgefangen, wenn die Männchen mit den Köpfen gegeneinander anrannten.

Hadrosaurus

Vogelbecken-Dinosaurier
Vogelfuß-Dinosaurier
J. Leidy (1858)
6, 29, 32

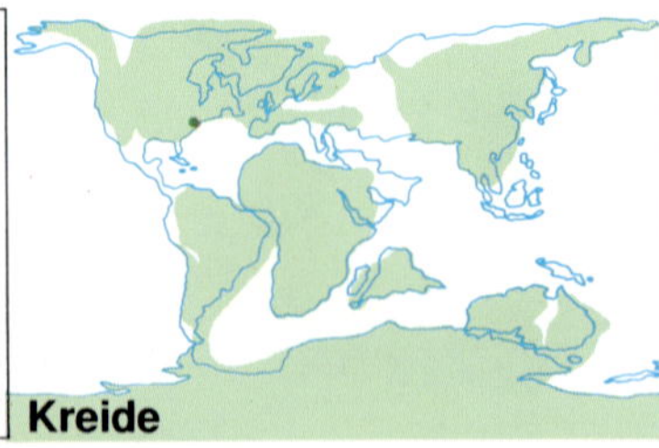

Hadrosaurus – die »Große Echse«, wie der Name wörtlich übersetzt lautet – war einer der ersten Dinosaurier, die in Nordamerika gefunden wurden. Aufgrund des Skelettes aus New Jersey (USA), dem allerdings der Schädel fehlte, konnte Joseph Leidy das Tier rekonstruieren. Er gab ihm eine Haltung, die etwa der Abbildung unten entspricht. Das war eine neue Erkenntnis, denn bisher hatte man angenommen, daß die Dinosaurier auf allen vieren liefen. Als später auch ein Schädel von *Hadrosaurus* gefunden wurde, war es klar, daß es sich um einen Entenschnabel-Dinosaurier handelte, der mit *Anatosaurus* und *Edmontosaurus* verwandt war.

Hadrosaurus hatte keinen Knochenkamm auf dem langgestreckten Schädel, aber einen breiten Knochenhöcker über der Schnauze. Vorderzähne waren nicht ausgebildet, dafür aber Hunderte von Backenzähnen, mit denen die Pflanzennahrung zermahlt wurde.

Halticosaurus

- Echsenbecken-Dinosaurier
- Fleischfressende Dinosaurier
- F. von Huene (1908)
- 64

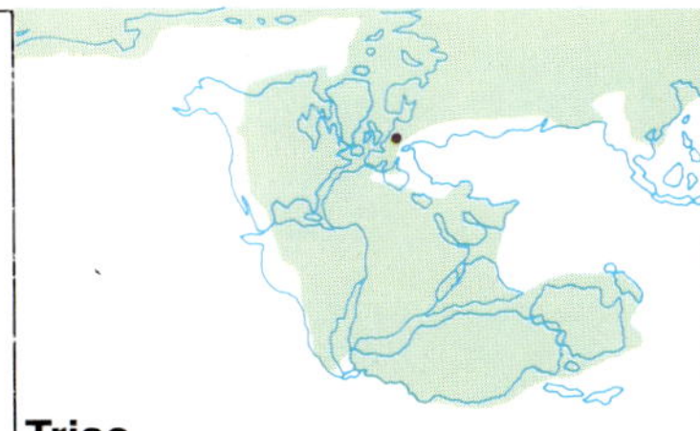

Trias

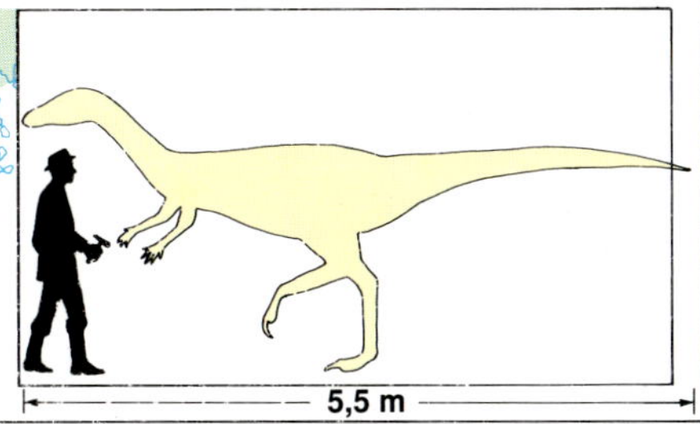

Halticosaurus war bei einer Körperlänge von mehr als 5 m einer der größten Vertreter der Hohlknochen-Dinosaurier (*Coelurosauria*). An den Armen hatte er je fünf Finger, und das zeigt, daß er zu den urtümlichen Gruppen der Dinosaurier gehört. Die später lebenden, spezialisierteren Tiere hatten nämlich zwei oder drei Finger, wie z.B. *Tyrannosaurus* und *Tarbosaurus* unter den Raubtier-Dinosauriern der Kreidezeit.
Wie seine näheren Verwandten hatte *Halticosaurus* kurze Arme und lange, schlanke Beine, mit denen er schnell laufen konnte und so seine Beutetiere

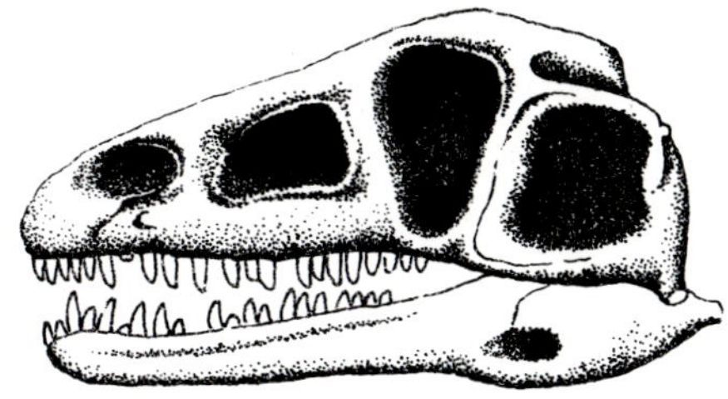

Schädel von *Halticosaurus* (45 cm lang)

erjagte. Der Kopf war langgestreckt und schmal, und die Kiefer waren mit langen, spitzen Zähnen besetzt. Nicht nur ein Teil der Skelettknochen war hohl, sondern auch der Schädel wies große Öffnungen auf, die den Kopf leichter machten. Zwischen Nasenöffnung und Augenhöhle befand sich zum Beispiel ein solcher Hohlraum. Hinter der Augenöffnung lag die Stelle, an der die mächtige Kaumuskulatur ansetzte.
Bisher wurden zwei Skelette von *Halticosaurus* gefunden; sie lagen unmittelbar neben einem *Plateosaurus*, einem großen Dinosaurier aus der Gruppe der Frühen Pflanzenfresser (*Prosauropoda*).

Heterodontosaurus

- Vogelbecken-Dinosaurier
- Vogelfuß-Dinosaurier
- A. W. Crompton und A. J. Charig (1962)
- 5, 19

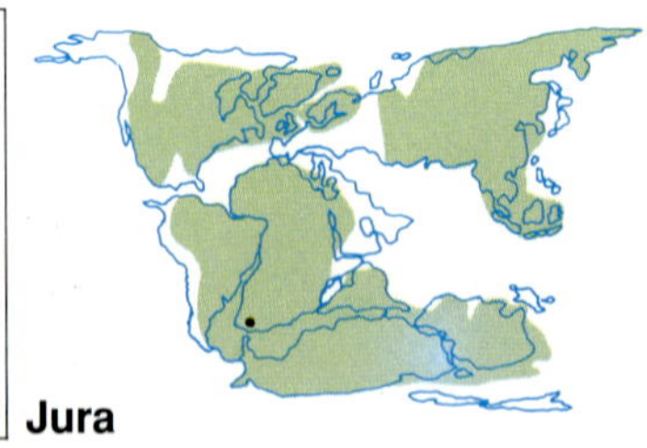

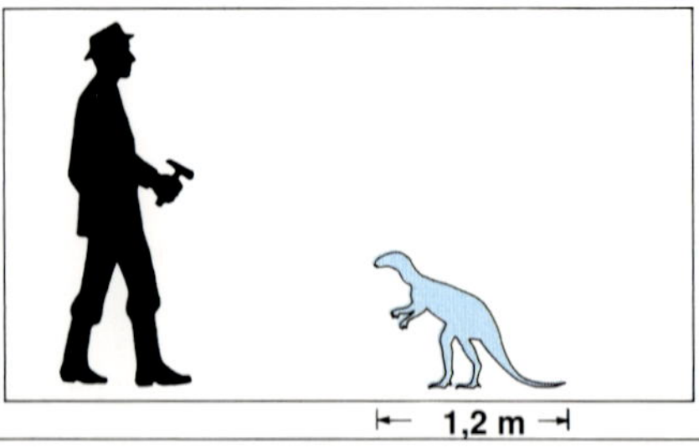

Heterodontosaurus ist einer der am besten bekannten urtümlichen Dinosaurier aus der Gruppe der *Ornithopoden.* Mit *Geranosaurus* und *Lycorhinus* zusammen bildet er die Familie *Heterodontosauridae*, die »Echsen mit verschiedenen Zähnen«.
Die Vertreter dieser Gruppe hatten im Gegensatz zu den anderen Dinosauriern drei verschiedene Zahnarten: Schneidezähne, mit denen sie Blätter abrissen; Backenzähne, mit denen sie die Nahrung zermahlten; und manchmal auch Eckzähne, deren Funktion unbekannt ist. Da die Eckzähne nicht bei allen Tieren ausgebildet waren, nehmen manche Wissenschaftler an, daß sie nur bei den Männchen vorhanden waren, die sich damit bekämpften. *Heterodontosaurus* lief flink auf den Hinterbeinen und streckte den Schwanz steif nach hinten, um im Gleichgewicht zu bleiben.

Homalocephale

- Vogelbecken-Dinosaurier
- Dickkopf-Echsen
- T. Maryańska und H. Osmólska (1974)
- 50

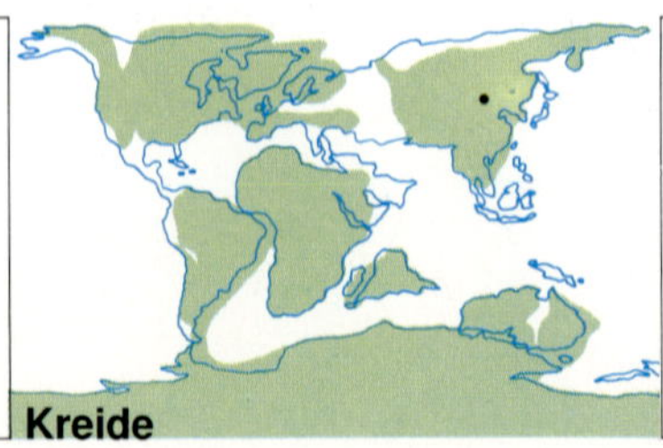

Homalocephale gehört mit 3 m Körperlänge zu den mittelgroßen Dickkopf-Echsen. Er hatte zwar ein flaches Schädeldach – der Name bedeutet wörtlich übersetzt »ebener Kopf« – , aber auch bei ihm waren die Schädelknochen stark verdickt und mit Knochenhöckern besetzt. Von *Homalocephale* wurde ein fast vollständiges Skelett gefunden. Da es ein außergewöhnlich breites Becken hatte, nehmen manche Wissenschaftler an, daß diese Dickkopf-Echse lebende Junge geboren hat. Aber vielleicht hat das breite Becken auch einen Teil des Stoßes abgefangen, wenn die Tiere mit voller Wucht gegeneinander anrannten.

Hylaeosaurus

- Vogelbecken-Dinosaurier
- Panzer-Dinosaurier
- G. A. Mantell (1833)

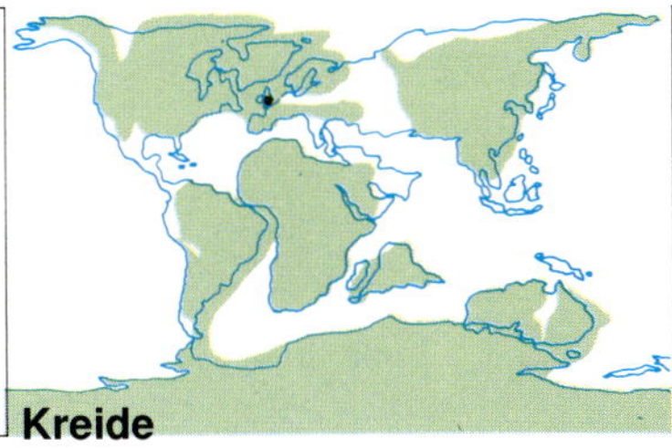

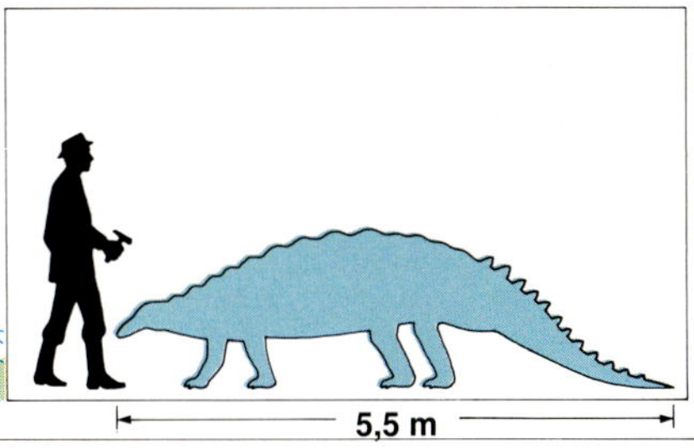

Hylaeosaurus ist der älteste Dinosaurier, den man mit Sicherheit den Panzer-Dinosauriern der Familie *Nodosauridae* zuordnen kann. Er lebte in der Unterkreide und wurde in England entdeckt. Es wurden zwar schon einzelne Knochenplatten und knöcherne Dornen von Panzer-Dinosauriern gefunden, die aus dem Mittel- und Oberjura stammen, aber sie konnten keinem Verwandtschaftskreis zugeordnet werden.

Hylaeosaurus ist von Gideon Mantell 1833 nach einem Skelett beschrieben worden, von dem nur der vordere Teil zu sehen war, während der hintere Teil in einem Kalksteinblock steckte. Er befindet sich noch heute im British Museum in London und soll demnächst präpariert werden.

Hylaeosaurus war schätzungsweise 5,5 m lang. Soweit man bisher weiß, war die Körperoberseite mit einem Knochenpanzer bedeckt, auf dem mehrere Reihen von großen Dornen saßen, die auch seitwärts vom Körper abstanden. Der Kopf war langgestreckt und schmal. Diese Ausbildungen sind typisch für einen Vertreter der Familie *Nodosauridae*, dennoch beruht die Abbildung auf dieser Seite mehr auf Vermutungen als auf Kenntnissen.

Hypacrosaurus

- Vogelbecken-Dinosaurier
- Vogelfuß-Dinosaurier
- B. Brown (1913)
- 32

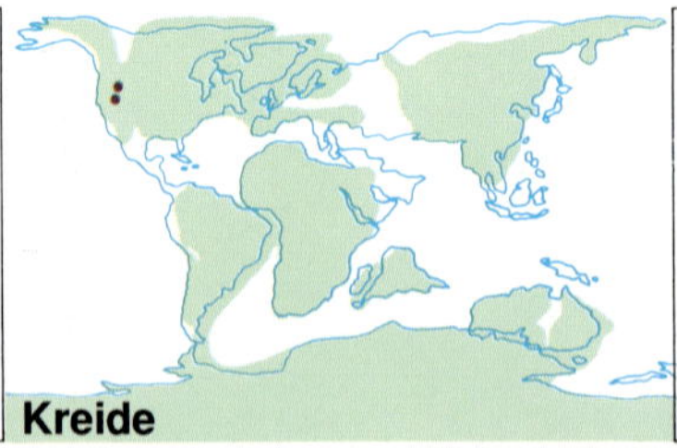

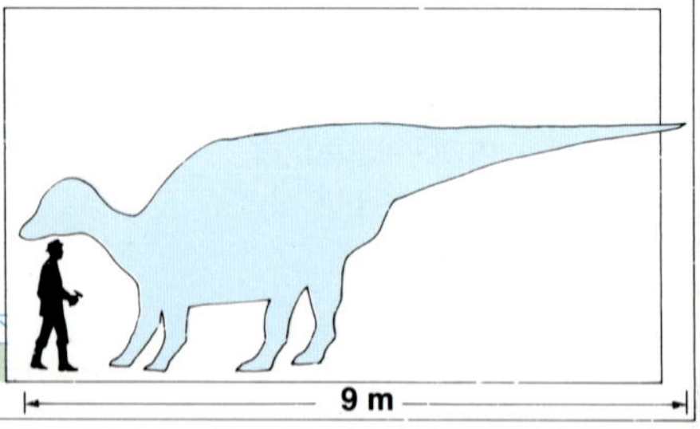

Hypacrosaurus war ein Entenschnabel-Dinosaurier (Familie *Hadrosauridae*), der einen großen, halbkreisförmigen Knochenkamm auf der Schnauze hatte. Auf der Zeichnung kann man erkennen, daß dieser Kamm aus dem Nasenbein gebildet wurde. Wie alle Vertreter dieser Familie hatte *Hypacrosaurus* einen großen, breiten, zahnlosen Hornschnabel. Im hinteren Teil der Kiefer standen in mehreren Reihen zahlreiche Zähne, die nachwuchsen, sobald einer ausfiel. Mit diesen Zähnen konnten auch zähe Pflanzen zermahlt werden.

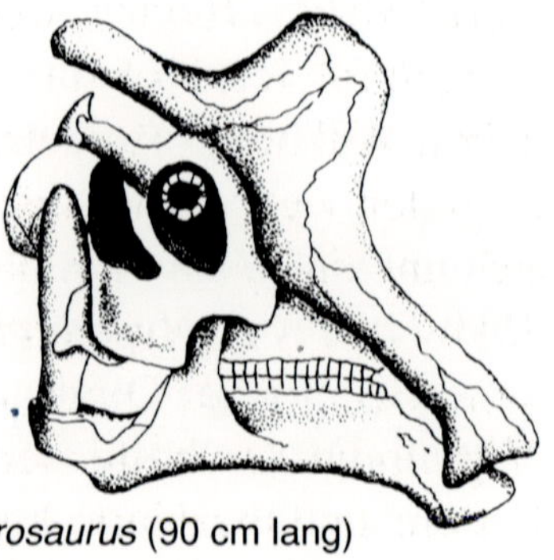

Schädel von *Hypacrosaurus* (90 cm lang)

Hypselosaurus

- Echsenbecken-Dinosaurier
- Pflanzenfressende Dinosaurier
- P. Matheron (1869)
- 54

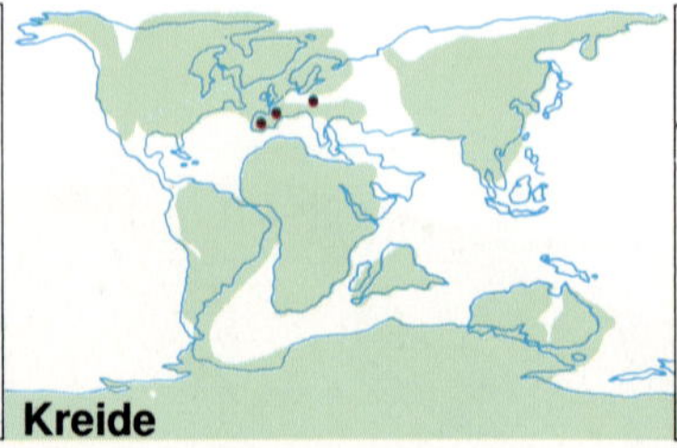

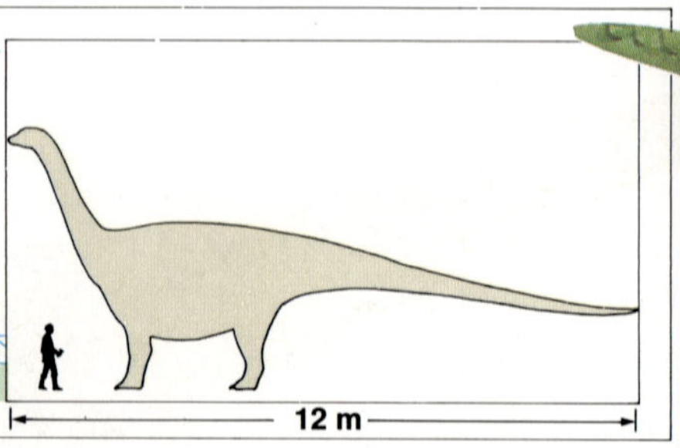

Hypselosaurus war innerhalb der Langhalsigen Pflanzenfresser (*Sauropoda*) mit 12 m Körperlänge nur ein mittelgroßer Dinosaurier. Als er in Südfrankreich entdeckt wurde, fand man nicht nur Knochen eines erwachsenen Tieres, sondern zugleich ganze Eier und Teile von ihrer Schale. Die Eier waren bis zu 30 cm lang und 25 cm breit – größer als ein Rugbyball. Für einen 12 m großen Dinosaurier ist das nicht viel, aber größer können Eier nicht sein. Sie bräuchten sonst eine sehr dicke Schale; und die könnte kein zum Schlüpfen bereites Jungtier mit seinen geringen Kräften zerbrechen.

Hypsilophodon

Vogelbecken-Dinosaurier
Vogelfuß-Dinosaurier
T. H. Huxley (1870)
46, 49, 56, 57

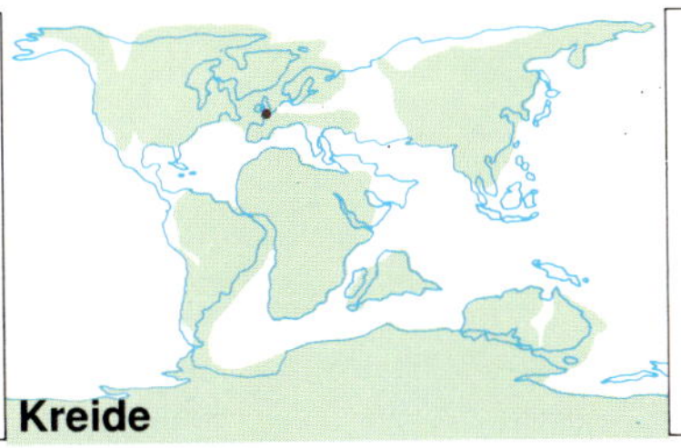

Hypsilophodon bildet mit einigen anderen Gattungen zusammen eine eigene Familie der Vogelfuß-Dinosaurier. Es handelte sich um 1 - 4 m lange, schlanke Tiere, die mit ihren kräftigen Beinen schnell laufen konnten. Den Namen *Hypsilophodontidae* erhielt die Gruppe nach ihren großen Backenzähnen, mit denen Blätter und Zweige zermahlt wurden; er bedeutet wörtlich übersetzt »Zahn mit hohen Leisten«. *Hypsilophodon* lebte in größeren Herden – etwa wie heute Schafe und Ziegen –, und man nimmt an, daß die Tiere während der Unterkreide in Südengland weit verbreitet waren.

Das erste Skelett von *Hypsilophodon* wurde 1849 gefunden, weitere Entdekkungen folgten 1868 durch den Geistlichen William Fox, einen Liebhabersammler. Zuerst nahm man an, daß es sich um ein *Iguanodon* handelte, bis T. H. Huxley in *Hypsilophodon* eine neue Gruppe der Dinosaurier erkannte. *Hypsilophodon* hatte vier Zehen an den Füßen; am Oberkiefer befanden sich Schneidezähne, während am Unterkiefer ein zahnloser Hornschnabel stand.

Iguanodon

- Vogelbecken-Dinosaurier
- Vogelfuß-Dinosaurier
- G. A. Mantell (1825)
- 43, 46, 47, 51, 52, 56, 57, 59, 60, 62, 63

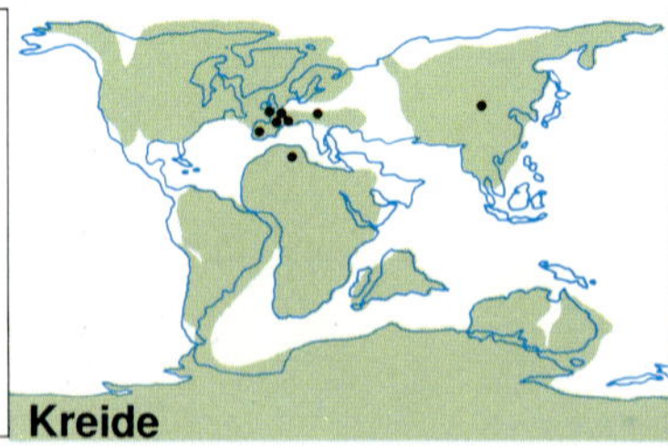

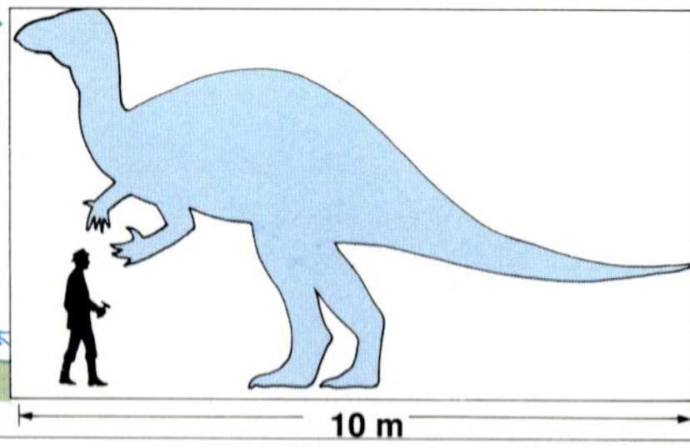

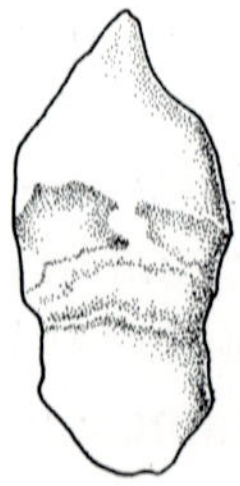

Zahn von *Iguanodon* (5 cm lang)

Iguanodon war der zweite Dinosaurier, der entdeckt wurde. 1809 fand man in England einen Unterschenkelknochen und 1819 einige Knochen und vor allem Zähne, aus denen Gideon Mantell erkannte, daß es sich nicht um ein riesiges Säugetier, sondern um ein Reptil handelte. Die Sensation war vollkommen, als man 1877 in einer belgischen Kohlengrube nicht weniger als 31 Skelette fand, nach denen nun eine genaue Rekonstruktion vorgenommen werden konnte. *Iguanodon* war aufgerichtet etwa 5 m hoch und wog über 4 t. Die drei Zehen an jedem Fuß und auch drei der fünf Finger hatten einen Huf. Der Daumen war abgespreizt und zu einem Dorn umgebildet. Wahrscheinlich lief *Iguanodon* die meiste Zeit auf allen vieren und weidete Pflanzen ab, die mit den Backenzähnen zerrieben wurden. Die Kiefer waren stark verlängert und trugen einen hornigen Schnabel. *Iguanodon* war in der Unterkreide weit verbreitet; Fußabdrücke von ihm wurden in England, auf Spitzbergen und in Südamerika entdeckt.

Indosuchus

Echsenbecken-Dinosaurier
Fleischfressende Dinosaurier
F. von Huene (1933)

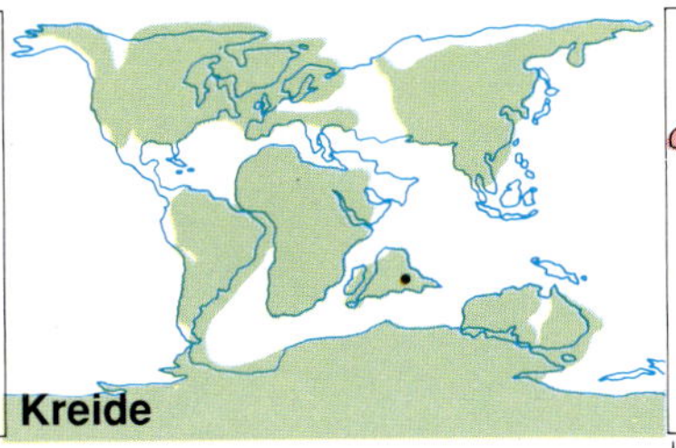

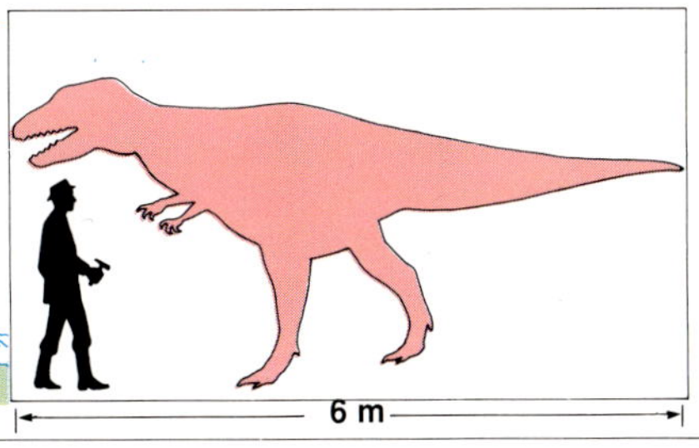

Von *Indosuchus*, einem in Indien gefundenen Vertreter der Tyrannenechsen (Familie *Tyrannosauridae*), sind nur wenige Reste entdeckt worden, und seine Verwandtschaftsverhältnisse sind noch nicht endgültig geklärt. Aber eine Ähnlichkeit mit *Tyrannosaurus* und *Albertosaurus* ist nicht zu verkennen. Knochen von *Indosuchus* wurden bisher auf zwei Expeditionen gefunden. Die erste wurde von Dr. Charles Matley vom Indischen Geologischen Dienst in den Jahren 1917 - 1919 geleitet, die zweite von Barnum Brown vom Amerikanischen Museum für Naturgeschichte. Die Ausgrabungen förderten Teile des Schädels mit Zähnen und dem Schädeldach zutage. Die Zähne waren bis zu 10 cm lang und spitz, mit gekerbter Schneide wie bei einem Sägemesser. Einer der Schädel wurde geröntgt, und die Bilder zeigten, auf welche Weise die Zähne ersetzt wurden. Die Raubtier-Dinosaurier haben wahrscheinlich bei jedem Angriff auf ein Beutetier einige Zähne eingebüßt, die ersetzt werden mußten. Die Röntgenbilder zeigten viele kleine Zähne, die noch tief in den Kiefern steckten »und auf ihren Einsatz warteten«. Sobald die darüberstehenden Zähne ausfielen, nahmen sie deren Stelle ein. Diese Verhältnisse sind grundsätzlich anders als bei den Säugetieren, die in der Jugend vorübergehend ein Milchgebiß, später aber nur ein einziges endgültiges Gebiß haben, bei dem kein Zahn ersetzt werden kann.

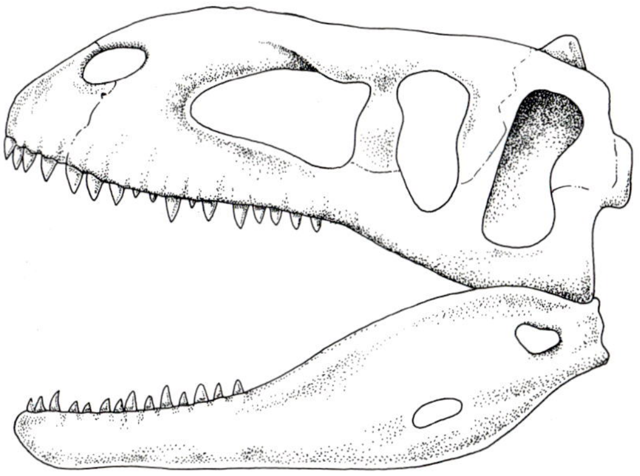

Schädel von *Indosuchus* (80 cm lang)

Der große, etwa 80 cm lange Schädel läßt darauf schließen, daß *Indosuchus* etwa 6 m lang war. Für weitere Aussagen fehlen vorerst noch alle Grundlagen. Vielleicht werden sie – wie bei vielen anderen Dinosauriern – in der kommenden Zeit ans Licht gebracht.

Ischisaurus

Echsenbecken-Dinosaurier
Pflanzenfressende Dinosaurier
A. O. Reig (1963)

Ischisaurus lebte in der Trias und ist einer der ältesten bisher entdeckten Dinosaurier. Nur zwei Exemplare sind bekannt, und von diesen lediglich Teile des Schädels und der Gliedmaßen. *Ischisaurus* war demnach ein mittelgroßer Dinosaurier mit langen Laufbeinen und deutlich kürzeren Armen. Anfangs nahm man an, daß er ein sehr urtümlicher Vertreter der Dinosaurier mit einem Vogelbecken sei. Aber neuere Untersuchungen haben ergeben, daß es keinerlei Beweise für diese Annahme gibt. Vielmehr könnte *Ischisaurus* zu den Vorläufern der Pflanzenfressenden Dinosaurier (*Sauropodomorpha*) gehören. Gewißheit darüber wird man erst mit weiteren Funden erlangen.

Itemirus

Echsenbecken-Dinosaurier
Fleischfressende Dinosaurier
S. M. Kurzanov (1976)

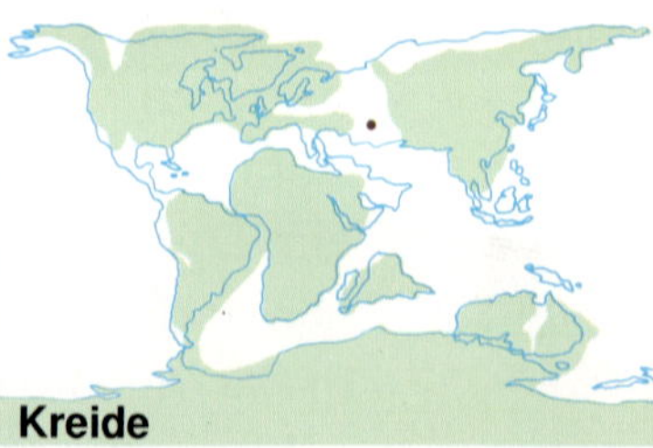

Größe unbekannt

Itemirus war wahrscheinlich ein schlanker Fleischfressender Dinosaurier (*Theropoda*). Über sein Aussehen und seine Lebensweise ist wenig bekannt; von ihm wurde 1976 nur ein Teil des Schädels gefunden. Aus der großen Schädelhöhle läßt sich aber ersehen, daß *Itemirus* ein relativ großes Gehirn gehabt haben muß. Seine Sinnesleistungen waren wahrscheinlich größer als bei den anderen Dinosauriern. Auch die Augenhöhlen waren groß. Das sind Ausbildungen, wie sie von der Familie *Saurornithoididae* bekannt sind. Aus diesem Grunde wird *Itemirus* hier zu den Sichelkrallen-Dinosauriern (*Deinonychosauria*) gezählt. Von manchen Wissenschaftlern wurde das Tier in die selbständige Familie *Itemiridae* gestellt. Ob das berechtigt ist, können nur weitere Funde ergeben.

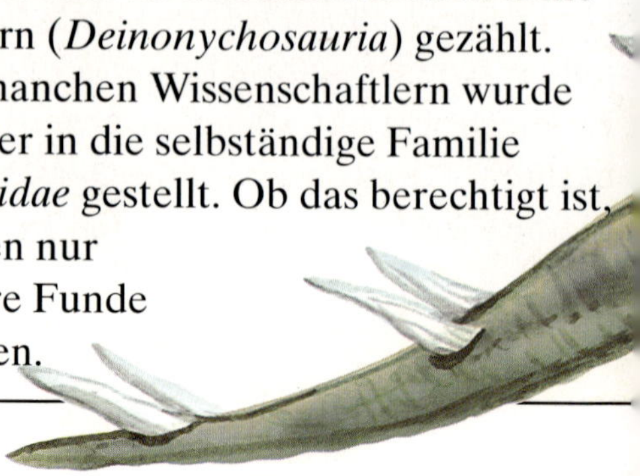

Kentrosaurus

Vogelbecken-Dinosaurier
Stachel-Dinosaurier
E. Hennig (1915)
48, 49

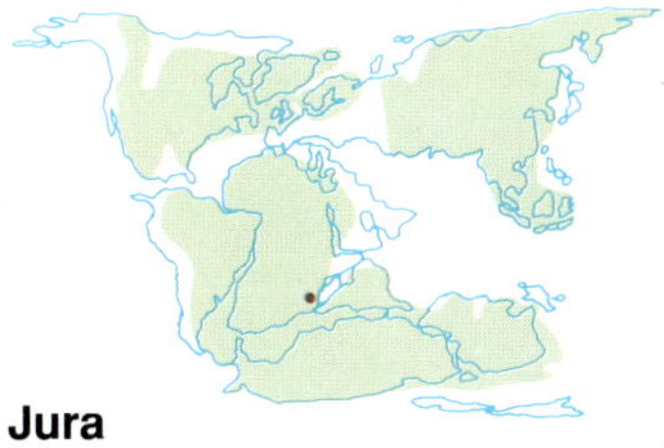

Jura

2,5 m

Kentrosaurus wurde zwischen 1909 und 1912 von der deutschen Ostafrika-Expedition im heutigen Tansania in den Tendaguru-Ablagerungen entdeckt. Mehrere gut erhaltene Skelette wurden nach Berlin zur Humboldt-Universität gebracht, wo sie wahrscheinlich während der Bombenangriffe des 2. Weltkrieges untergegangen sind.
Kentrosaurus war nur bis zu 5 m groß und hatte auf der Körperoberseite eine Doppelreihe von schmalen, dreieckigen Knochenplatten.
Die größten standen am Rücken und erreichten eine Länge von 60 cm. Auf der Oberseite des Schwanzes befanden sich mehrere Paare von langen Dornen; in der Hüftgegend ragte auf jeder Körperseite ein großer Dorn nach außen. Die Reste des Schädels waren bei allen Exemplaren weniger gut erhalten. Es ist aber anzunehmen, daß *Kentrosaurus* sich hierin wenig von *Stegosaurus* unterschied, der in Nordamerika verbreitet war und zur gleichen Zeit lebte.

Lambeosaurus

- Vogelbecken-Dinosaurier
- Vogelfuß-Dinosaurier
- W. Parks (1923)
- 7, 13, 27, 29, 32

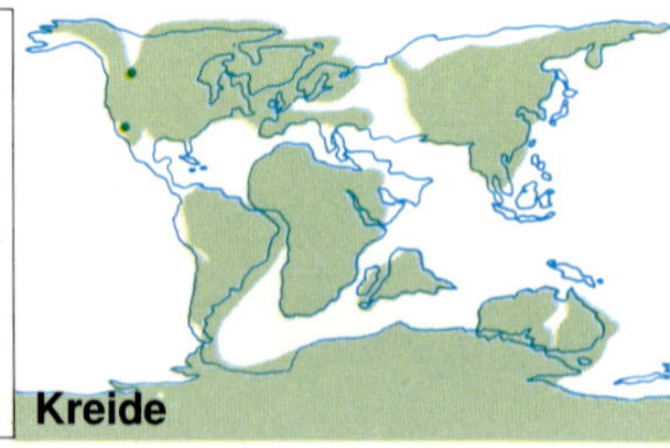

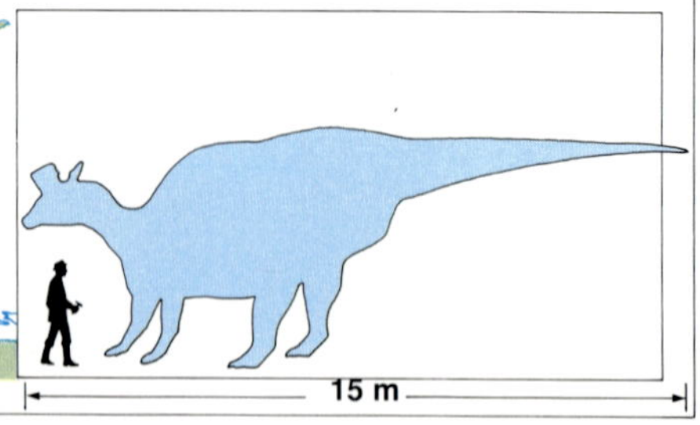

Lambeosaurus gehört zu den Entenschnabel-Dinosauriern (Familie *Hadrosauridae*), die einen hohlen Knochenkamm auf der Schnauze hatten. Bei *Lambeosaurus* war dieser schmale Kamm halbkreisförmig und nach vorn gerichtet. Außerdem stand auf dem Hinterkopf ein großer, auffälliger Knochenzapfen, der nach hinten gestreckt war.

Die Größe des Knochenkammes ist bei den bisher entdeckten Tieren verschieden. Man nimmt an, daß es sich dabei um Männchen und Weibchen handelte, nicht um verschiedene Arten, wie manche Wissenschaftlern vermuten.

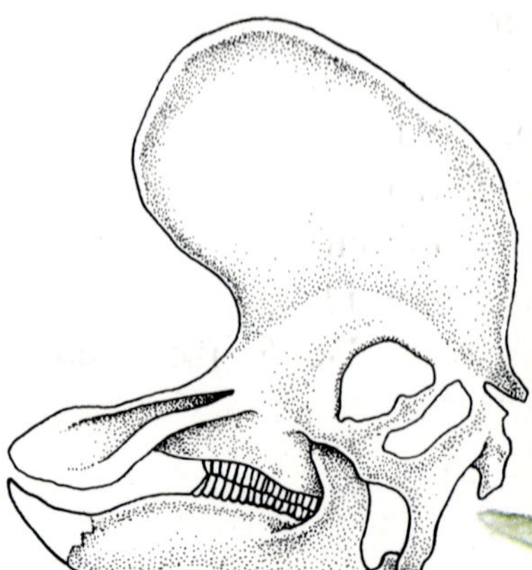

Schädel von *Lambeosaurus* (2 m lang)

Leptoceratops

Vogelbecken-Dinosaurier
Horn-Dinosaurier
B. Brown (1914)
24

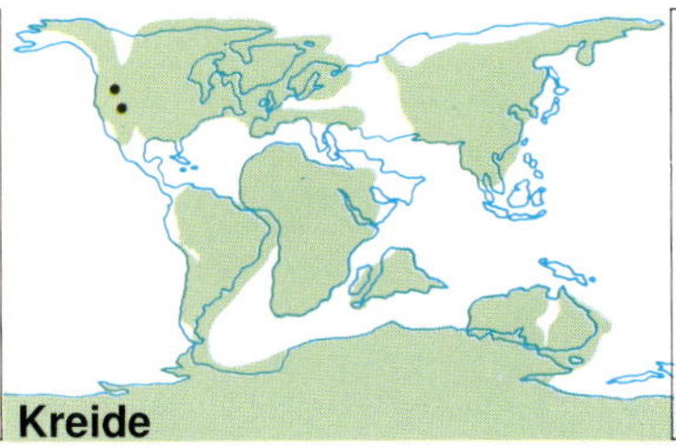

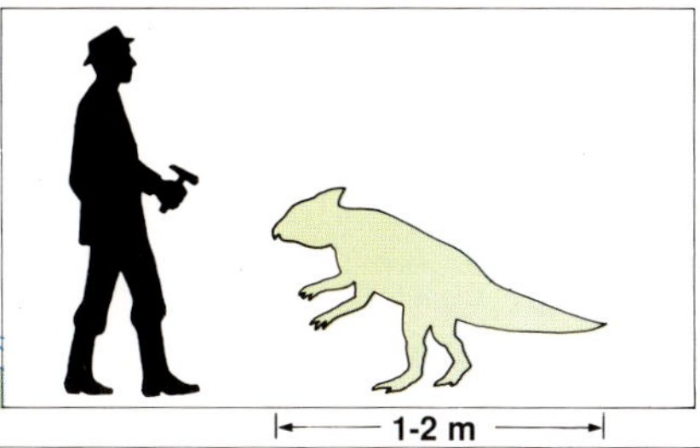

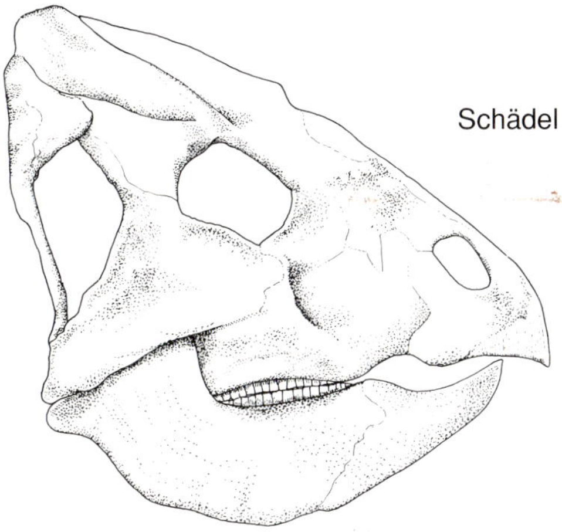

Schädel von *Leptoceratops* (32 cm lang)

Leptoceratops gehört zur Familie *Protoceratopidae*, die sich aus den Papageien-Dinosauriern (*Psittacosauridae*) entwickelt hat und viele Jahrmillionen später in Asien und Nordamerika verbreitet war. Diese urtümlichen Horn-Dinosaurier verdienen den Namen eigentlich nicht, denn bei den meisten war von Hörnern noch keine Spur zu sehen. Die Tiere waren auch viel kleiner als die »echten« Horn-Dinosaurier und hatten sogar noch Zähne im Oberkiefer. Das einzige Merkmal, das auf ihre Verwandten hinweist, war der Nackenschild, der bei ihnen schon schwach ausgebildet war.

Leptoceratops nimmt in dieser Familie eine Sonderstellung ein, denn er ist in Nordamerika gefunden worden, während seine Verwandten in Asien lebten. Er konnte wohl auf allen vieren gehen, lief bei Gefahr aber auch auf den Hinterbeinen. An den Vorderbeinen hatte er je fünf Finger mit langen Krallen, mit denen er Blätter abreißen und zum Maul führen konnte. Der Schädel war in der Seitenansicht breit und dreieckig; am Hinterkopf waren die Knochen zu einem kurzen Kragen verlängert. Dieser Kragen wurde bei den »echten« Horn-Dinosauriern zu einem großen Nackenschild umgebildet.

Lexovisaurus

● Vogelbecken-Dinosaurier
Stachel-Dinosaurier
R. Hoffstetter (1957)

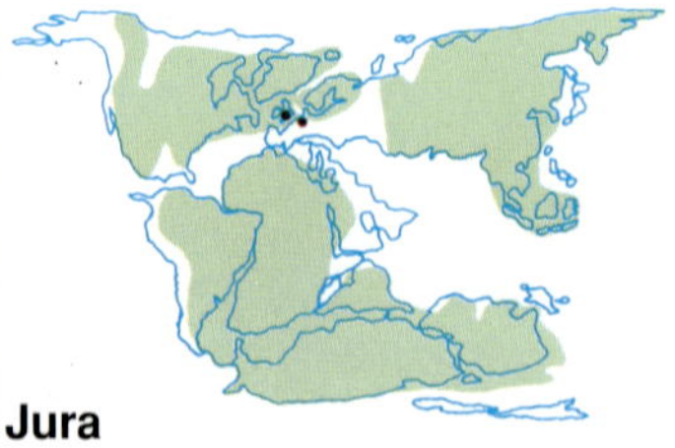

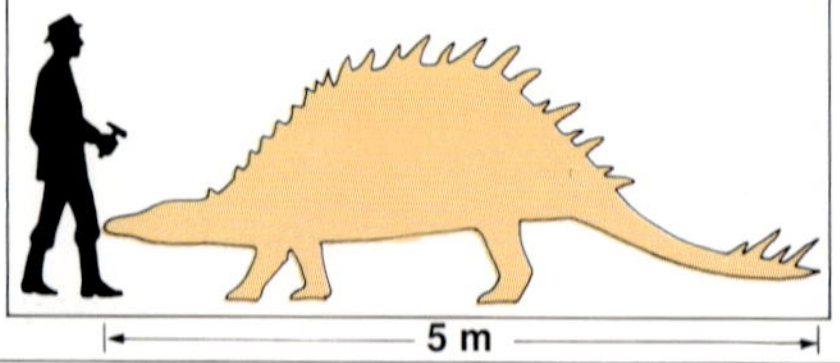

Lexovisaurus lebte im Mittleren Jura und ist einer der ältesten Stachel-Dinosaurier, die entdeckt wurden. Bisher kennt man nur Versteinerungen von Knochenplatten und Gliedmaßen, die teils in England, teils in Nordfrankreich gefunden wurden. Man kann aus ihnen entnehmen, daß *Lexovisaurus* etwa so ausgesehen hat wie *Kentrosaurus*. Seine Knochenplatten waren schmal und wurden auf dem Schwanz von starken Dornen ersetzt. Ob die Knochenplatten der Stachel-Dinosaurier auf dem Rücken der Tiere standen, ist noch ungewiß, da sie bisher nur einzeln gefunden wurden. Vielleicht waren sie auch in die Haut der Körperseiten eingesenkt.

Lufengosaurus

- Echsenbecken-Dinosaurier
- Pflanzenfressende Dinosaurier
- C. C. Young (1941)
- 38

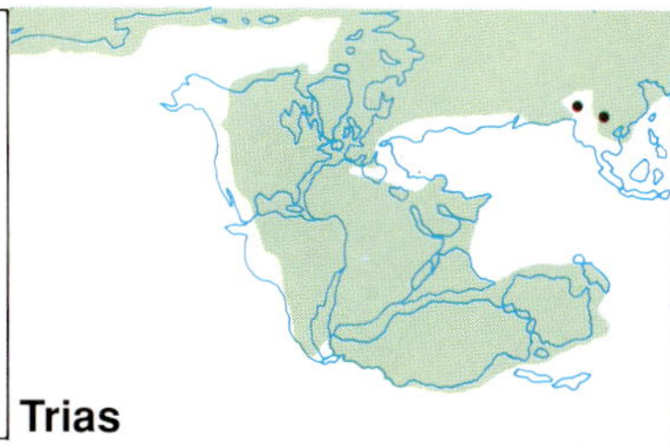

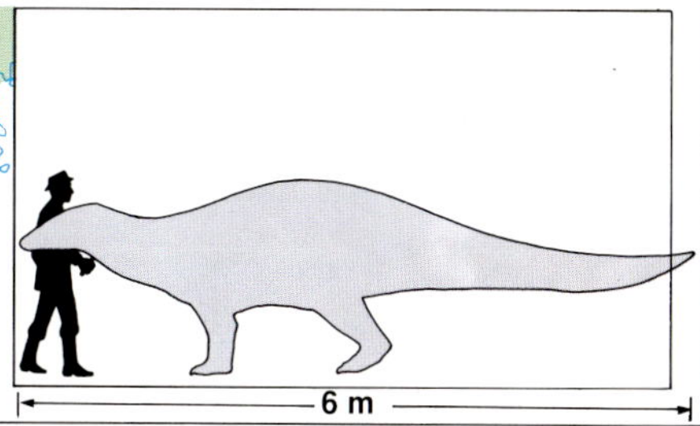

Lufengosaurus ist einer der ältesten Dinosaurier, die bisher in China gefunden wurden. Seine Entdeckung zeigt, daß die Frühen Pflanzenfresser (*Prosauropoda*) in der Trias weltweit verbreitet waren. *Lufengosaurus* war eng mit *Plateosaurus* verwandt und wird zur Familie *Plateosauridae* gerechnet. Mit 6 m Körperlänge gehört er zu den größeren Tieren dieser Gruppe. Sein kleiner Kopf hatte langgestreckte Kiefer mit regelmäßig angeordneten Zähnen. Die kräftigen Laufbeine waren wesentlich länger als die Arme; das Tier lief wahrscheinlich eher auf zwei Beinen als auf allen vieren.
Über die Nahrung der Tiere weiß man nichts. Vielleicht bestand sie vorwiegend aus Pflanzen, aber die kleinen, auseinander stehenden Zähne hatten scharfe Kanten, mit denen sicher auch Fleisch zerkaut werden konnte. *Lufengosaurus* wurde zuerst auf mehreren chinesischen Expeditionen in die Provinzen Sichuan und Yunnan in den 30er und 40er Jahren entdeckt.

Lycorhinus

Vogelbecken-Dinosaurier
Vogelfuß-Dinosaurier
S. H. Haughton (1924)

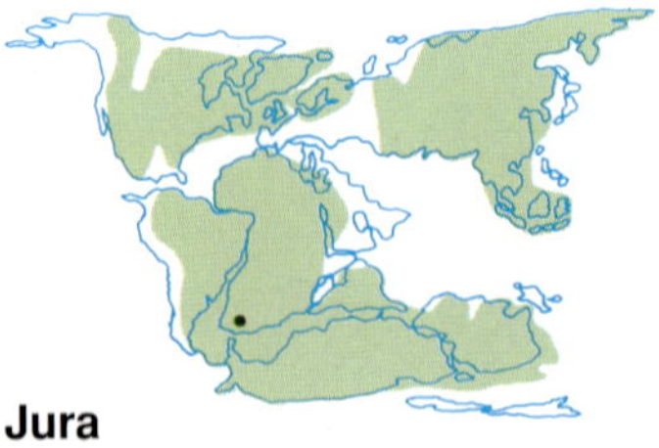

Jura

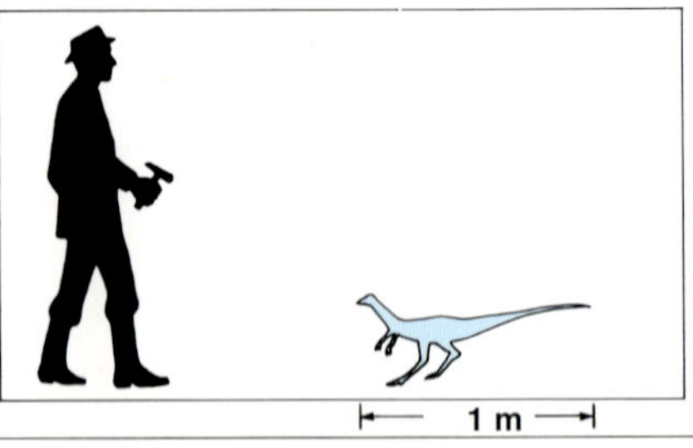

Lycorhinus gehört mit *Heterodontosaurus* und *Geranosaurus* zur Familie *Heterodontosauridae*, den »Echsen mit verschiedenen Zähnen«. Dinosaurier haben im Gegensatz zu den Säugetieren normalerweise nur eine Art von Zähnen. Deshalb kann es nicht überraschen, daß man den Teil des Unterkiefers, den man 1924 fand, zuerst als den Rest eines Säugetieres ansah. Der Unterkiefer hatte Schneide-, Eck- und Backenzähne, wie wir es von den meisten Säugetieren kennen.

Erst als 1962 ein wesentlich besser erhaltenes Skelett eines ähnlichen Tieres unter dem Namen *Heterodontosaurus* beschrieben wurde, war man sich über die Verwandtschaft von *Lycorhinus* einig. Er gehört zu einer Gruppe von pflanzenfressenden Vogelfuß-Dinosauriern, die im Jura lebte und bisher in Südafrika und Südamerika gefunden wurde. Alle Tiere, die hierher gehören, waren nur etwa 1 m lang und liefen auf den Hinterbeinen.

Maiasaura

Maiasaura

- Vogelbecken-Dinosaurier
- Vogelfuß-Dinosaurier
- J. R. Horner und R. Makela (1979)
- 22, 30, 32

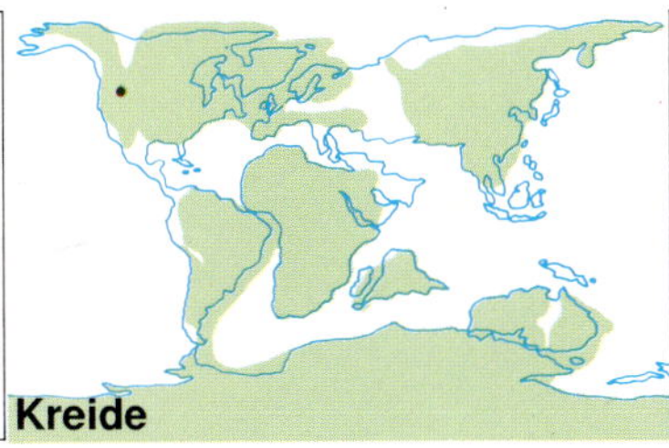

Maiasaura gehört zu den Entenschnabel-Dinosauriern (Familie *Hadrosauridae*). Bei ihnen trug der langgestreckte Schädel einen großen Hornschnabel, und die Kiefer waren nur im hinteren Teil mit zahlreichen Zähnen besetzt. Ein Knochenkamm fehlte *Maiasaura*. Was die Funde dieses Tieres in den Jahren 1978 und 1979 so interessant macht, ist die Tatsache, daß man außer einem ausgewachsenen Skelett auch einen Nistplatz mit Nestern, Eiern, Schalen, gerade geschlüpften Tieren sowie mit Jungtieren entdeckte. Daraus läßt sich viel über die Lebensweise dieser Dinosaurier erkennen. *Maiasaura* lebte in Herden zusammen; die Weibchen bauten in einer Kolonie Nester, um ihre Eier abzulegen. Die Nester waren aus Schlamm hergestellt, hatten einen Durchmesser von etwa 3 m und standen ungefähr 7 m voneinander entfernt. Die Eier wurden in einem Kreis darin abgelegt und mit Erde bedeckt. Die schlüpfenden Tiere waren etwa 0,5 m lang und wurden mindestens bis zu einer Größe von 1 m von der Mutter versorgt.

Majungatholus

- Vogelbecken-Dinosaurier
- Dickkopf-Echsen
- H.-D. Sues und P. Taquet (1979)
- 28

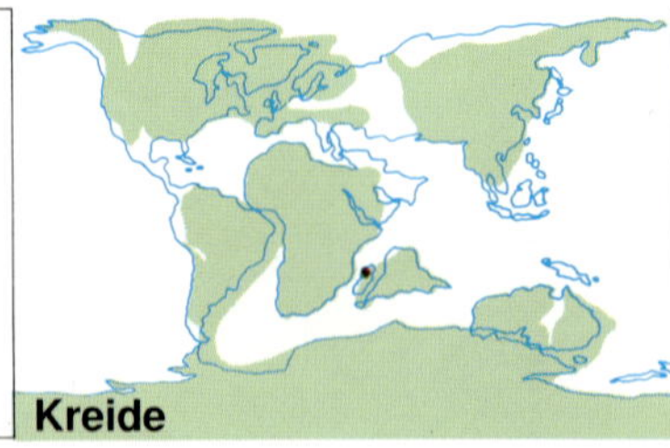

Majungatholus ist erst vor wenigen Jahren entdeckt worden und nur durch ein Schädeldach bekannt. Das Besondere an diesem Fund ist, daß er von der Insel Madagaskar stammt. Bisher waren Dickkopf-Echsen nur auf der Nordhalbkugel gefunden worden, vor allem in Nordamerika und Mittelasien, aber auch in England. So war es eine ganz unerwartete Entdeckung, als man *Majungatholus* auf Madagaskar fand, wo es ohnehin nur wenige Funde von Dinosauriern gegeben hatte – unter anderem die Fossilien von *Titanosaurus*, einem Langhalsigen Pflanzenfresser (*Sauropoda*). Die auf Madagaskar gefundenen Reste stimmen weitgehend mit denen überein, die von *Titanosaurus* in Südamerika entdeckt worden waren. Außer diesem Pflanzenfresser wurde auf Madagaskar nur noch ein schlecht erhaltener Fleischfressender Dinosaurier (*Theropoda*) entdeckt.

Majungatholus – er wurde nach dem Fundort Majunga benannt – gehört ohne Zweifel zu den Dickkopf-Echsen und war mit *Stegoceras* und *Pachycephalosaurus* verwandt. Wahrscheinlich erreichten die Dickkopf-Echsen Madagaskar auf dem Wege von Nordamerika über Südamerika und Afrika. Vielleicht werden eines Tages auch in Afrika Fossilien dieser Gruppe gefunden.

Mamenchisaurus

- Echsenbecken-Dinosaurier
- Pflanzenfressende Dinosaurier
- C. C. Young (1954)
- 38

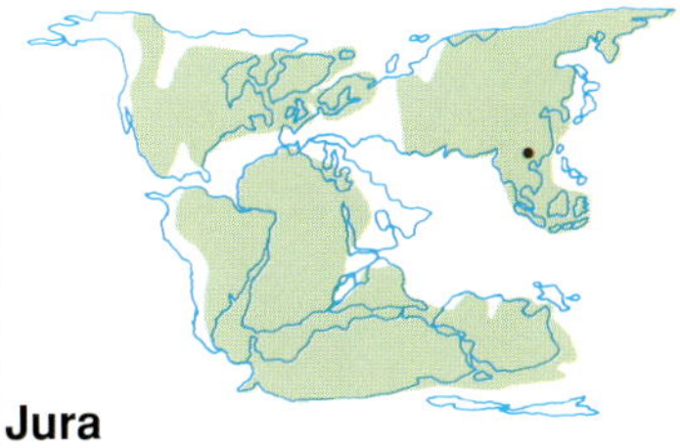

Jura

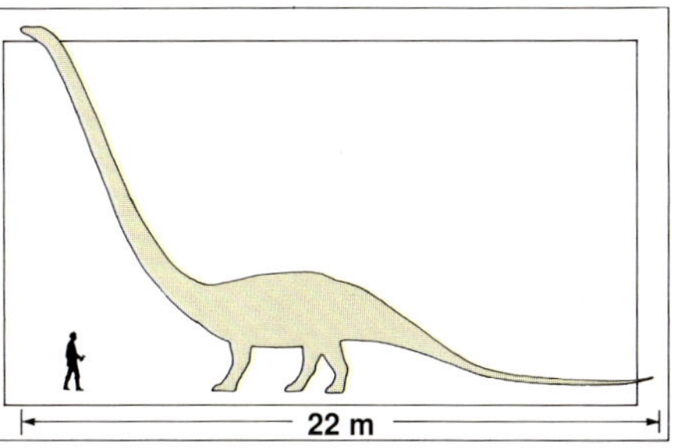

Mamenchisaurus war mit *Apatosaurus* und *Diplodocus* verwandt und gehört wie diese zu den Langhalsigen Pflanzenfressern (*Sauropoda*). Er war nur durch wenige Knochen bekannt, bis 1972 ein fast vollständiges Skelett gefunden wurde. Die Überraschung war groß: *Mamenchisaurus* hatte von allen bisher bekannten Dinosauriern den längsten Hals! Er bestand aus 19 Wirbeln, von denen jeder doppelt so lang war wie ein Rückenwirbel. Deshalb machte der Hals die Hälfte der gesamten Körperlänge aus – auf der Abbildung ist er noch viel zu kurz geraten, aber anders hätte er nicht auf die Buchseite gepaßt. Wenn sich das Tier auf die Hinterbeine aufrichtete, konnte es mit dem Kopf höher reichen als jeder andere Dinosaurier.

Mamenchisaurus

Massospondylus

- Echsenbecken-Dinosaurier
- Pflanzenfressende Dinosaurier
- R. Owen (1854)
- 5

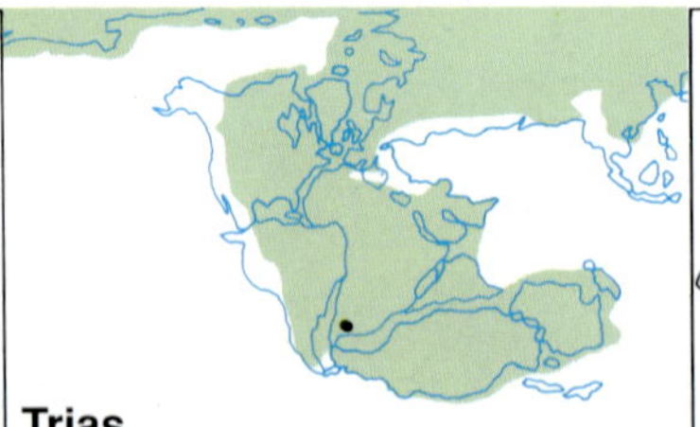

Trias

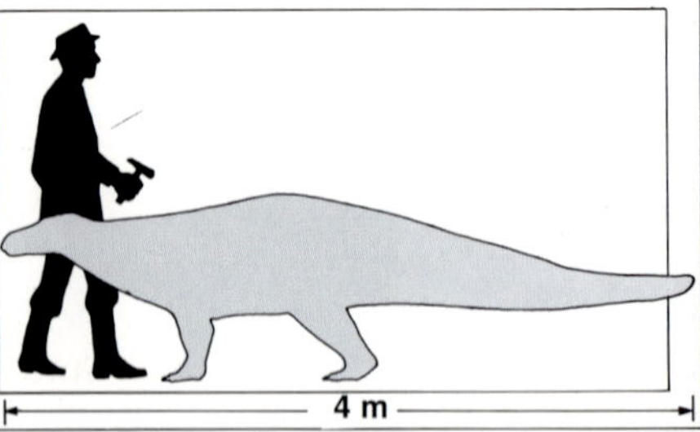

4 m

Massospondylus gehört mit einer Körperlänge von etwa 4 m zu den mittelgroßen Vertretern der Frühen Pflanzenfresser (*Prosauropoda*) und war in der Trias weit verbreitet. Seine engsten Verwandten waren *Lufengosaurus* in China und *Plateosaurus* in Europa. *Massospondylus* wurde 1854 von Richard Owen beschrieben, und zwar nach einigen zerbrochenen Wirbelknochen, die ihm aus Südafrika nach England geschickt worden waren. Später wurden weitere Skelettstücke gefunden, die eine Rekonstruktion des Tieres erlauben.

Massospondylus war ein Pflanzenfresser. Um harte Blätter im Magen zu zerreiben, verschluckte er einige Steine, die wie Mühlsteine wirkten. Dieses Verhalten kennt man heute von manchen Vögeln. *Massospondylus* hatte starke Gliedmaßen und lief auf allen vieren. Der große Daumen hatte eine starke Kralle und konnte dem zweiten und dritten Finger gegenübergestellt werden, so daß das Tier auch zugreifen konnte. Die übrigen Finger waren dagegen verkümmert. In Indien hat man einige Knochen gefunden, die ebenfalls zu *Massospondylus* gezählt werden.

Megalosaurus

- Echsenbecken-Dinosaurier
- Fleischfressende Dinosaurier
- W. Buckland (1824)
- 52, 59

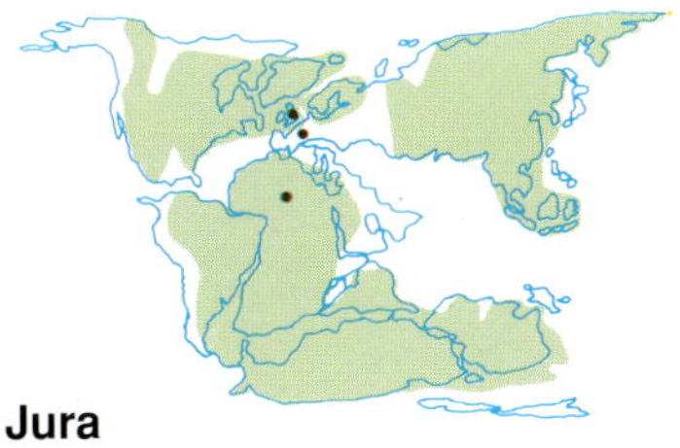

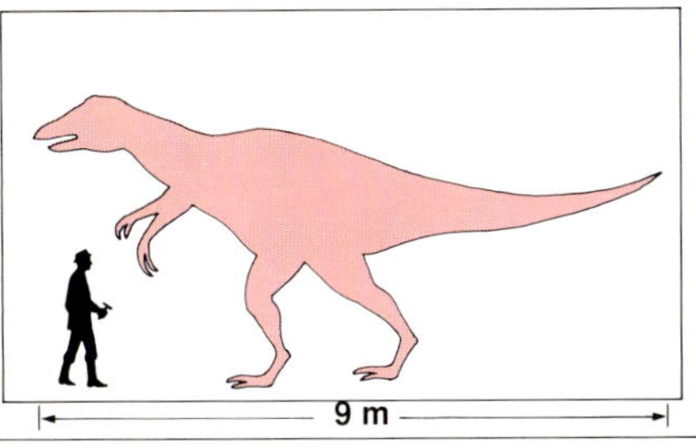

Von *Megalosaurus* stammt ein Knochen, der bereits 1676 gefunden wurde. Er ist auch der erste Dinosaurier, der benannt und beschrieben worden ist. Die Reste, die Buckland vorlagen, wurden 1818 in Stonesfield bei Oxford (England) gefunden. Sie bestanden aus einem Kieferknochen mit einigen Zähnen. Buckland war sich keineswegs im klaren, wie das Tier ausgesehen haben könnte.
Megalosaurus war mit 9 m Länge und einem Gewicht von schätzungsweise 900 kg ein riesiger Raubtier-Dinosaurier (*Carnosauria*). Sein großer Kopf saß auf einem kurzen, dicken Hals. Die mächtigen Kiefer trugen scharfe, sägeblattähnlich geformte Zähne, die dolchartig nach hinten gebogen waren und mit langen Wurzeln im Kiefer steckten. Die Beine hatten je vier Zehen; an den Händen saßen je drei kräftige Finger mit starken Krallen. Wie die gut erhaltenen Fußabdrücke des Tieres zeigen, ist es nur auf den Hinterbeinen gelaufen. Viele Knochen und Zähne wurden als Reste von *Megalosaurus* angesehen, gesichert sind aber nur die Funde aus England, Frankreich und Marokko.

Melanorosaurus

- Echsenbecken-Dinosaurier
- Pflanzenfressende Dinosaurier
- S. H. Haughton (1924)
- 1, 5

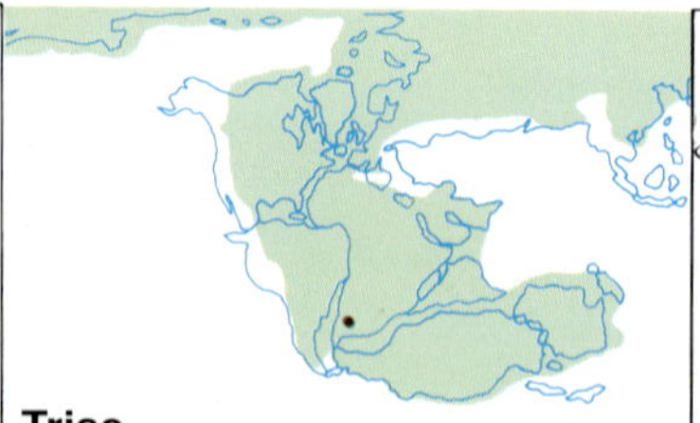

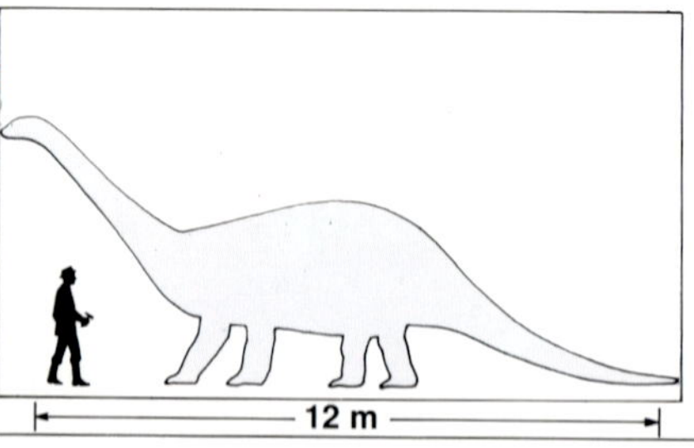

Melanorosaurus gehört zu den größten Frühen Pflanzenfressern (*Prosauropoda*) der Trias. Er war eng mit *Euskelosaurus* aus Südafrika und *Riojasaurus* aus Südamerika verwandt und bildet mit ihnen die Familie *Melanorosauridae*, der »Schwarzechsen«. Einige Wissenschaftler sind der Ansicht, daß alle drei Gattungen identisch sind.
Obwohl bei allen bisher gefundenen Skeletten der Schädel fehlt, läßt sich aus seinem Körperbau feststellen, daß *Melanorosaurus* ein riesiger Pflanzenfresser war. Er lief auf allen vieren und unterscheidet sich darin von anderen *Prosauropoden* wie *Plateosaurus* und *Lufengosaurus*, die sich zeitweise aufrichteten. *Melanorosaurus* hatte einen starken Schulter- und Beckengürtel, die das Gewicht dieses Riesen tragen konnten. Außerdem zeigte die Wirbelsäule zusätzliche Versteifungen.

Melanorosaurus

Minmi

- Vogelbecken-Dinosaurier
- Panzer-Dinosaurier
- R. E. Molnar (1980)

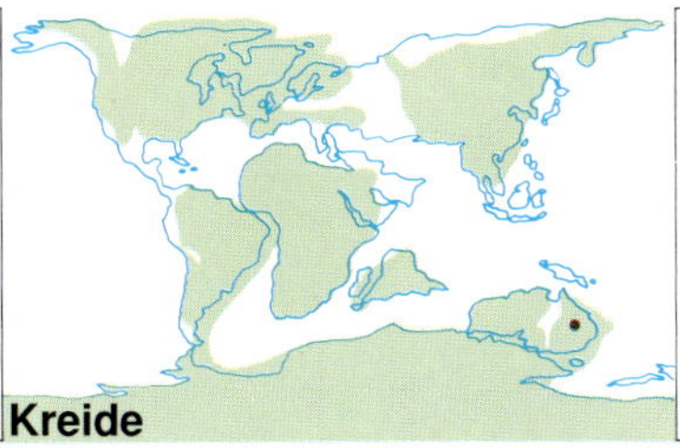

Minmi ist der einzige Panzer-Dinosaurier, der in Australien gefunden wurde. Die 1964 entdeckten Versteinerungen waren nur lückenhaft, es handelte sich um elf Wirbelknochen, einen Teil eines Fußes und eine größere Anzahl von Knochenplatten.
Die ausgegrabenen Wirbelknochen zeigten eine interessante Ausbildung: Je drei oder vier waren durch verknöcherte Sehnen miteinander verbunden, welche die gesamte Wirbelsäule versteiften. In der Abbildung unten kann man eine der verknöcherten Sehnen gut erkennen. Sie war beim lebenden Tier von Muskeln umgeben. Mit dieser festen Wirbelsäule konnte *Minmi* wahrscheinlich verhältnismäßig schnell laufen, und die Stöße der wuchtigen Beine wurden dabei besser abgefangen.
Im Gegensatz zu *Minmi* – der Name stammt vom Fundort des Tieres – waren alle übrigen Vertreter der Familie in Nordamerika und Europa gefunden worden. *Minmi* war von diesem einheitlichen Verbreitungsgebiet weit insoliert. Vielleicht werden eines Tages weitere Vertreter der Gruppe gefunden, so daß auch diese Unstimmigkeit geklärt werden kann.

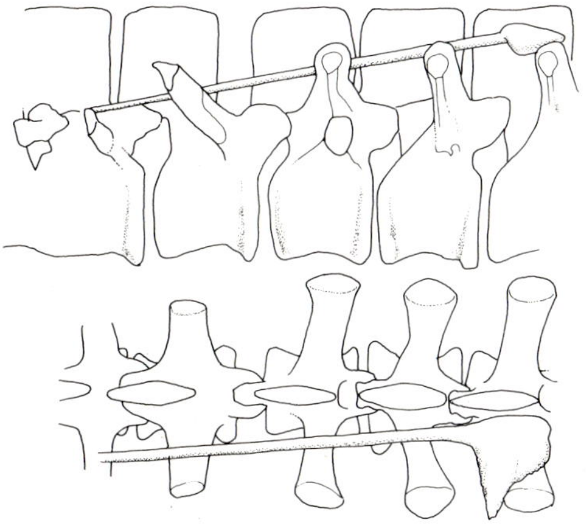

Teile der Wirbelsäule von *Minmi* in der Seitenansicht (oben) und Aufsicht (unten). Die Abbildungen zeigen eine der beiden verknöcherten Sehnen, welche die Wirbelsäule versteiften (Ausschnitt 18 cm breit).

Monoclonius

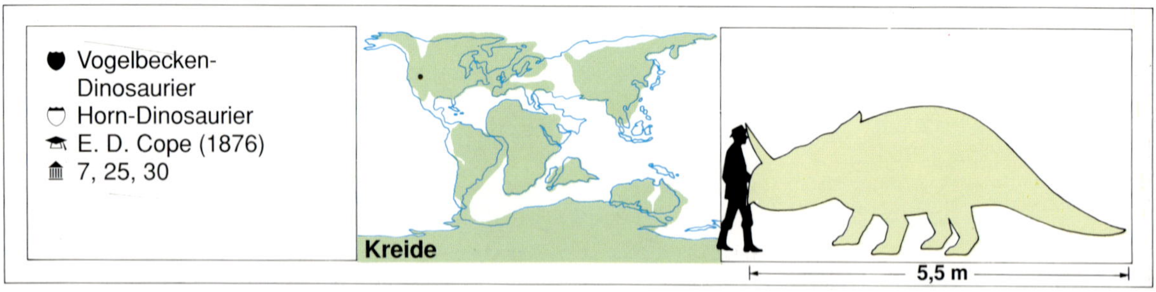

Monoclonius gehört zur Familie *Ceratopidae*, zu welcher die »echten« Horn-Dinosaurier gerechnet werden. Alle Vertreter dieser Familie sind ausschließlich in Nordamerika gefunden worden. Sie haben einen großen Nackenschild und einen riesigen Körper mit vier stämmigen Beinen. Sie waren Pflanzenfresser und bissen Blätter und Zweige mit ihrem Hornschnabel ab.

Monoclonius gehört mit 5,5 m Körperlänge zu den kleineren Vertretern. Er hatte ein großes Horn auf der Schnauze, aber nur kleine Stirnhörner über den Augen. Der Nackenschild trug am Rande ebenfalls zwei Hörner. Knochen von *Monoclonius* wurden zuerst von Ferdinand von Hayden entdeckt, der 1855 die Gegend um den Judith River in Montana (USA) durchforschte. Aber die Fossilien waren so spärlich, daß er nicht erkannte, daß er den ersten Horn-Dinosaurier entdeckt hatte. Spätere Funde waren vollständiger, so daß E. D. Cope diesen Saurier beschreiben konnte. In Alberta (Kanada) wurden ebenfalls Knochen eines Horn-Dinosauriers gefunden und 1904 unter dem Namen *Centrosaurus* beschrieben. Wahrscheinlich gehören sie auch zu *Monoclonius*.

Mussaurus

- Echsenbecken-Dinosaurier
- Pflanzenfressende Dinosaurier
- J. F. Bonaparte und M. Vince (1979)
- 17

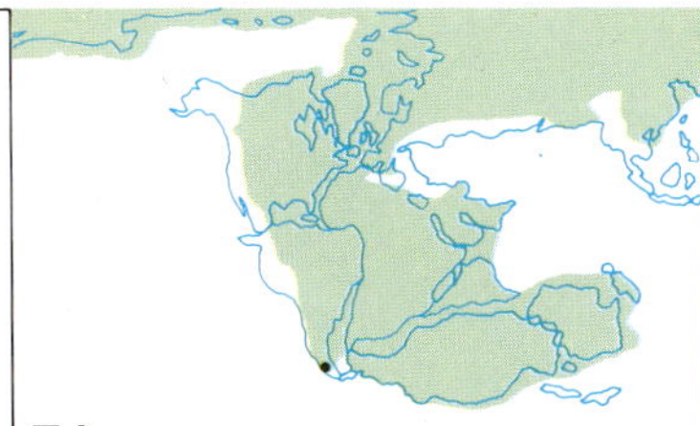

Mussaurus – die »Mausechse« – wurde nach einigen kleinen Skeletten beschrieben, die in einem Nest zusammen mit zwei etwa 2,5 cm großen Eiern gefunden wurden. Die Knochen zeigten, daß *Mussaurus* zu den Frühen Pflanzenfressern (*Prosauropoda*) gehört. Er war vielleicht 2 - 3 m lang, hatte wahrscheinlich große Augen und zeigte die Haltung anderer Tiere dieser Gruppe.

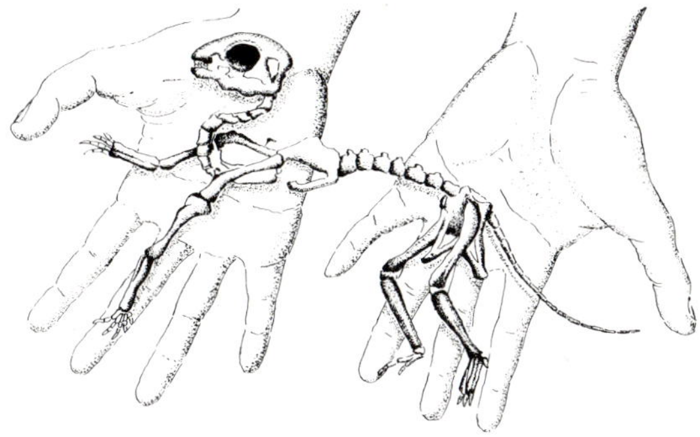

Das größte Skelett der Jungtiere war 20 cm lang, es hat in zwei Handtellern Platz.

Muttaburrasaurus

- Vogelbecken-Dinosaurier
- Vogelfuß-Dinosaurier
- A. Bartholomai und R. E. Molnar (1981)
- 41

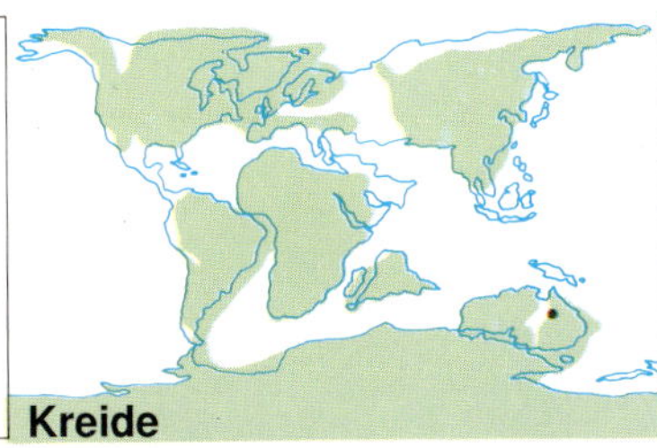

Muttaburrasaurus ist einer der wenigen Dinosaurier, die in Australien gefunden wurden. Er gehört zum Verwandtschaftskreis von *Iguanodon* und *Camptosaurus* und sah vor allem *Iguanodon* ähnlich. *Muttaburrasaurus* – der Name wurde ihm nach dem Fundort gegeben – hatte aber auf der Schnauze einen Knochenhöcker, der vielleicht für die Paarung eine Rolle spielte. Die stark verlängerten Kiefer trugen einen Hornschnabel, mit dem *Muttaburrasaurus* Pflanzen abbiß, bevor sie von den breiten Backenzähnen zerrieben wurden. Die Vorderbeine waren zwar kürzer als die Hinterbeine, aber das Tier lief meist auf allen vieren.

Nemegtosaurus

- Echsenbecken-Dinosaurier
- Pflanzenfressende Dinosaurier
- A. Nowinski (1971)
- 39, 50

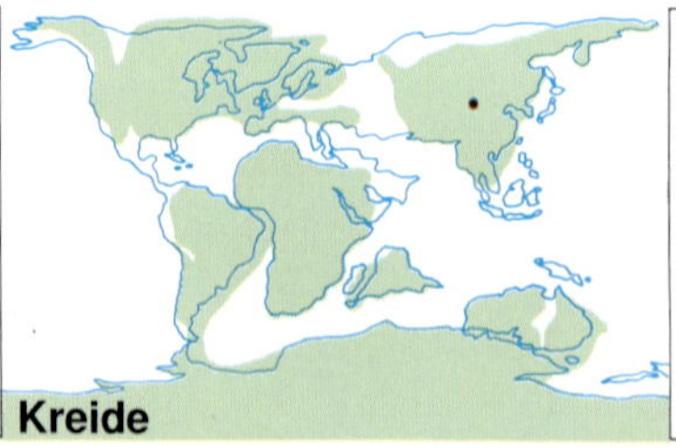

Größe unbekannt

Nemegtosaurus ist nur von einem Schädel bekannt, der dem von *Diplodocus* ähnlich ist. Deswegen nimmt man an, daß *Nemegtosaurus* ebenfalls zu den Langhalsigen Pflanzenfressern (*Sauropoda*) gehört. Dieser Schädel wurde 1965 von einer polnisch-mongolischen Expedition in der Wüste Gobi (Mongolei) gefunden. Er war hoch gewölbt und fiel zur Schnauze hin steil ab. Die Kiefer trugen nur im vorderen Teil lange und schmale Zähne, mit denen das Tier wohl Blätter von den Bäumen abriß. *Nemegtosaurus* lebte 50 Millionen Jahre später als *Diplodocus*, deshalb ist eine enge Verwandtschaft der Tiere unwahrscheinlich. Vielleicht war er ebenso mit *Opisthocoelicaudia* verwandt, der in derselben Schicht gefunden wurde und von dem das Skelett bekannt ist – nur nicht der Kopf!

Noasaurus

- Echsenbecken-Dinosaurier
- Fleischfressende Dinosaurier
- J. F. Bonaparte und J. Powell (1980)
- 17

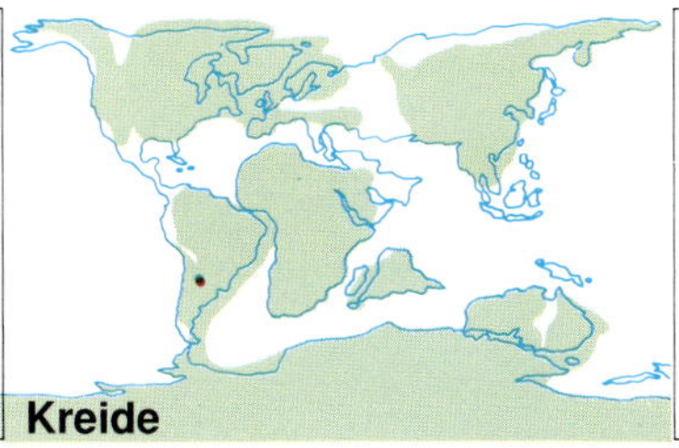

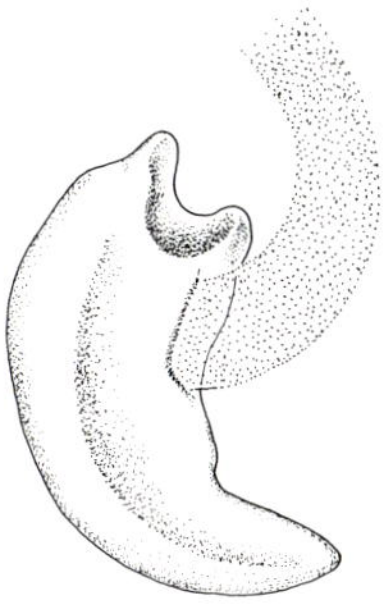

Die sichelförmige Kralle von *Noasaurus* (3,5 cm lang) zeigt an der Innenseite eine große Fläche, an der ein mächtiger Muskel saß.

Noasaurus war ein mittelgroßer, schnellfüßiger Dinosaurier. Er wurde erst 1980 beschrieben, und die bisher bekannten Fossilien sind spärlich. Nur einige Teile des Schädels, einige Knochen der Wirbelsäule und zwei Fußknochen wurden gefunden. Über seine Körperform und Lebensweise ist also so gut wie nichts bekannt.

An den Füßen hatte *Noasaurus* eine große, sichelförmig gebogene Kralle, wie sie von *Deinonychus* und *Dromaeosaurus* bekannt ist. Daher wird *Noasaurus* in diesem Buch unter den Sichelkrallen-Dinosauriern (*Deinonychosauria*) aufgeführt. Die Kralle hatte eine gleichmäßig gebogene Außenseite, aber eine unregelmäßig geformte Innenseite. Hier setzte wahrscheinlich ein starker Muskel an, mit dem die Kralle nach innen gezogen wurde. Dadurch konnte sie kraftvoller beim Töten der Beutetiere eingesetzt werden.

Bei aller Übereinstimmung mit *Deinonychus* zeigten sich in der Form des Schädels erhebliche Unterschiede. Die argentinischen Wissenschaftler, die *Noasaurus* untersuchten und beschrieben, haben sich deshalb entschlossen, ihn in eine neue Familie *Noasauridae* zu stellen.

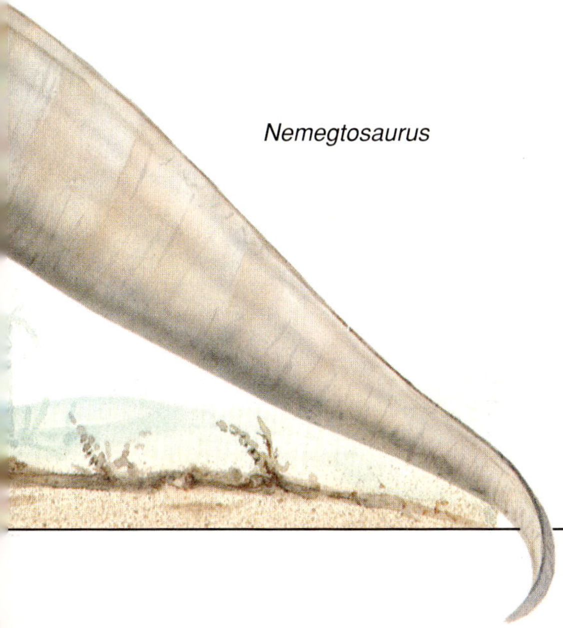

Nemegtosaurus

Nodosaurus

Vogelbecken-Dinosaurier
Panzer-Dinosaurier
O. C. Marsh (1889)

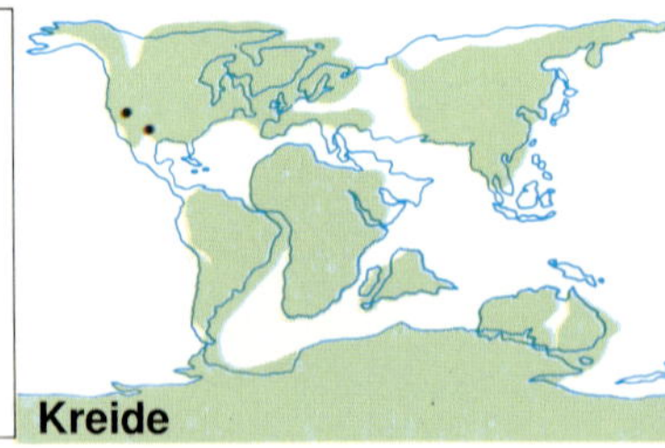

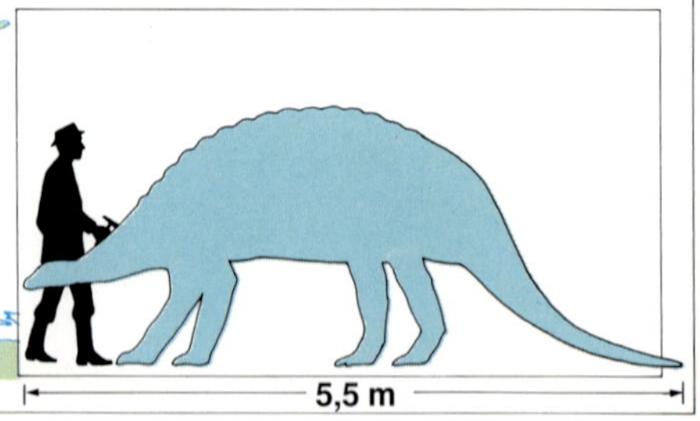

Nodosaurus gehört mit einer Körperlänge von etwa 5,5 m zu den mittelgroßen Panzer-Dinosaurien. Er war mit *Panoplosaurus* und *Silvisaurus* eng verwandt und bildet mit ihnen die Familie *Nodosauridae*. Der langgestreckte, schmale Kopf und das Fehlen einer Knochenkugel am Schwanzende waren die gemeinsamen Merkmale dieser Familie. *Nodosaurus* hatte auf seiner Körperoberseite zahlreiche Querreihen von Knochenplatten, die in die dicke Haut eingesenkt waren und einen harten, aber beweglichen Panzer bildeten. Auf dem Rücken und in der Beckengegend waren die Platten mit kurzen Höckern besetzt. Daher hat *Nodosaurus* auch seinen Namen, der »Knotenechse« bedeutet. Der so gepanzerte, breite Körper hatte ein beträchtliches Gewicht und ruhte auf vier kurzen, mächtigen Beinen. Schnell laufen konnte *Nodosaurus* sicher nicht, bei Gefahr duckte er sich auf den Boden und verließ sich auf seine gepanzerte Oberseite.

Als *Nodosaurus* 1889 beschrieben wurde, waren Teile eines Skelettes bekannt. Inzwischen wurde ein besser erhaltenes Skelett gefunden, aber der Schädel fehlt immer noch.

Nodosaurus

Opisthocoelicaudia

- Echsenbecken-Dinosaurier
- Pflanzenfressende Dinosaurier
- M. Borsuk-Bialynicka (1977)
- 39, 50

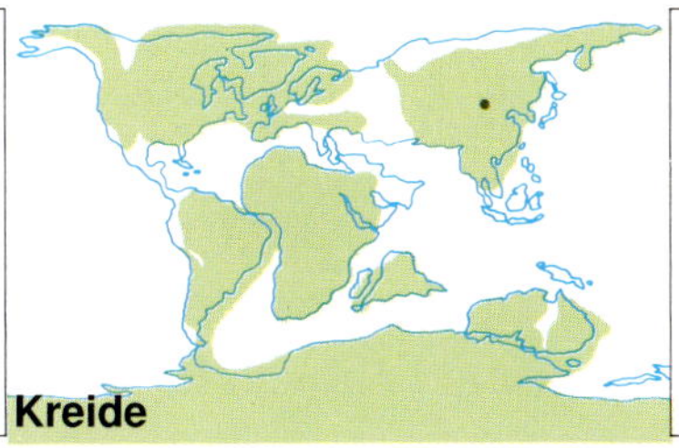

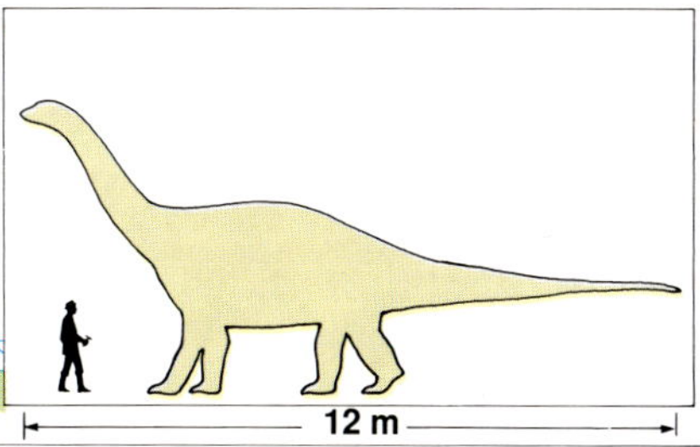

Opisthocoelicaudia war mit 12 m Länge ein mittelgroßer Langhalsiger Pflanzenfresser (*Sauropoda*). Von ihm ist nur das Skelett bekannt; es zeigt, daß das Tier in seinem Körperbau mit *Camarasaurus* und *Euhelopus* übereinstimmte und mit diesen verwandt war. Das Skelett wurde 1965 von einer polnisch-mongolischen Expedition in der Wüste Gobi (Mongolei) entdeckt. Es war gut erhalten, aber Kopf und Hals fehlten. Diese Körperteile waren wahrscheinlich schon verlorengegangen, bevor das Tier versteinert wurde.

Auffallend ist bei *Opisthocoelicaudia* die Verbindung der einzelnen Schwanzwirbel. Möglicherweise gab sie dem Schwanz eine besondere Festigkeit, so daß er als Stütze verwendet werden konnte, wenn sich das Tier auf die Hinterbeine aufrichtete. Einige Beinknochen zeigten Bißspuren, wie sie ein großer Raubtier-Dinosaurier hinterlassen haben könnte. Vielleicht sind Kopf und Hals vom gleichen Räuber gefressen worden.

Opisthocoelicaudia

Ornithischia

Die Ordnung *Ornithischia* (Vogelbecken-Dinosaurier) umfaßt eine große Zahl Pflanzenfressender Dinosaurier. Zu ihnen gehören viele Tiere, die auf den Hinterbeinen liefen, wie *Iguanodon*, die zahlreichen Entenschnabel-Dinosaurier, aber auch die Dickkopf-Echsen mit ihrem harten Schädel. Andere liefen auf allen vieren und trugen einen mehr oder minder großen Nackenschild (Horn-Dinosaurier) oder waren auf dem ganzen Körper gepanzert (Panzer-Dinosaurier und Stachel-Dinosaurier). Die ältesten Vertreter der Vogelbecken-Dinosaurier stammen aus dem Unterjura und sind damit jünger als die Echsenbecken-Dinosaurier.
Die *Ornithischia* waren eine sehr erfolgreiche Gruppe; das zeigt allein schon ihre Lebensspanne, die fast 150 Millionen Jahre umfaßt und vom Unterjura bis zum Ende der Kreidezeit reicht, wo alle Dinosaurier ausstarben. Der Grund für ihren Erfolg liegt vielleicht in einer einzigen Ausbildung: Die Backenzähne waren bei fast allen Vogelbecken-Dinosauriern etwas in die Mundhöhle gerückt und von fleischigen Wangen bedeckt. So konnte die Pflanzennahrung beim Kauen nicht aus dem Maul fallen, sondern sammelte sich in den Backentaschen und wurde dann verschluckt. Diese bessere Ausnutzung der Nahrung brachte den Tieren einen Vorteil gegenüber den Pflanzenfressern unter den Echsenbecken-Dinosauriern ein.

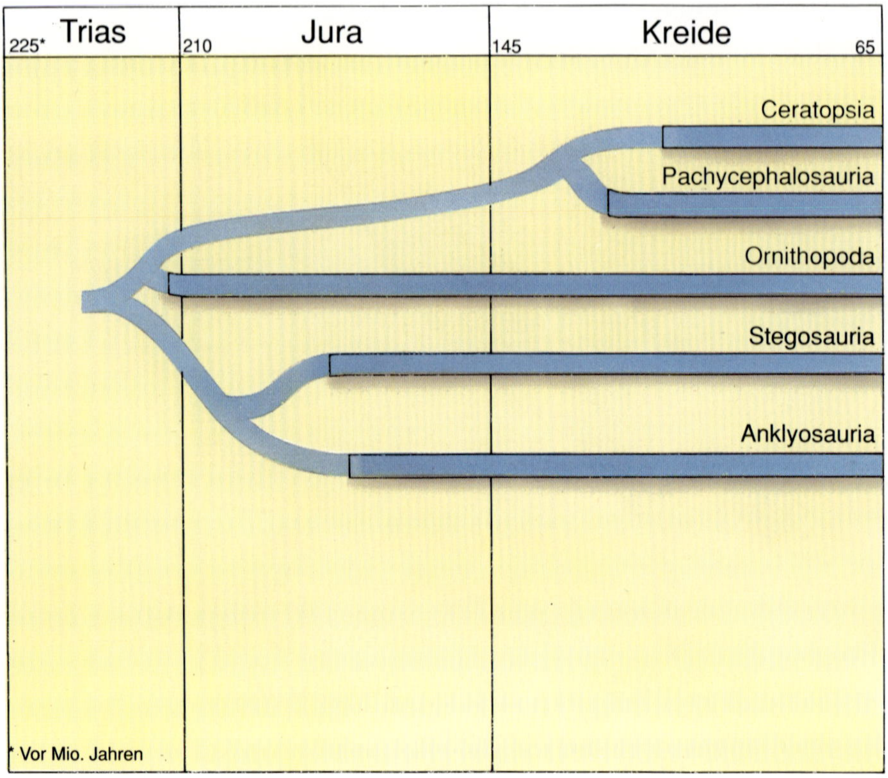

Ornitholestes

- Echsenbecken-Dinosaurier
- Fleischfressende Dinosaurier
- H. F. Osborn (1903)
- 7, 32

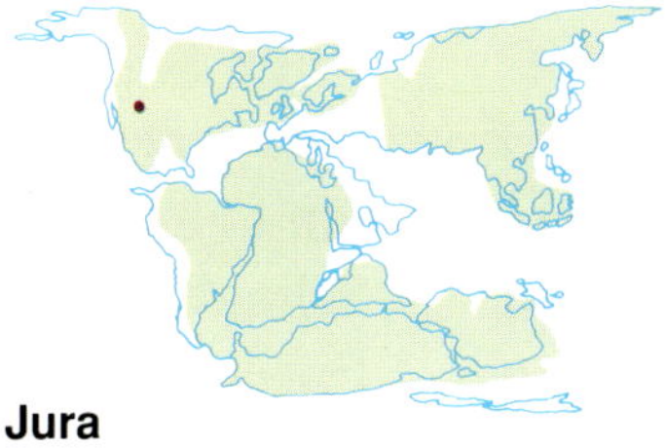

Jura

Ornitholestes war ein kleiner, schlanker, schnellfüßiger Hohlknochen-Dinosaurier (*Coelurosauria*). Er war *Coelurus* ähnlich und lebte zur selben Zeit am gleichen Ort wie er.
Ein fast vollständiges Skelett wurde 1900 in Wyoming (USA) gefunden; später entdeckte man nur noch Teile eines Armes.

Ornitholestes hatte nur kleine Zähne und feingliedrige Hände. Daran läßt sich erkennen, daß dieser schnelle, bewegliche Jäger nur kleine Tiere erbeutete. Zu seiner Nahrung gehörten wahrscheinlich kleine Echsen, Lurche und auch urtümliche Säugetiere, die es zu dieser Zeit bereits gab. Auch darin glich *Ornitholestes* der verwandten Gattung *Coelurus*.

Ornithomimosauria

Die Zwischenordnung *Ornithomimosauria* (Vogelähnliche Dinosaurier) bildet einen besonderen Seitenzweig der *Coelurosauria* (Hohlknochen-Dinosaurier). Die Tiere, die hierzu gerechnet werden, erinnern in ihrer Körperhaltung an den Vogel Strauß. Daher stammt auch der Name *Ornithomimosauria*, der wörtlich übersetzt »Vogelnachahmer« bedeutet. Im folgenden wird die Zwischenordnung deshalb als Vogelähnliche Dinosaurier bezeichnet.

Als ältester Vertreter dieser Gruppe wird *Elaphrosaurus* aus dem Oberjura angesehen. Er hatte die »typische« Körperhaltung eines Vogelähnlichen Dinosauriers. Aber leider fehlt sein Schädel, so daß sich die übrigen charakteristischen Merkmale der Gruppe bei ihm nicht nachweisen lassen: Die Tiere hatten keine Zähne, sondern einen langen Schnabel, mit dem sie kleine Beutetiere fingen. Sie hatten große, nach vorn gerichtete Augen und ein großes Gehirn. Die meisten Vertreter dieser Gruppe gehören zur Familie *Ornithomidae* und wurden in Nordamerika (*Ornithomimus*, *Struthiomimus*) oder Asien (*Gallimimus*) gefunden. *Oviraptor* (aus Asien) weicht so von ihnen ab, daß er in die eigene Familie *Oviraptoridea* gestellt werden muß. *Avimimus* (aus Asien) ist bisher nur unvollständig gefunden worden und gehört in die Familie *Avimimidae*.

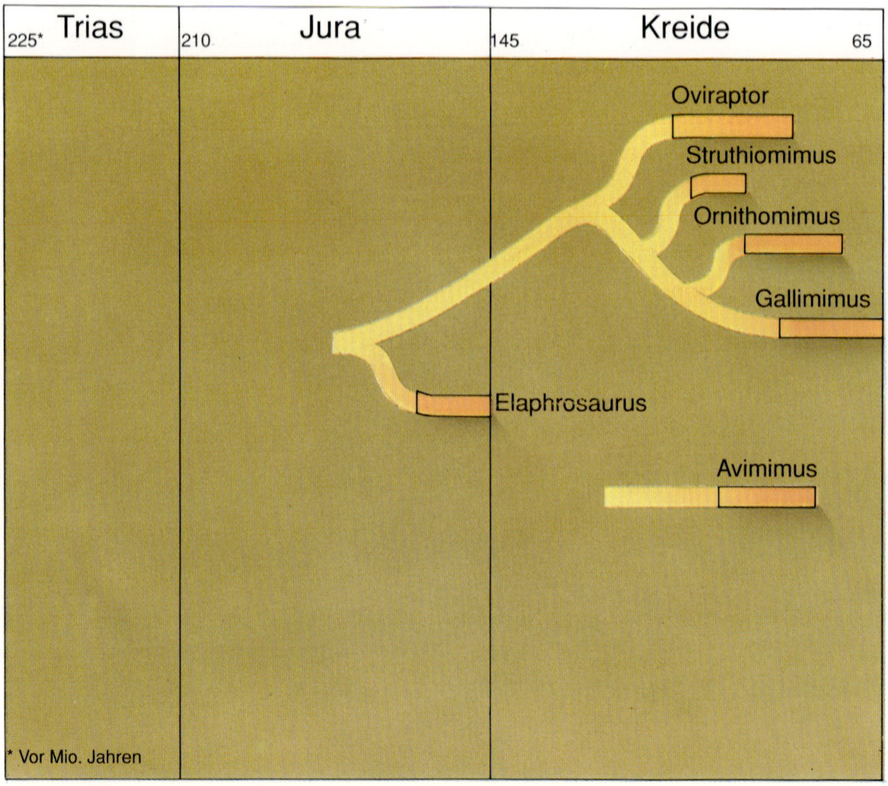

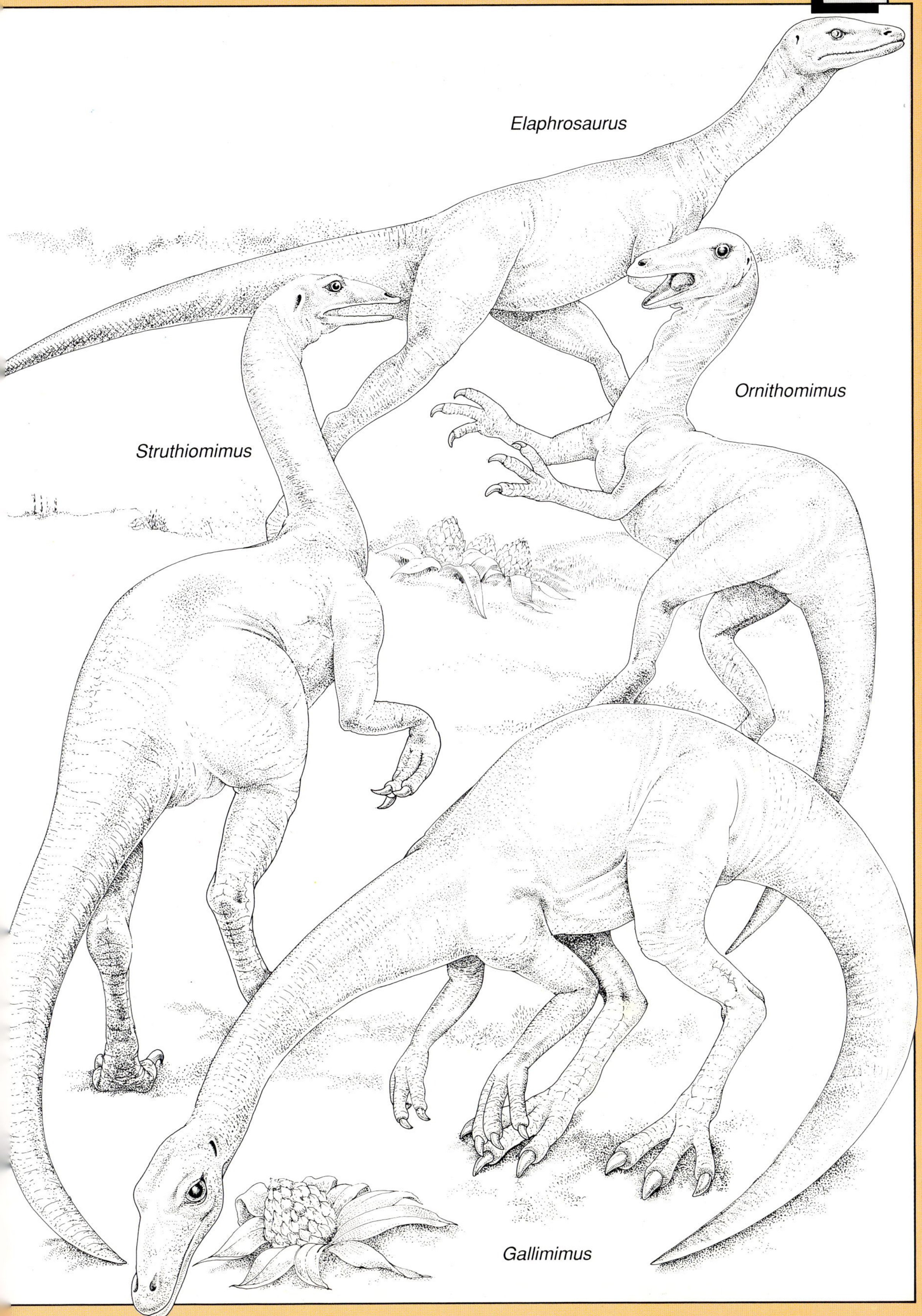
Elaphrosaurus
Ornithomimus
Struthiomimus
Gallimimus

Ornithomimus

- Echsenbecken-Dinosaurier
- Fleischfressende Dinosaurier
- O. C. Marsh (1890)
- 29

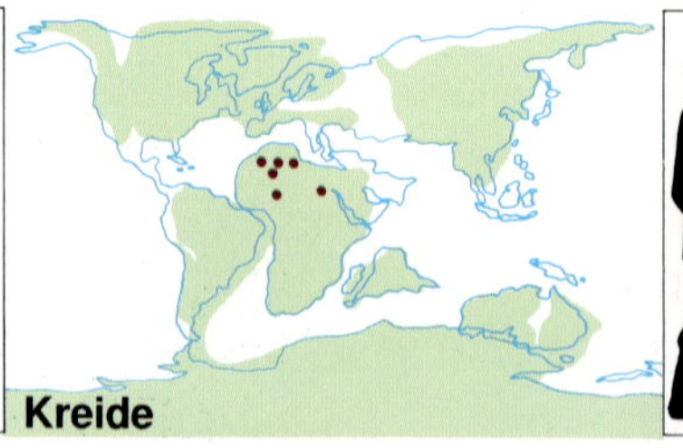

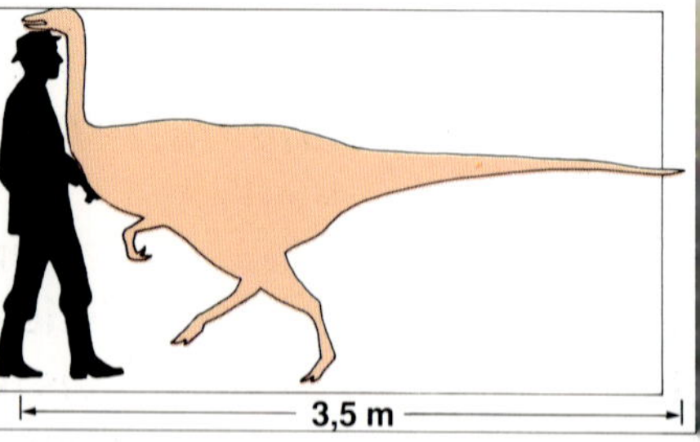

Ornithomimus hat nicht nur der Familie *Ornithomidea*, sondern auch der ganzen Zwischenordnung *Ornithomimosauria* den Namen gegeben. Seit er 1889 bei Denver (Colorado/USA) gefunden und im folgenden Jahr von Othniel C. Marsh beschrieben wurde, gilt er als der typische »Vogelnachahmer«. Dabei ergaben die anfangs gefundenen Fossilien keineswegs ein vollständiges Skelett.
Viele Einzelheiten des Körperbaus konnten erst geklärt werden, als 1917 ein fast vollständiges Skelett des nahe verwandten *Struthiomimus* entdeckt wurde. Im großen und ganzen stimmen diese beiden Gattungen überein, nur hatte *Ornithomimus* kürzere Arme und schwächere Krallen. Er war 3 - 4 m lang, wobei der schlanke Schwanz allein die Hälfte der Körperlänge einnahm. Der Schädel war klein, aus dünnen Knochen zusammengesetzt und wurde aufrecht getragen; die zahnlosen Kiefer waren zu einem Schnabel verlängert. Das Tier ernährte sich von Insekten, kleinen Säugetieren und Dinosaurier-Eiern, aber auch von Pflanzenteilen.

Ornithopoda

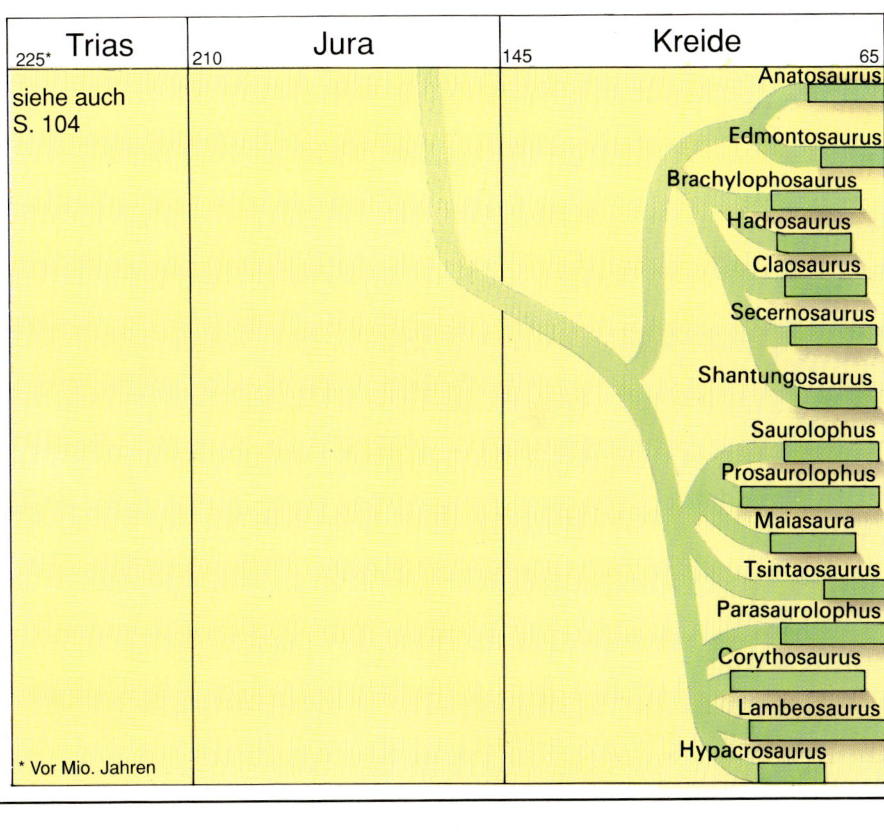

Ornithopoda

Zur Unterordnung *Ornithopoda*, den Vogelfuß-Dinosauriern, gehören ausschließlich Pflanzenfresser. Körpergröße, Lebensweise und Verbreitung dieser Gruppe der Vogelbecken-Dinosaurier (*Ornithischia*) waren sehr verschieden. Aber der Körperbau muß sehr erfolgreich gewesen sein, denn die Vogelfuß-Dinosaurier entstanden bereits im Unterjura und hatten eine Lebensspanne von fast 150 Millionen Jahren.
Die zahlreichen Gattungen lassen sich in fünf Familien gliedern, von denen die Familie *Hadrosauridae* (Entenschnabel-Dinosaurier) bei weitem die meisten Formen umfaßt. Sie trat erst in der Kreide auf und wurde in Nordamerika (*Anatosaurus*, *Hadrosaurus*), Asien (*Shantungosaurus*) und Südamerika (*Secernosaurus*) gefunden. Manche Vertreter hatten auf dem Kopf einen hohlen Knochenkamm (*Corythosaurus*, *Lambeosaurus*). Die Familie *Iguanodontidae* trat im Mitteljura auf und breitete sich bis zur Unterkreide von Nordamerika bis Europa, Afrika und Australien aus. Die Familie *Hypsilophodontidae* war vom Oberjura bis zur Oberkreide in Nordamerika (*Dryosaurus*, *Zephyrosaurus*), Europa (*Hypsilophodon*) und Afrika (*Dryosaurus*) verbreitet. Die beiden Familien *Heterodontosauridae* und *Fabrosauridae* enthalten nur wenige Gattungen und kamen vor allem in Südafrika (*Fabrosaurus*, *Geranosaurus*) und Nordamerika (*Scutellosaurus*) vor, aber auch in China (*Xiaosaurus*).

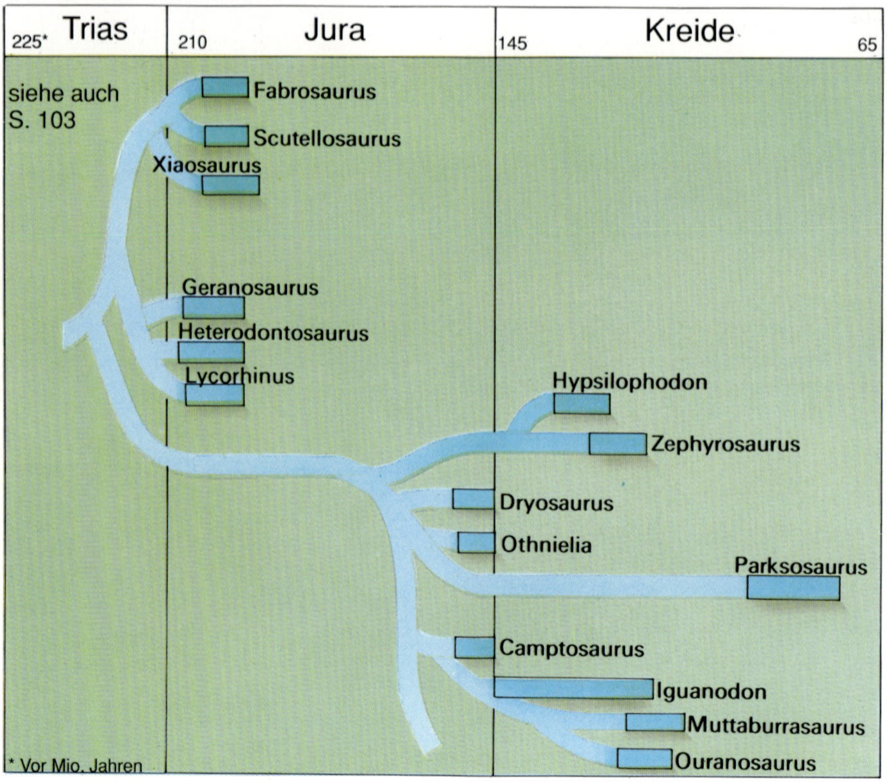

Anatosaurus
Parasaurolophus
Dryosaurus
Hypsilophodon
Heterodontosaurus

Ouranosaurus

- Vogelbecken-Dinosaurier
- Vogelfuß-Dinosaurier
- P. Taquet (1976)
- 2, 51, 55, 58

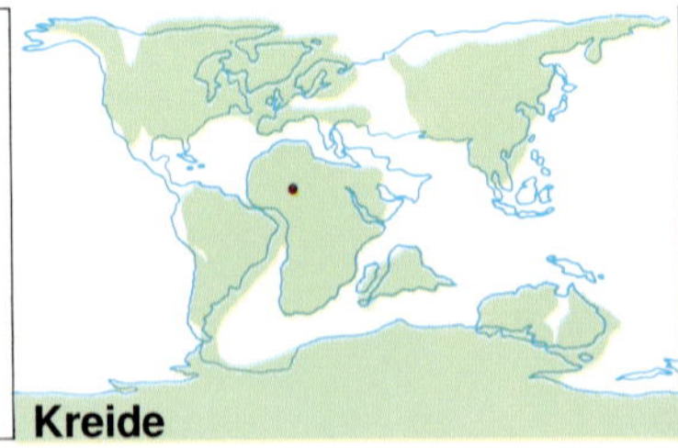

Ouranosaurus nimmt in der Familie *Iguanodontidae* eine Sonderstellung ein. Er hatte auf dem Rücken ein »Segel«, das von langen Fortsätzen der Rückenwirbel aufrecht gehalten wurde. Mit diesem Segel konnte das Tier wahrscheinlich seine Körpertemperatur regeln. War es ihm zu heiß, so stellte es sich in die Richtung der Sonne, war es ihm zu kühl, ließ es die Sonnenstrahlen senkrecht auf das Segel fallen.

Ein Fleischfressender Dinosaurier unter den Echsenbecken-Dinosauriern, *Spinosaurus*, der fast zur selben Zeit und am gleichen Ort lebte, hatte ebenfalls ein Hautsegel. Deshalb kann man annehmen, daß diese Ausbildung kein Zeichen von enger Verwandtschaft, sondern eine Anpassung an bestimmte Umweltverhältnisse war. Im Körperbau war *Ouranosaurus* einem *Iguanodon* ähnlich, hatte aber kürzere Arme und eine lange Schnauze. Mit dem langen Entenschnabel weidete er Pflanzen ab, wobei er sich auf allen vieren bewegte.

Oviraptor

- Echsenbecken-Dinosaurier
- Fleischfressende Dinosaurier
- H. F. Osborn (1924)
- 39

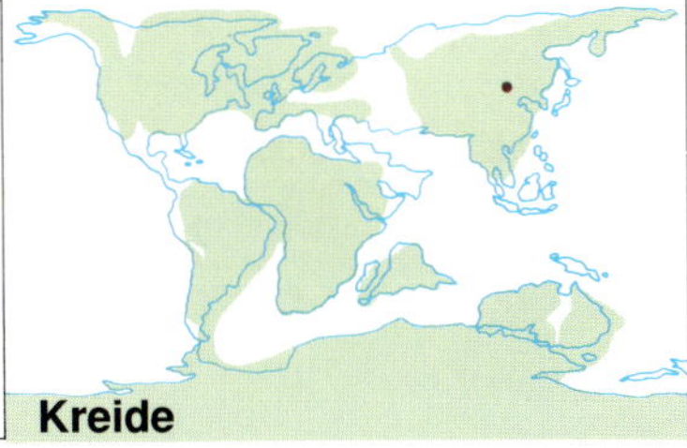

Oviraptor gehört zu einer artenarmen Familie (*Oviraptoridae*) der Vogelähnlichen Dinosaurier. Er unterscheidet sich von *Ornithomimus*, *Struthiomimus* und *Gallimimus* (Familie *Ornithomimidae*) durch einen breiten Kopf mit einem kurzen, hohen Schnabel, wie er auch bei einem Papagei ausgebildet ist. Bei den anderen genannten Gattungen war der Schädel dagegen lang und schmal und hatte einen zugespitzten Schnabel.

Das erste Skelett von *Oviraptor* wurde 1923 gefunden: Es lag unmittelbar neben einem Gelege des Horn-Dinosauriers *Protoceratops*. Deshalb nimmt man an, daß sich *Oviraptor* von Dinosaurier-Eiern ernährt hat. Vielleicht ist er bei einem Sandsturm getötet worden, als er gerade das Gelege ausrauben wollte. Sein Name bedeutet wörtlich übersetzt »Eiräuber«. Aber der Schnabel, der mit mächtigen Muskeln versehen war, konnte sicherlich auch Knochen zerknacken. Auf dem Oberkiefer hatte *Oviraptor* ein auffälliges Horn, dessen Bedeutung nicht bekannt ist. *Oviraptor* lief auf zwei langen Beinen, die an jedem Fuß drei Zehen mit spitzen Krallen hatten. Seinen langen Schwanz verwendete er dabei als Gegengewicht. An den verhältnismäßig langen Armen saßen je drei kräftige Finger mit stark gekrümmten, bis 8 cm langen Krallen. Mit ihnen konnte die Beute festgehalten werden.

Pachycephalosauria

Die Gruppe der Dickkopf-Echsen wird von vielen Wissenschaftlern lediglich als Familie *Pachycephalosauridae* gewertet und zu den Vogelfuß-Dinosauriern (*Ornithopoda*) gestellt. In jüngster Zeit wird aber die Ansicht geäußert, daß die Unterschiede zu den *Ornithopoden* so groß sind, daß die Aufstellung einer eigenen Unterordnung *Pachycephalosauria* notwendig sei.
Die Dickkopf-Echsen hatten einen kuppelförmigen Schädel, dessen Dach mit bis zu 25 cm stark verdickt war. Dieser Teil des Schädels blieb deshalb gut erhalten und wird nicht selten als Versteinerung gefunden. Manche Arten hatten an verschiedenen Stellen des Kopfes knöcherne Auswüchse oder gar eine Art Halskrause. Hörner und Nackenschilder wie bei den Horn-Dinosauriern oder ein gepanzerter Körper wie bei den Panzer-Dinosauriern kamen nicht vor. Man nimmt an, daß die Tiere in Herden zusammenlebten und die Männchen um die Weibchen kämpften, indem sie mit den Köpfen zusammenstießen, wie wir das heute von Schafböcken kennen.
Alle Dickkopf-Echsen lebten in der Kreidezeit, und die meisten wurden in Nordamerika gefunden. Spärliche Reste von *Yaverlandia* wurden in Südengland entdeckt, und vor kurzem wurde *Majungatholus* auf Madagaskar gefunden. Die Dickkopf-Echsen waren also weiter verbreitet als bisher angenommen, und es besteht die Möglichkeit, daß sie auch in Afrika entdeckt werden.

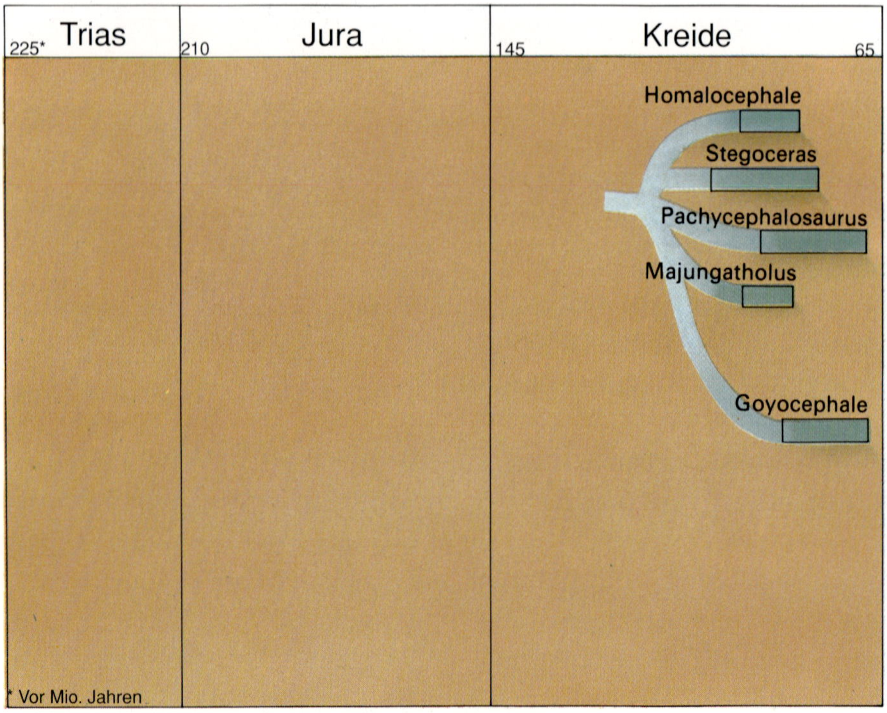

Pachycephalosaurus
Homalocephale
Stegoceras

Pachycephalosaurus

- Vogelbecken-Dinosaurier
- Dickkopf-Echsen
- B. Brown und E. M. Schlaikjer (1943)

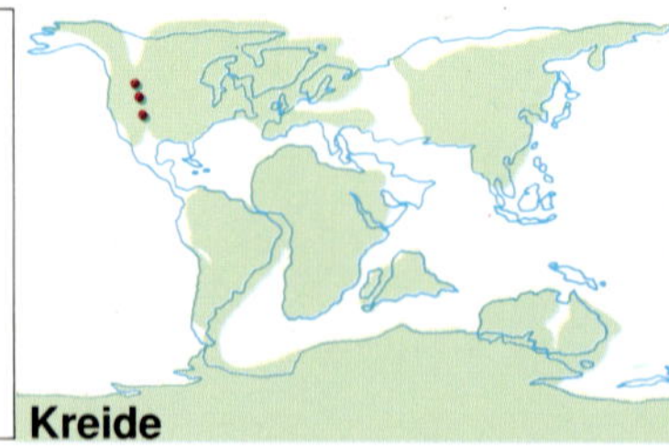

Pachycephalosaurus ist die größte bisher gefundene Dickkopf-Echse. Obwohl außer einem 60 cm großen Schädel nur wenige Reste gefunden wurden, kann man annehmen, daß die Tiere zwischen 4,5 m und 8 m groß waren. Das gewölbte Schädeldach bestand aus etwa 25 cm dicken Knochen und war über Augen und Nacken mit einem Kranz von Knochenhöckern besetzt. *Pachycephalosaurus* hatte vermutlich lange, muskulöse Laufbeine und kürzere Arme.

Die Wissenschaftler nehmen an, daß die Tiere in Rudeln zusammenlebten und die Männchen zur Paarungszeit um die Weibchen kämpften. Sie liefen aufeinander los und prallten mit den Köpfen zusammen, bis das schwächere Männchen aufgab und verschwand. *Pachycephalosaurus* trat erst in der Oberkreide auf und starb mit allen anderen Dinosauriern am Ende der Kreidezeit aus.

Pachyrhinosaurus

- Vogelbecken-Dinosaurier
- Horn-Dinosaurier
- C. M. Sternberg (1950)
- 32

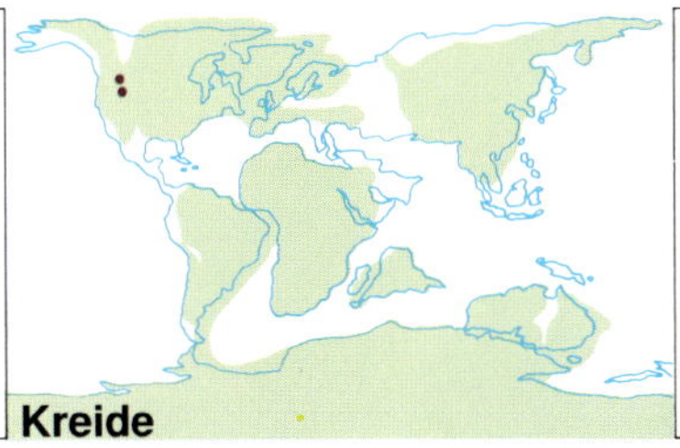

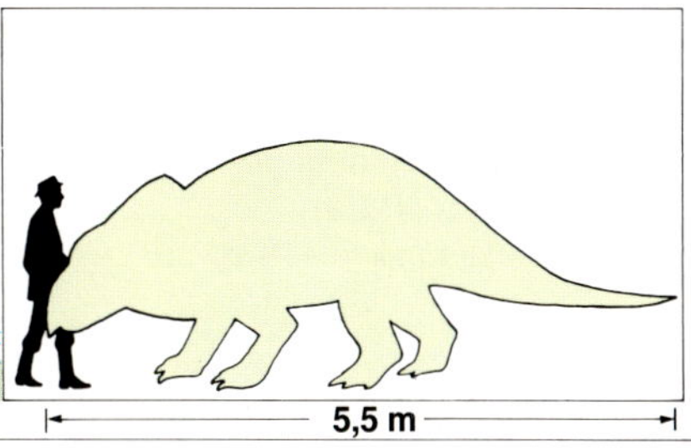

Pachyrhinosaurus ist auf den ersten Blick nicht als Horn-Dinosaurier zu erkennen, denn er hatte keine Hörner! Oberhalb der Augen waren statt dessen lediglich dicke Knochenwülste ausgebildet. Da nur zwei Schädel und wenige Knochenreste gefunden wurden, kann man über diese ungewöhnliche Ausbildung wenig sagen. Manche Wissenschaftler meinen, daß die Hörner noch zu Lebzeiten der Tiere abgebrochen seien und die Stelle von Knochengewebe überwuchert wurde. Der große Nackenschild an dem 1,4 m langen Schädel zeigt jedoch eindeutig, daß *Pachyrhinosaurus* in diesen Verwandtschaftskreis gehört.

Panoplosaurus

- Vogelbecken-Dinosaurier
- Panzer-Dinosaurier
- L. M. Lambe (1919)
- 7, 24

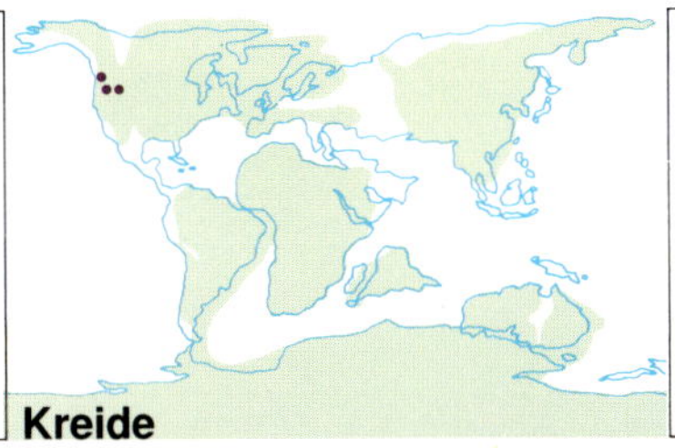

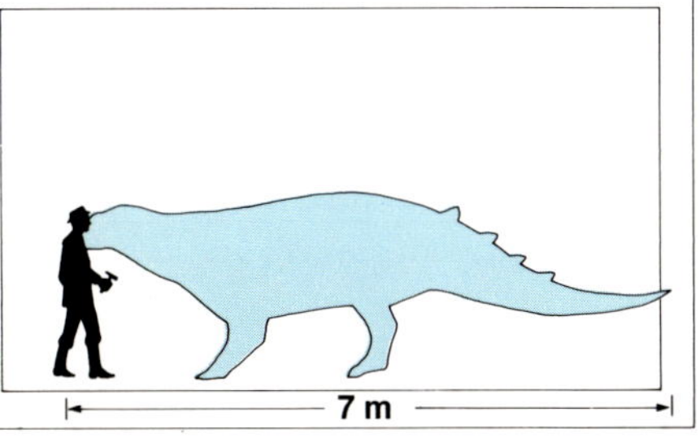

Panoplosaurus war einer der letzten Panzer-Dinosaurier aus der Familie *Nodosauridae*. Er trat in der Oberkreide auf und starb am Ende der Kreidezeit aus. Sein Körper war über 3 t schwer. Soweit die versteinerten Reste zeigen, hatte er einen langgestreckten, schmalen Schädel und einen Panzer aus Knochenplatten, die in Querreihen angeordnet waren. Sie waren mit langen, spitzen Dornen besetzt, die von den Körperseiten und Schultern weit abstanden und das Tier wirksam schützten.

Parasaurolophus

Vogelbecken-Dinosaurier
Vogelfuß-Dinosaurier
W. Parks (1923)
16, 29

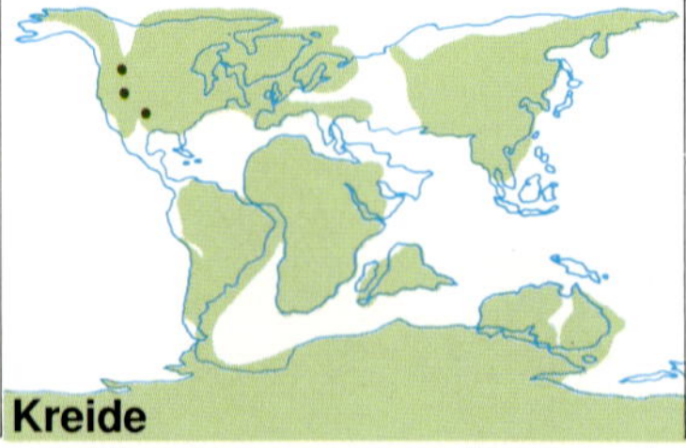

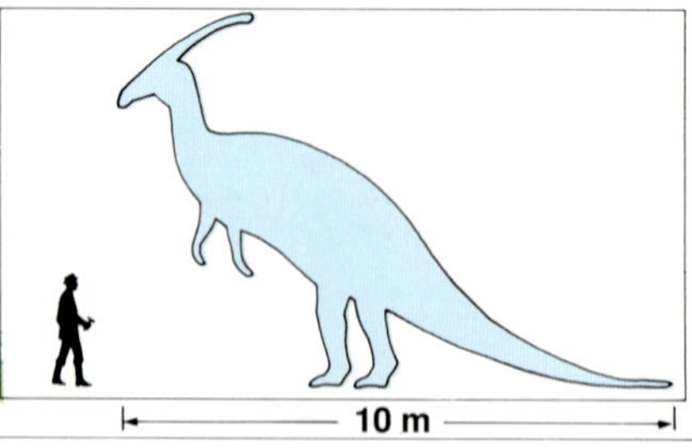

Parasaurolophus gehört zu denjenigen Entenschnabel-Dinosauriern (Familie *Hadrosauridae*), die auf dem Kopf einen großen Knochenzapfen trugen. Dieser Zapfen war hohl und bis zu 1,8 m lang! Von den Nasenöffnungen führten die beiden Nasengänge durch den ganzen Zapfen bis in seinen oberen Teil, bogen dann um und mündeten schließlich in der Schnauze. Vielleicht standen sie mit großen, aufblasbaren Hauttaschen in Verbindung. Man nimmt an, daß die Tiere mit dieser »Trompete« weithin schallende Laute von sich gaben, um sich gegenseitig zu verständigen oder die Weibchen während der Paarungszeit anzulocken. Möglicherweise waren die Zapfen bei den Männchen viel größer als bei den Weibchen, denn man hat auch Schädel mit kleinen Zapfen gefunden. *Parasaurolophus* hatte gut ausgebildete Arme und konnte auf allen vieren laufen. Sein dicker Schwanz war seitlich abgeflacht.

Parksosaurus

- Vogelbecken-Dinosaurier
- Vogelfuß-Dinosaurier
- C. M. Sternberg (1937)

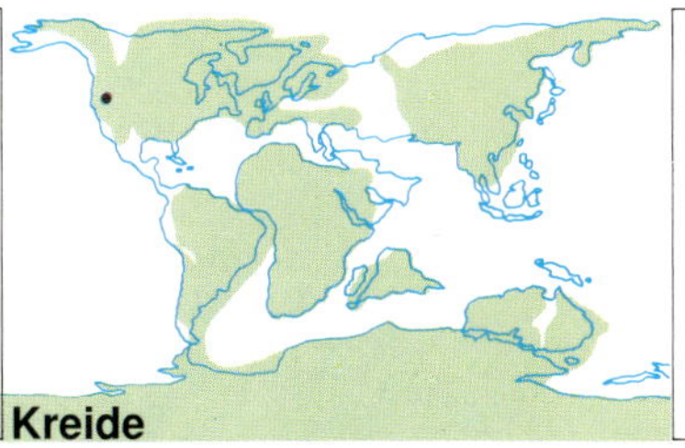

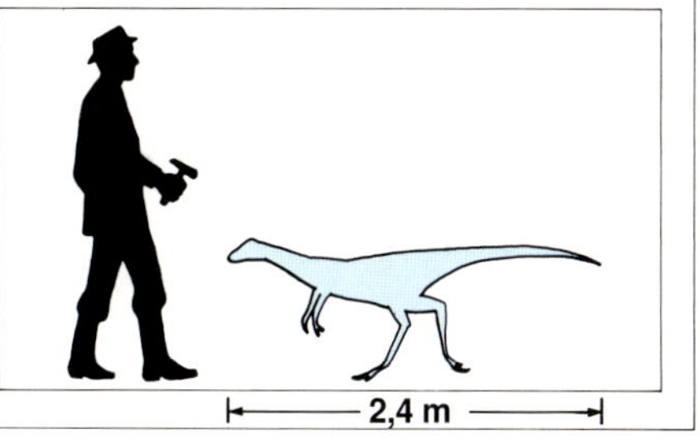

Parksosaurus war mit *Hypsilophodon*, *Dryosaurus* und *Zephyrosaurus* verwandt. Er gehörte zu den verhältnismäßig kleinen und schlanken Dinosauriern, die sich schnell auf den Hinterbeinen bewegten und Pflanzenteile mit ihren großen Backenzähnen zermahlten. Im Unterschied zu seinen Verwandten trat *Parksosaurus* aber erst in der Oberkreide auf, also etwa 50 Millionen Jahre nach ihnen.

Parksosaurus ist lediglich durch unvollständige Skelette und einen Teil des Schädels bekannt – nur eine Seite des Schädels wurde eingebettet, als das Tier starb, die andere zerbrach und ging verloren. Die Fossilien wurden bereits 1913 entdeckt, aber erst 1937 stellte C. M. Sternberg fest, daß es sich um eine bisher unbekannte Art handelte.

Patagosaurus

- Echsenbecken-Dinosaurier
- Pflanzenfressende Dinosaurier
- J. F. Bonaparte (1979)
- 17

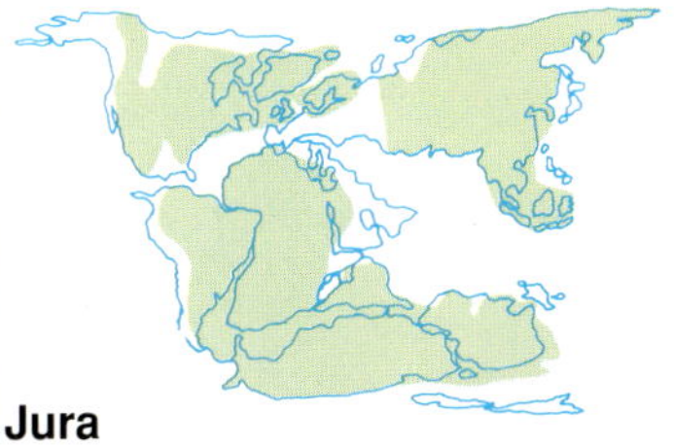

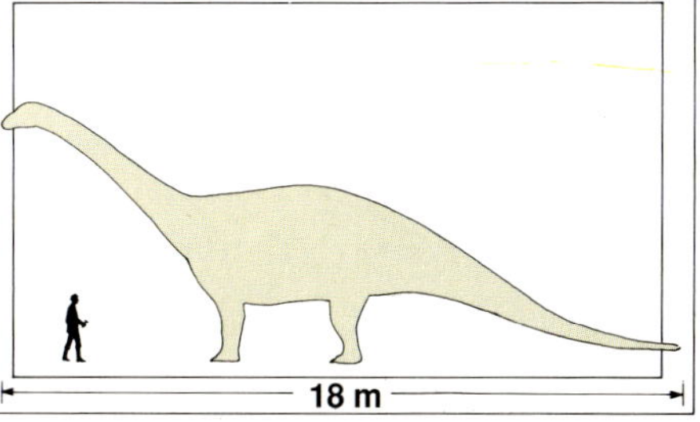

Patagosaurus wurde 1979 nach fünf unvollständigen Skeletten beschrieben, die in Argentinien entdeckt worden waren. Die Leitung der Expedition hatte J. F. Bonaparte, der diesen Dinosaurier nach dem Fundgebiet Patagonien benannt hat. Das am besten erhaltene Skelett dieses Langhalsigen Pflanzenfressers (*Sauropoda*) stammte von einem ausgewachsenen Tier; es umfaßte 24 verschiedene Knochen, unter anderem Wirbel, Rippen und Teile der Gliedmaßen. Schädelknochen wurden nur von einem noch nicht erwachsenen Tier entdeckt. Die Kiefer hatten kurze Zähne mit gekerbten Schneiden. Aufgrund der mächtigen Wirbel kann man die Länge des Tieres errechnen.

Pelorosaurus

- Echsenbecken-Dinosaurier
- Pflanzenfressende Dinosaurier
- G. A. Mantell (1850)

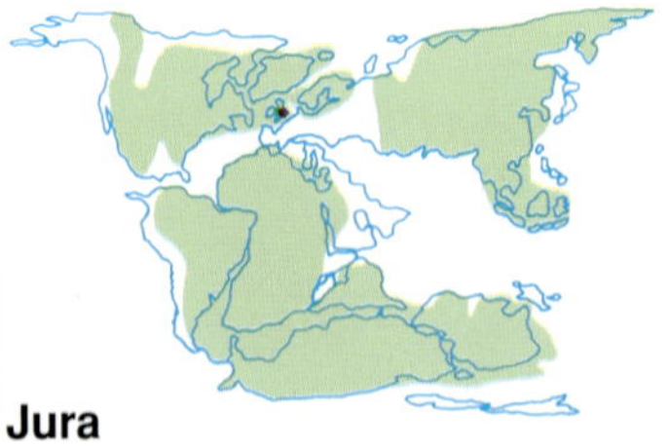

Jura

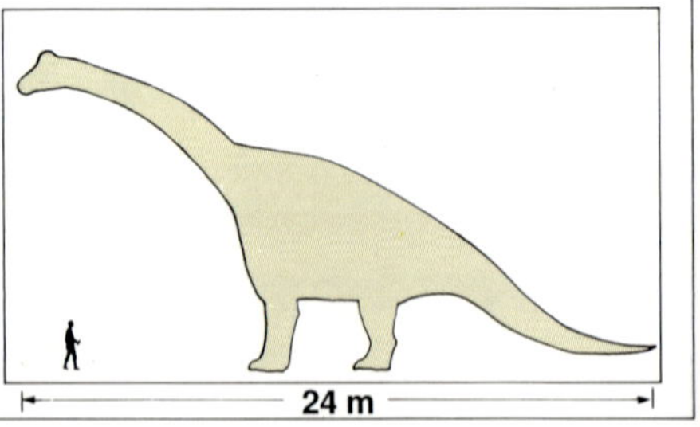

Pelorosaurus gehört zu den riesigen Langhalsigen Pflanzenfressern (*Sauropoda*) und war nicht kleiner als *Brachiosaurus*. Wie bei allen Vertretern der Familie *Brachiosauridae* saß der kleine Kopf auf einem stark verlängerten Hals, und die Vorderbeine waren länger als die Hinterbeine. Deshalb fiel bei *Pelorosaurus* die Rückenlinie ab wie bei einer Giraffe. Auffallend ist auch der verhältnismäßig kurze Schwanz. Vielleicht war der Körper mit 1 - 3 cm breiten Knochenplatten besetzt, die in die Haut eingesenkt waren.

Pelorosaurus wurde 1850 von Gideon Mantell benannt, der auch *Iguanodon* und *Hylaeosaurus* beschrieben hat. Ihm lag ein einzelner Armknochen vor, der in Sussex (Südengland) gefunden worden war. Seither sind viele Arten von *Pelorosaurus* beschrieben worden, die aus der gleichen Zeit stammen.

Diese Tatsache zeigt ein allgemeines Problem der Paläontologie: Je unvollständiger die Fossilien sind, desto mehr Namen werden ihnen zugeordnet. Inzwischen sind von *Pelorosaurus* viele Einzelknochen in mehreren Teilen Südenglands gefunden worden. Ein großer Teil der Reste, die unter den verschiedensten Namen beschrieben wurden, gehören wahrscheinlich zu einer einzigen Art dieses riesigen *Sauropoden*.

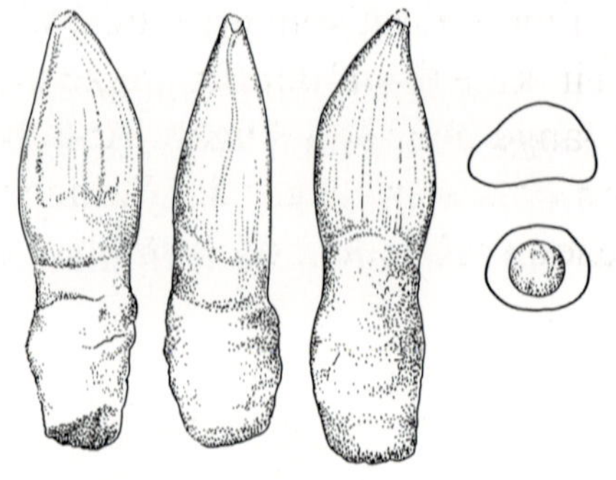

Drei Ansichten und zwei Querschnitte eines Zahns von *Pelorosaurus*. Der Zahn wurde auf der Kanalinsel Isle of Wight (England) gefunden und ist 8,5 cm lang.

Pentaceratops

● Vogelbecken-Dinosaurier
○ Horn-Dinosaurier
H. F. Osborn (1923)

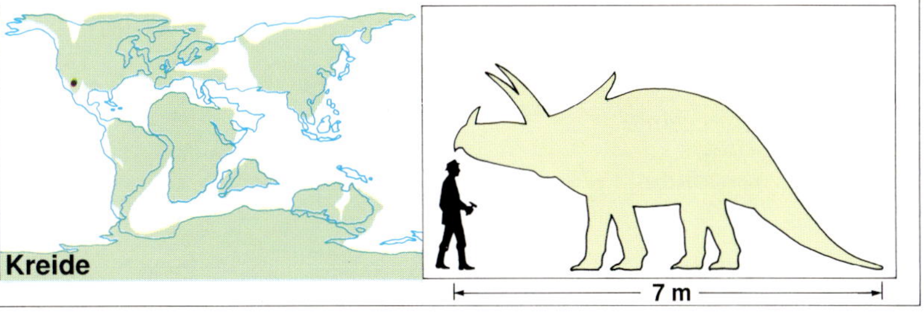

Pentaceratops (der Name bedeutet wörtlich übersetzt »Fünfhorngesicht«) war ein mächtiges, bis 7 m langes Tier und mit *Anchiceratops* und *Torosaurus* verwandt. Aber sein Name trügt, die Tiere hatten nicht fünf, sondern nur drei Hörner: ein kurzes auf der Schnauze und zwei lange über den Augen. Außerdem waren zwei Auswüchse der Wangenknochen vorhanden, die seitlich abstanden, aber nichts mit einem Horn zu tun hatten.

Der riesige Nackenschild war mit kurzen Dornen besetzt und hatte mehrere Fenster, die von Haut überzogen waren. Das verminderte das Gewicht dieses Knochenschildes. Die Nägel aller Zehen waren auch bei diesem »echten« Horn-Dinosaurier zu Hufen umgebildet.

Piatnitzkysaurus

- Echsenbecken-Dinosaurier
- Fleischfressende Dinosaurier
- J. F. Bonaparte (1979)
- 17

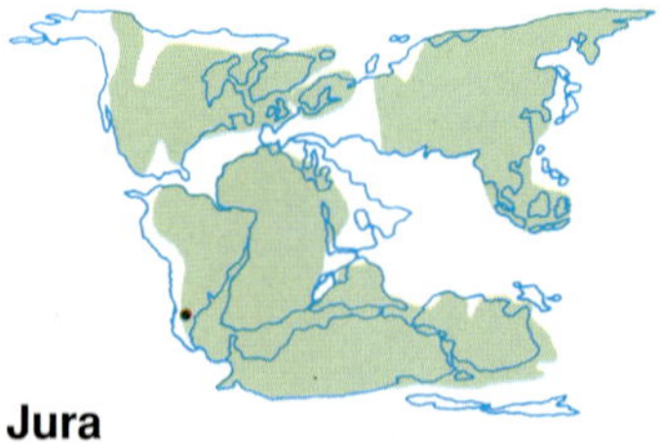

Jura

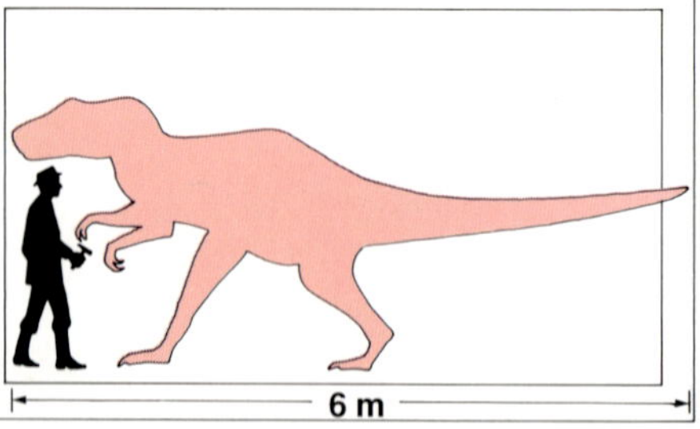

Von *Piatnitzkysaurus*, einem Raubtier-Dinosaurier (*Carnosauria*), ist neben einigen getrennt liegenden Knochen ein fast vollständiges Skelett gefunden worden. Eine Expedition brachte es in Argentinien in den Jahren 1977, 1982 und 1983 gemeinsam mit den Resten von *Patagosaurus* zutage.
Der Schädel war nicht sehr gut erhalten. Aber immerhin war festzustellen, daß *Piatnitzkysaurus* lange, spitze Zähne hatte und darin *Allosaurus* ähnelte, einem Raubtier-Dinosaurier aus der Jurazeit in Nordamerika. *Piatnitzkysaurus* hatte kräftige Beine, an deren Füßen sich je vier starke, mit Krallen bewehrte Zehen befanden. Das Tier lief auf den Hinterbeinen, denn seine Arme waren nur sehr kurz. Die Anzahl der Finger konnte nicht festgestellt werden, da die Hände fehlten. Schädel und Skelett zeigten eine weitgehende Übereinstimmung mit denen von *Allosaurus*.

Pinacosaurus

Vogelbecken-Dinosaurier
Panzer-Dinosaurier
C. W. Gilmore (1933)
50

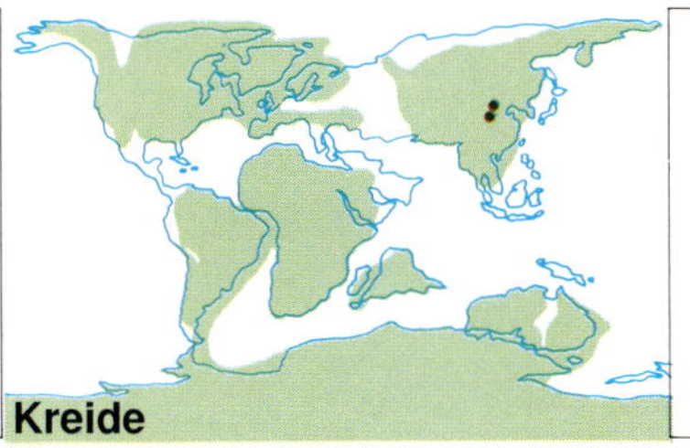

Pinacosaurus war mit 5 m Körperlänge ein mittelgroßer Panzer-Dinosaurier. Der etwa 53 cm lange, breite Kopf und die schwere, aus mehreren Knochen verwachsene Schwanzkeule zeigen, daß er zur Familie *Ankylosauridae* gehört und mit *Dyoplosaurus* und *Ankylosaurus* verwandt war.
Pinacosaurus hatte einen kurzen Hornschnabel, in dem keine Zähne standen. Sie befanden sich im hinteren Teil des Kiefers, waren klein und hatten die Form eines Blattes. Es ist nicht anzunehmen, daß damit zähe Pflanzenfasern zermahlt werden konnten. Vielleicht verschluckte *Pinacosaurus* einige Steine, die Pflanzen im Magen zerrieben. Das Schädeldach war mit kleinen Knochenplatten bedeckt. Sie lagen bei jungen Tieren noch einzeln nebeneinander und verwuchsen mit zunehmendem Alter immer mehr, bis sie beim erwachsenen Tier einen einzigen Panzer bildeten. Die Augenöffnungen lagen weit hinten; neben den Nasenöffnungen befanden sich einige kleinere Schädelöffnungen, über deren Funktion nichts bekannt ist. Der Körper war vom Nacken bis zum Schwanz mit zahlreichen Knochenplatten bedeckt, die in die dicke Haut versenkt waren und gemeinsam einen festen, aber beweglichen Panzer bildeten. Knochenhöcker und Dornen auf den Knochenplatten gaben *Pinacosaurus* einen weiteren Schutz vor den Raubtier-Dinosauriern seiner Zeit.
Pinacosaurus wurde in den 20er Jahren in der Mongolei von einer Expedition entdeckt, die vom American Museum of Natural History (New York) unternommen worden war.

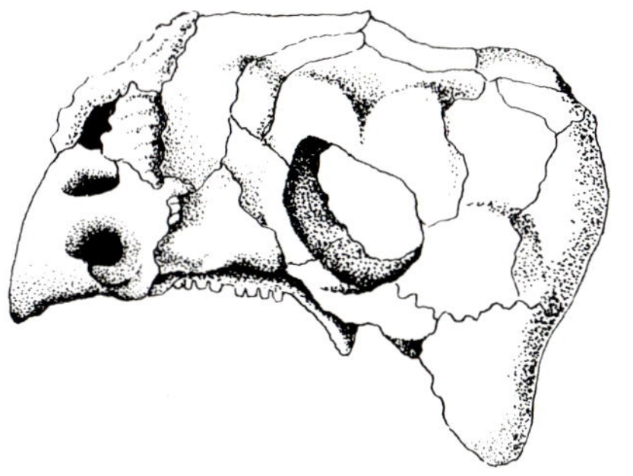

Schädel von *Pinacosaurus* (53 cm lang)

Plateosaurus

- Echsenbecken-Dinosaurier
- Fleischfressende Dinosaurier
- H. von Meyer (1837)
- 7, 19, 49, 63, 64

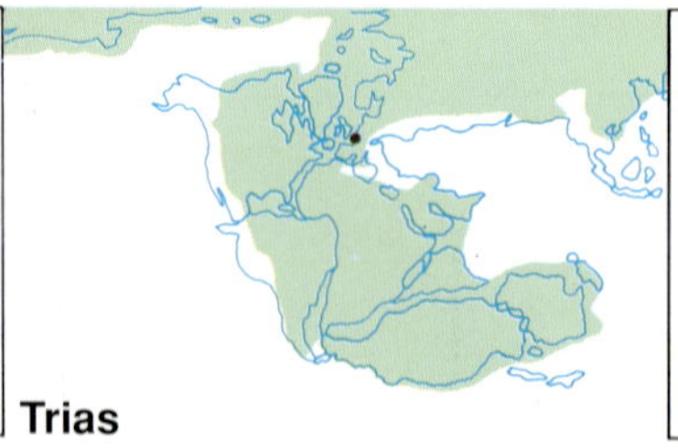
Trias

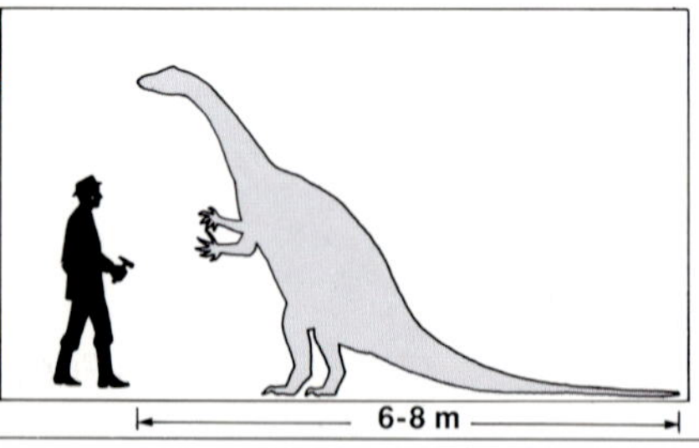

Plateosaurus war von allen Vertretern der Frühen Pflanzenfresser (*Prosauropoda*) am weitesten verbreitet. Dutzende von Skeletten wurden überall in Mitteleuropa entdeckt, unter anderem in mehr als 50 Fundorten in England, Frankreich, Deutschland und der Schweiz. Einige Skelette sind hervorragend erhalten. Der 6 - 8 m lange *Plateosaurus* hatte einen kleinen Kopf, der auf einem langgestreckten Hals saß. Die relativ langen Kiefer waren mit blattförmigen Zähnen besetzt – sie zeigen, daß es sich um einen Pflanzenfresser handelte. Wahrscheinlich lief das Tier meist auf allen vieren, aber es erhob sich auch auf die kräftigen, muskulösen Hinterbeine, um mit den Händen Blätter aus den Baumkronen abzureißen. Der Schwanz nahm die Hälfte der Körperlänge ein und diente dabei als Stütze. An den Fingern, vor allem an den Daumen, saßen lange Krallen.

Procompsognathus

- Echsenbecken-Dinosaurier
- Fleischfressende Dinosaurier
- E. Fraas (1913)
- 64

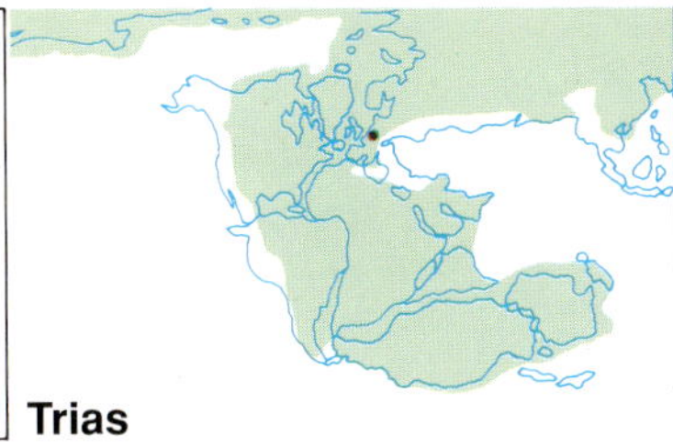

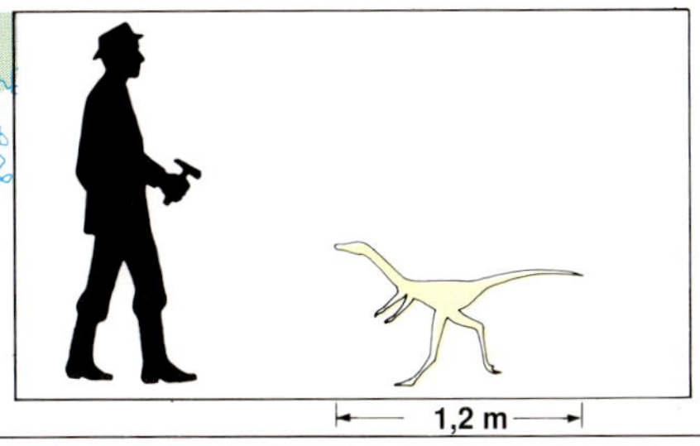

Procompsognathus war ein Leichtgewicht unter den Hohlknochen-Dinosauriern (*Coelurosauria*). Mit seinen langen Beinen und dem nur 1,2 m langen Körper konnte er schnell laufen und jagte vermutlich kleine Echsen und Insekten. Sein Schädel war nur 8 cm lang, und die Kiefer waren mit spitzen, gebogenen Zähnen besetzt. An den Händen standen je fünf Finger, an den Füßen vier Zehen. *Procompsognathus* ist nur durch ein einziges Skelett bekannt.

Prosaurolophus

- Vogelbecken-Dinosaurier
- Vogelfuß-Dinosaurier
- B. Brown (1916)
- 29

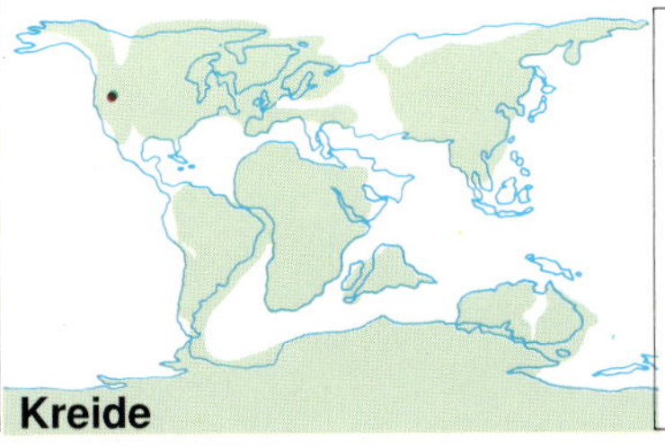

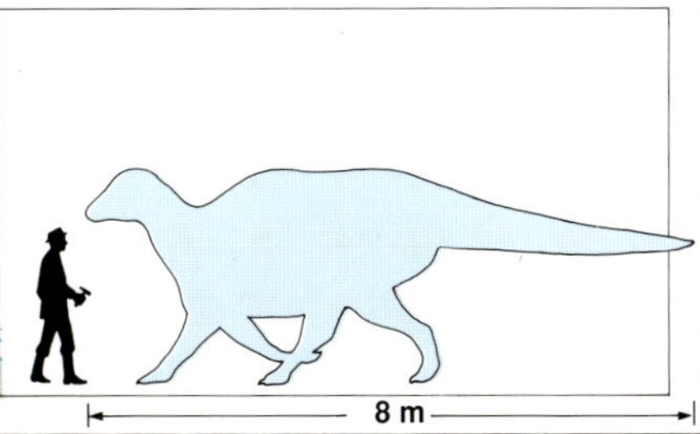

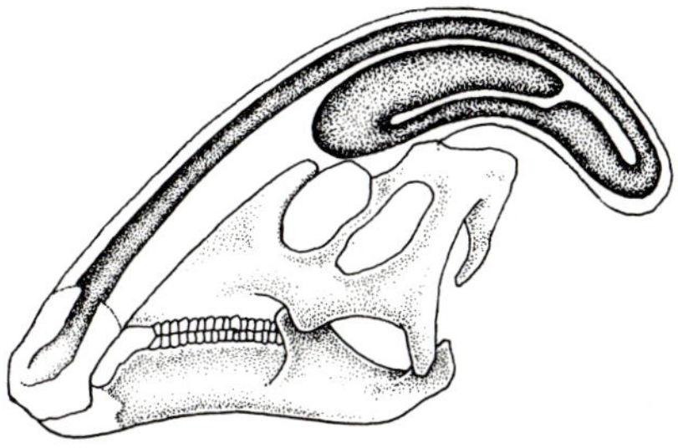

Schädel von *Prosaurolophus* (einschließlich des Knochenkammes 1 m lang)

Prosaurolophus gehört zu den Entenschnabel-Dinosauriern (Familie *Hadrosauridae*), bei denen auf der Schnauze ein hohler Knochenkamm ausgebildet war. Dieser reichte von den Nasenöffnungen über die Schnauze und endete in Augenhöhe in einem verhältnismäßig kleinen Knochenhöcker.

Prosauropoda

In der Zwischenordnung Frühe Pflanzenfresser (*Prosauropoda*) werden kleine bis mittelgroße Dinosaurier zusammengefaßt, die in der Obertrias lebten und im Unterjura ausstarben. Sie stammen wohl von zweibeinig laufenden Fleischfressenden Dinosauriern ab. Die direkten Vorfahren sind nicht bekannt, doch hat man in Südamerika zwei Dinosaurier gefunden, die in Frage kämen: *Ischisaurus* und *Staurikosaurus*.
In der Obertrias waren die *Prosauropoden* mit drei Familien vertreten. Zur Familie *Anchisauridea* gehören z.B. *Anchisaurus* (Nordamerika, Südafrika) und *Thecodontosaurus* (Europa). Beide Tiere waren weniger als 3 m lang, schlank und leicht gebaut; sie hatten einen kleinen Kopf und einen langen, schlanken Schwanz.
Zur Familie *Plateosauridae* zählt man schwere, größere Tiere, z.B. *Plateosaurus* (Europa), *Lufengosaurus* (Asien), *Massospondylus* (Südafrika) und vielleicht auch *Ammosaurus* (Nordamerika) und *Mussaurus* (Südamerika).
Die größten Vertreter dieser Zwischenordnung gehören zur Familie *Melanorosauridae*. Sie gingen ausschließlich auf vier Beinen und erreichten eine Länge bis zu 10 m. Die meisten Gattungen sind aus dem Unterjura in Afrika bekannt. Hierzu rechnet man z.B. *Euskelosaurus* und *Melanorosaurus*, vielleicht auch *Vulcanodon*, außerdem verwandte Gattungen aus Südamerika und China.

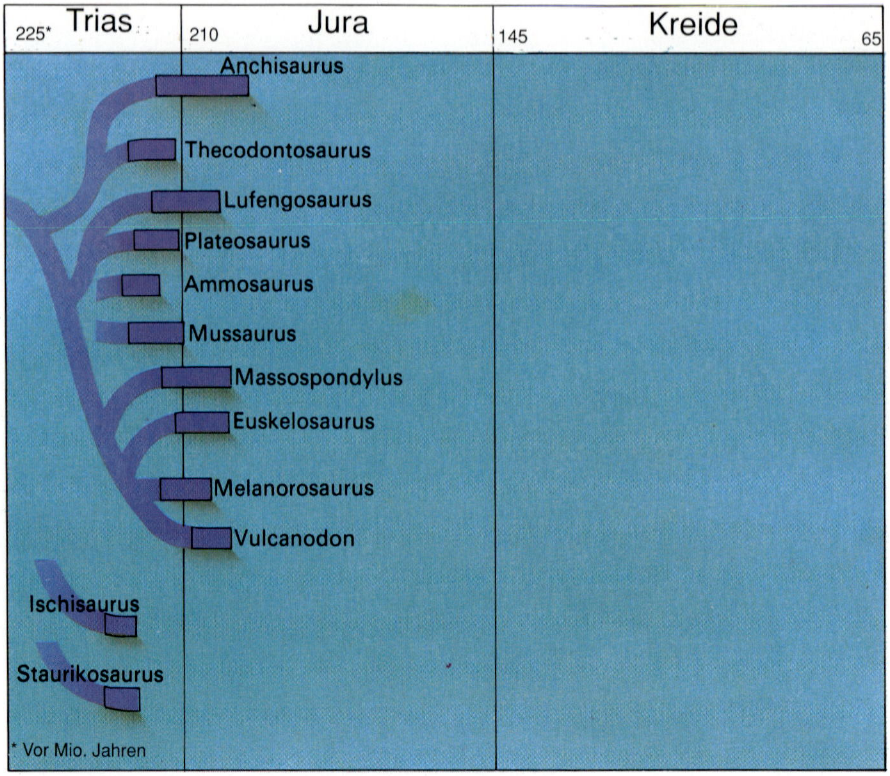

Lufengosaurus
Plateosaurus
Melanorosaurus
Anchisaurus

Protoceratops

- Vogelbecken-Dinosaurier
- Horn-Dinosaurier
- W. Granger und W. K. Gregory (1923)
- 7, 9, 13, 39, 50, 51, 57, 60, 63

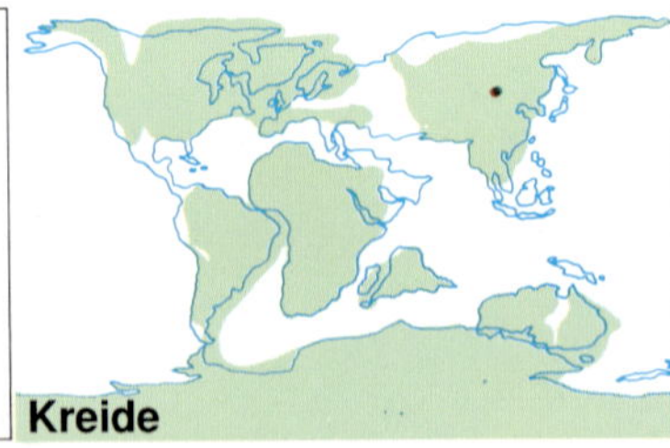

Protoceratops war ein Vorläufer der »echten« Horn-Dinosaurier. Nach ihm ist die Familie *Protoceratopidae* benannt, zu der auch *Leptoceratops* und *Bagaceratops* gehören. Wie diese lief er meist auf allen vieren, konnte sich aber auch auf den Hinterbeinen fortbewegen. *Protoceratops* ist durch viele Skelette bekannt, die von einer amerikanischen Expedition 1922 in der Mongolei gefunden wurden. Neben einigen Skeletten lag ein gut erhaltenes Gelege, so daß es keinen Zweifel gibt, wie sich diese Dinosaurier vermehrten. Auch etwa 30 cm lange Skelette von gerade geschlüpften Jungtieren wurden gefunden; einige Junge waren sogar noch in den Eiern. *Protoceratops* hatte einen großen Nackenschild und zahnlose Hornkiefer; auf der Schnauze war ein kammförmiger Knochenhöcker ausgebildet.

Psittacosaurus

- Vogelbecken-Dinosaurier
- Horn-Dinosaurier
- H. F. Osborn (1923)
- 7, 8, 38, 39, 60

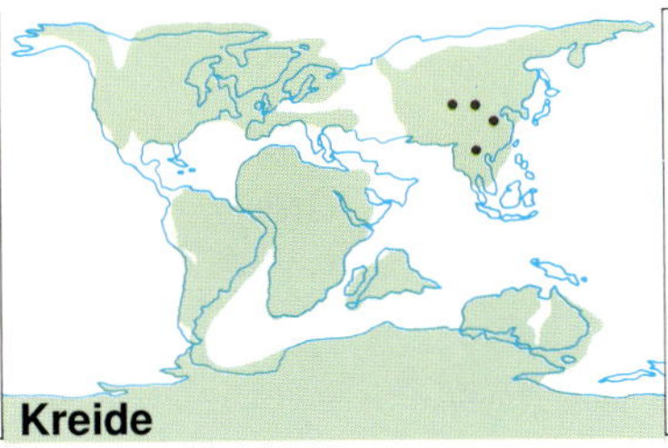

Psittacosaurus sieht im Körperbau eher einem Vogelfuß-Dinosaurier (*Ornithopoda*) ähnlich als einem Horn-Dinosaurier. Und tatsächlich leiten sich die Horn-Dinosaurier auch von den *Ornithopoden* ab. Der Übergang wird dabei von Formen gebildet, die *Psittacosaurus*, dem »Papageien-Dinosaurier«, ähnlich waren.

Psittacosaurus hatte lange, kräftige Beine und kürzere Arme, so daß er zweibeinig lief. Er hatte einen Hornschnabel. Quer über dem Schädel verlief ein Knochenkamm, an dem die kräftigen Muskeln des Unterkiefers angewachsen waren. Bei den späteren Horn-Dinosauriern entwickelte sich aus diesem Knochenkamm der riesige Nackenschild.

Zwei unvollständige Skelette wurden zwischen 1920 und 1925 von einer amerikanischen Expedition in der Mongolei entdeckt. Sie wurden als *Psittacosaurus* und *Protiguanodon* bezeichnet, gehören wahrscheinlich aber zur selben Art.

Rhoetosaurus

- Echsenbecken-Dinosaurier
- Pflanzenfressende Dinosaurier
- H. A. Longman (1926)
- 41

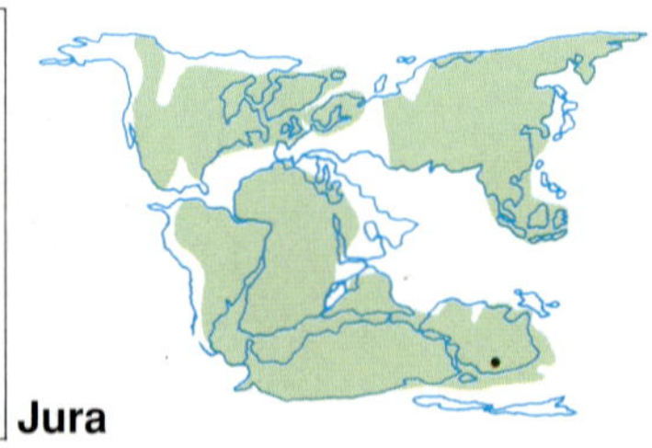

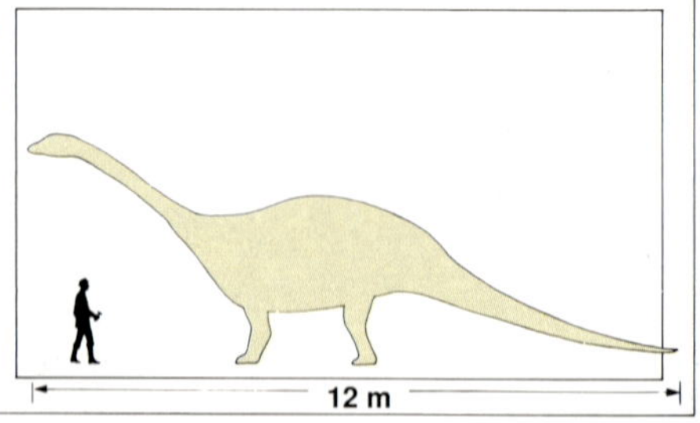

Rhoetosaurus gehört zu den weniger gut bekannten Dinosauriern aus der Gruppe der Langhalsigen Pflanzenfresser (*Sauropoda*). Seine Reste wurden in Australien bei zwei Ausgrabungen entdeckt: der Schwanz im Jahre 1924 und der Beckengürtel 1926.

Diese spärlichen Teile erlauben keine Rekonstruktion des Tieres, aber immerhin weisen sie darauf hin, daß *Rhoetosaurus* mindestens 12 m lang gewesen sein muß. Ein Oberschenkelknochen von 1,5 m Länge läßt eher noch eine größere Abmessung vermuten. *Rhoetosaurus* ist einer der ältesten Dinosaurier und wahrscheinlich mit *Cetiosaurus*, *Barapasaurus* und *Patagosaurus* verwandt. Die Fundorte zeigen, daß diese ganze Gruppe im Mitteljura weltweit verbreitet war.

Saltasaurus

- Echsenbecken-Dinosaurier
- Pflanzenfressende Dinosaurier
- J. F. Bonaparte und J. Powell (1980)
- 17

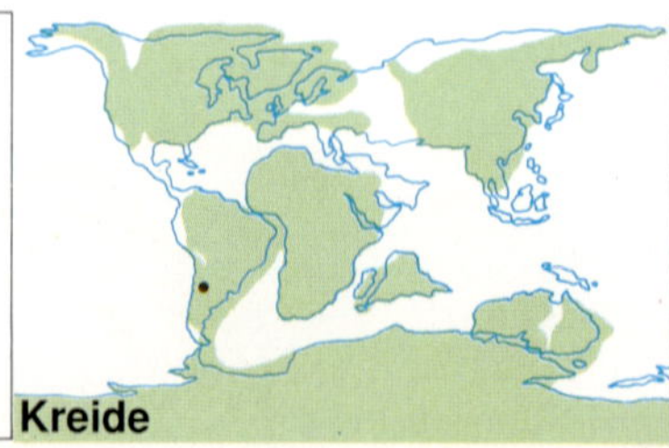

Saltasaurus gehört zu den mittelgroßen Dinosauriern aus der Gruppe der Langhalsigen Pflanzenfresser (*Sauropoda*). Als man 1970 mehrere unvollständige Skelette in der Provinz Salta (Argentinien) fand, lagen viele tausend Knochenplättchen um die Knochen herum. Die meisten waren nur 5 mm breit, manche waren aber bis 10 cm groß und hatten einen abstehenden Dorn. Wahrscheinlich war die dicke Haut des Tieres auf dem Rücken und an den Körperseiten mit diesen Platten bedeckt. Ein solcher Panzer ist für einen *Sauropoden* ganz ungewöhnlich. Wie bei *Antarctosaurus* und *Titanosaurus* waren die Wirbelknochen bei *Saltasaurus* nicht hohl, sondern massiv und schwer.

Saltopus

- Echsenbecken-Dinosaurier
- Fleischfressende Dinosaurier
- F. von Huene (1910)

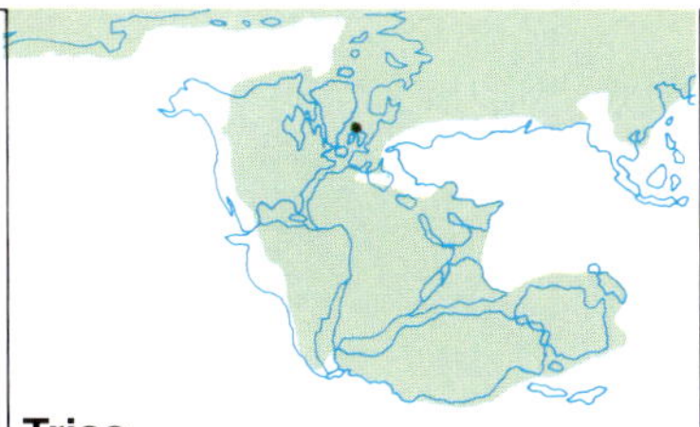

Trias

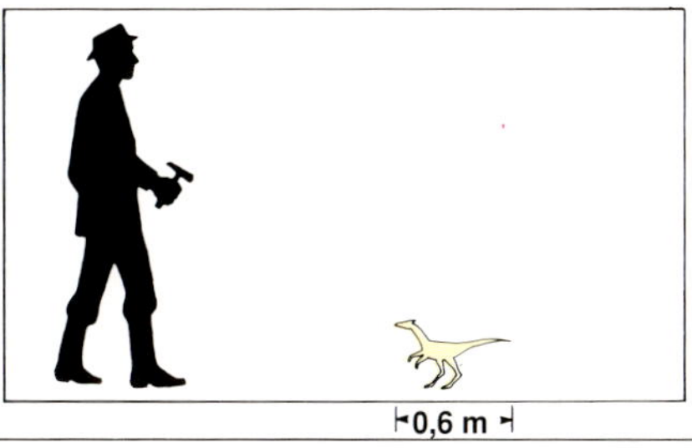

Saltopus ist einer der ältesten bisher bekannten Dinosaurier und einer der kleinsten Vertreter der Hohlknochen-Dinosaurier (*Coelurosauria*). Das ganze Tier war nicht größer als ein Dackel. *Saltopus* wurde 1910 nach einem Skelett beschrieben, das in einem Steinbruch entdeckt worden war. Er hatte noch fünf Finger an jeder Hand, von denen er allerdings nur drei gebrauchen konnte. Das zeigt, daß *Saltopus* – wie auch *Procompsognathus* – ein urtümlicher Dinosaurier war. Die Beine waren lang und schlank, so daß sich *Saltopus* sehr schnell und behende bewegen konnte. Er jagte wahrscheinlich nach kleinen Echsen und Insekten. Die bisher gefundenen Reste von *Saltopus* sind sehr unvollständig. Dem Skelett fehlen wichtige Teile, und manche können nur durch Abdrücke im Gestein rekonstruiert werden. Die Bilder, die von *Saltopus* entworfen werden, richten sich deshalb mehr nach verwandten und besser bekannten Dinosauriern.

Saurischia

In der Ordnung *Saurischia* (Echsenbekken-Dinosaurier) sind zwei Gruppen von Dinosauriern zusammengefaßt: die auf den Hinterbeinen laufenden Fleischfressenden Dinosaurier (*Theropoda*) und die mittelgroßen bis riesigen Pflanzenfressenden Dinosaurier (*Sauropodomorpha*), deren schwerer Körper auf vier mächtigen Beinen ruhte.
Über die Entstehung und Abstammung der Echsenbecken-Dinosaurier wird seit langem diskutiert, ohne daß man zu einem endgültigen Ergebnis gekommen ist. Bis vor wenigen Jahren nahmen die meisten Wissenschaftler an, daß die verschiedenen Gruppen der Dinosaurier unterschiedliche Vorfahren hatten. Wenn man die einzelnen Gruppen der Tiere betrachtet, könnte man aufgrund ihres sehr unterschiedlichen Aussehens, ihrer Körpergröße und ihrer Nahrung zu diesem Ergebnis kommen.
Aber die genaue Untersuchung der ältesten Dinosaurier – z.B. von *Anchisaurus*, *Coelophysis* und *Plateosaurus* – hat gezeigt, daß die Unterschiede im Knochenbau ursprünglich gar nicht so groß waren, sondern durch Anpassungen an verschiedene Lebensweisen entstanden sind. Heute nimmt man an, daß die Dinosaurier sich in der Mittleren Trias aus einem gemeinsamen Vorfahren entwickelten und daß die Echsenbecken-Dinosaurier und die Vogelbecken-Dinosaurier jeweils eine eigene Entwicklung hatten.

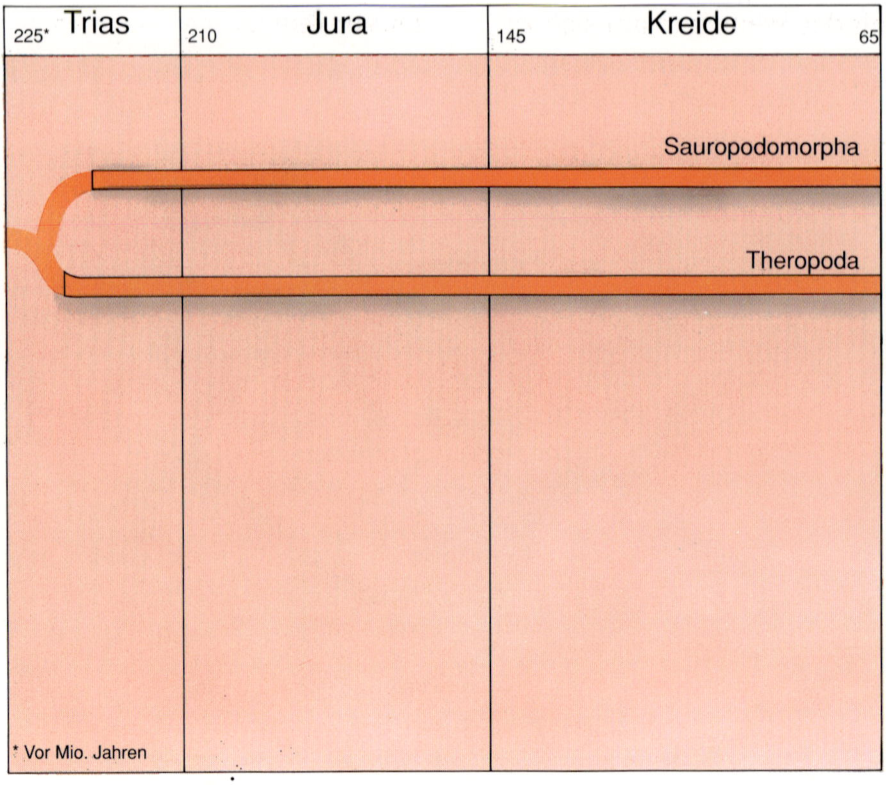

Saurolophus

- Vogelbecken-Dinosaurier
- Vogelfuß-Dinosaurier
- B. Brown (1912)
- 7, 60

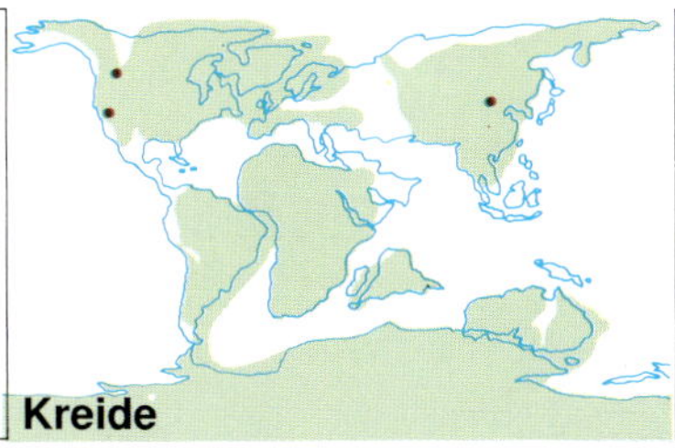

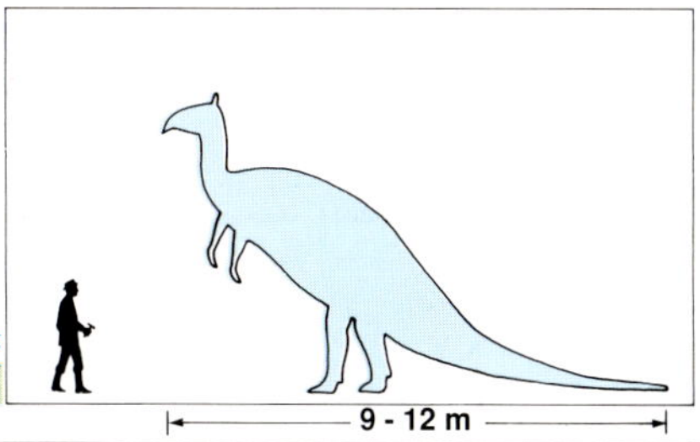

Saurolophus gehört zu den Entenschnabel-Dinosauriern (Familie *Hadrosauridae*), die auf der Schnauze einen hohlen Knochenkamm hatten. Er wurde von den Knochen des Nasenbeins gebildet und enthielt auch beide Nasengänge. Vielleicht konnte *Saurolophus* die Haut darüber zu einem Ballon aufblasen. Eventuell erzeugten die in Herden lebenden Tiere bellende Laute damit, um sich zu verständigen und die Aufmerksamkeit der Weibchen auf sich zu lenken. Bei *Saurolophus* reichte dieser Kamm von der breiten, flachen Schnauze weit über den Hinterkopf hinaus.
Von *Saurolophus* gab es in Nordamerika und Asien verschiedene Arten. Die in der Mongolei gefundenen Exemplare hatten einen größeren Kamm als ihre amerikanischen Verwandten; mit 12 m Körperlänge waren sie auch deutlich größer als diese. *Saurolophus* könnte aus *Prosaurolophus* hervorgegangen sein, der vor ihm lebte.

Apatosaurus
Cetiosaurus
Diplodocus
Brachiosaurus
Camarasaurus

Sauropoda

Die Zwischenordnung *Sauropoda* umfaßt alle Pflanzenfresser der Echsenbecken-Dinosaurier, die durch einen langen Hals mit kleinem Kopf und einen langen Schwanz ausgezeichnet waren. Ihre Beine waren fast gleich lange, mächtige Säulen, die den riesigen Körper zu tragen hatten. Innerhalb der Langhalsigen Pflanzenfresser lassen sich fünf Familien unterscheiden, die durch verschiedene Ausbildungen im Bereich der Wirbelsäule, der Gliedmaßen und des Schädels gekennzeichnet waren.
Zur Familie *Cetiosauridae* gehören *Barapasaurus* (Indien) aus dem Unterjura und *Rhoetosaurus* (Australien). Beide zeigen noch Ähnlichkeiten mit den Frühen Pflanzenfressenden Dinosauriern.
Die Familie *Brachiosauridae* ist vor allem aus dem Oberjura bekannt, z.B. *Brachiosaurus* (Nordamerika und Afrika), aber auch aus der Unterkreide, z.B. *Pelorosaurus* (Europa). Zur Familie *Camarasauridae* gehörten neben *Camarasaurus* aus dem Jura (Nordamerika) vielleicht *Euhelopus* (Oberjura und Unterkreide, China) und *Opisthocoelicaudia* (Oberkreide, Mongolei).
Die Familie *Diplodocidae* war im Oberjura in Nordamerika (*Apatosaurus*, *Barosaurus*, *Diplodocus*), Afrika (*Barosaurus*, *Dicraeosaurus*) und Asien (*Mamenchisaurus*) verbreitet.
Die Familie *Titanosauridae* schließlich kam nur in der Oberkreide vor, und zwar in Südamerika (*Antarctosaurus*, *Saltasaurus*, *Titanosaurus* – letzterer auch in Indien).

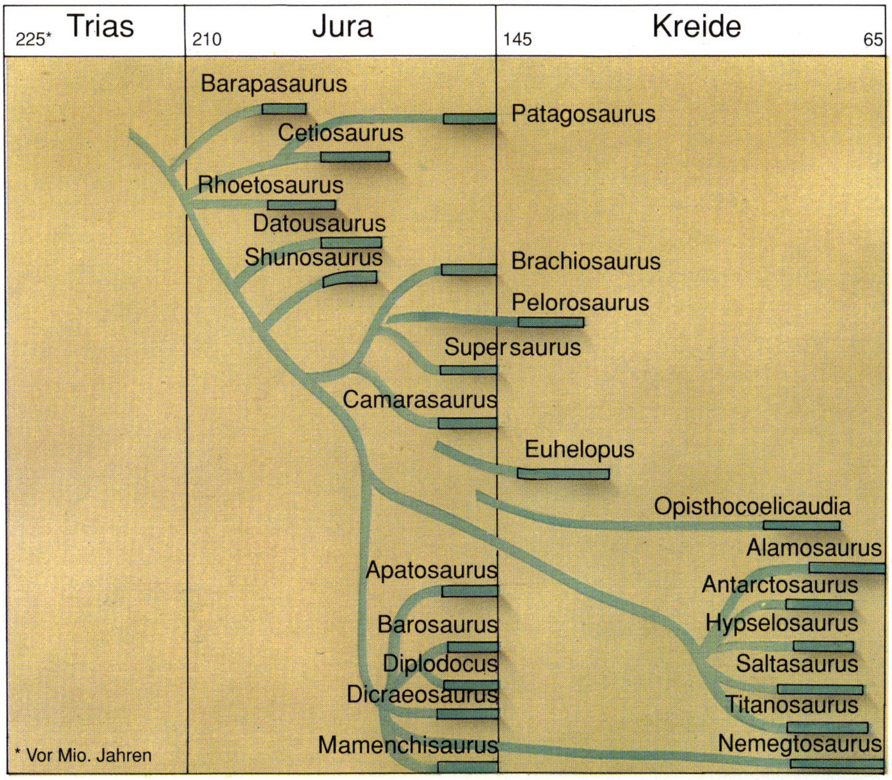

Sauropodomorpha

Die *Sauropodomorpha* bilden eine Unterordnung der *Saurischia* (Echsenbecken-Dinosaurier) und unterscheiden sich wesentlich von der zweiten Unterordnung, den *Theropoden* (Fleischfressende Dinosaurier): Die Fleischfressenden Dinosaurier liefen auf zwei Beinen, die Pflanzenfressenden auf allen vieren. Die *Sauropodomorpha* lassen sich in zwei Zwischenordnungen unterteilen: Frühe Pflanzenfresser (*Prosauropoda*) und Langhalsige Pflanzenfresser (*Sauropoda*). Die Frühen Pflanzenfresser waren kleine bis mittelgroße Tiere mit verhältnismäßig kurzem Hals, sie kamen bereits in der Obertrias vor. Die Langhalsigen Pflanzenfresser waren riesige Dinosaurier mit langem Hals und kleinem Kopf.
Während der Obertrias gehörten bei weitem die meisten Pflanzenfressenden Dinosaurier zu den *Prosauropoda*; im Unterjura waren sie mit vier Familien vertreten. Ihr Name bedeutet »vor den *Sauropoden*«, aber er ist mißverständlich. Man nimmt heute nicht mehr an, daß die *Prosauropoden* die Ahnen der *Sauropoden* waren, sondern glaubt, daß sie einen Seitenzweig im Stammbaum darstellen. Die riesigen Pflanzenfressenden Dinosaurier hatten ihre Blütezeit im Oberjura, aber sie wurden zunehmend von anderen Dinosauriern aus der Gruppe der Vogelbecken-Dinosaurier verdrängt. Bei ihnen lassen sich fünf Familien unterscheiden.

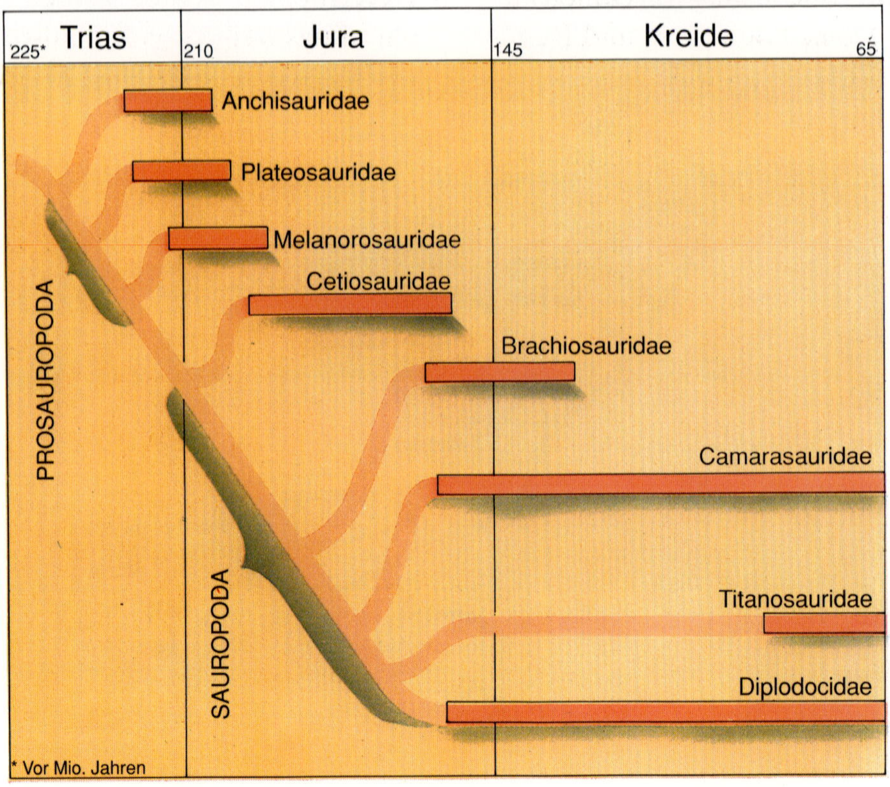

Saurornithoides

- Echsenbecken-Dinosaurier
- Fleischfressende Dinosaurier
- H. F. Osborn (1924)
- 28, 39

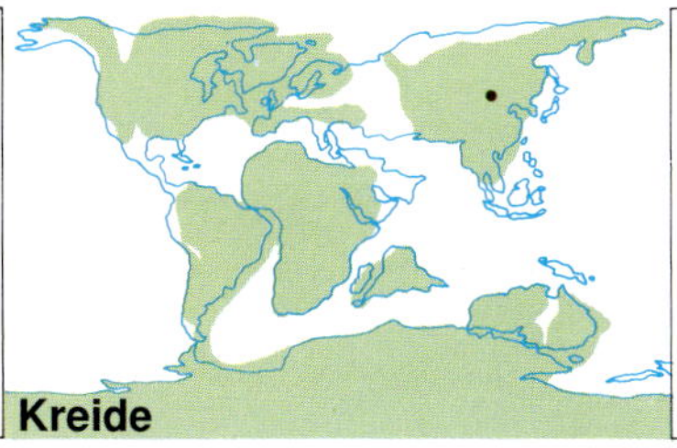

Saurornithoides war ein schlanker, beweglicher Sichelkrallen-Dinosaurier (*Deinonychosauria*). Er hatte einen langen, niedrigen, vogelähnlichen Schädel, mit scharfen Zähnen besetzte Kiefer und große, nach vorn gerichtete Augen, die wahrscheinlich ein räumliches Sehen ermöglichten. Man kann aber auch vermuten, daß die Tiere im Dunkeln sehen konnten und während der Nacht auf Nahrungssuche gingen. Vielleicht jagten sie kleine Säugetiere und Reptilien. Wie die Schädelhöhle zeigt, muß *Saurornithoides* ein großes Gehirn gehabt haben und dadurch anderen Dinosauriern überlegen gewesen sein. Er hatte an jedem Fuß eine sichelförmige Kralle, mit der er seine Beutetiere tötete.

Alle diese Ausbildungen wurden an dem ersten Exemplar festgestellt, das 1923 auf einer amerikanischen Expedition in die Wüste Gobi (Mongolei) gefunden worden war. Es bestand aus einem fast völlig erhaltenen Schädel, Teilen der Wirbelsäule, des Beckengürtels und den Hinterbeinen. Später wurden weitere, allerdings weniger vollständige Reste aus der Mongolei und aus Nordamerika beschrieben. Ob sie tatsächlich zu *Saurornithoides* gehören, muß zumindest für die Funde in Nordamerika bezweifelt werden. Man hat für einen Teil dieser Reste die neue Gattung *Pectinodon* aufgestellt, aber eine Untersuchung in jüngster Zeit hat ergeben, daß diese Zähne und Knochen aus Nordamerika wohl zu *Troodon* gehören.

Unterkiefer von *Saurornithoides* (16 cm lang)

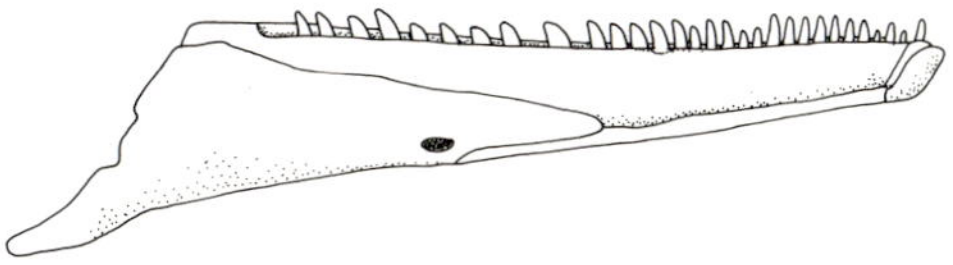

Scelidosaurus

- Vogelbecken-Dinosaurier
- Stachel-Dinosaurier
- Richard Owen (1859)

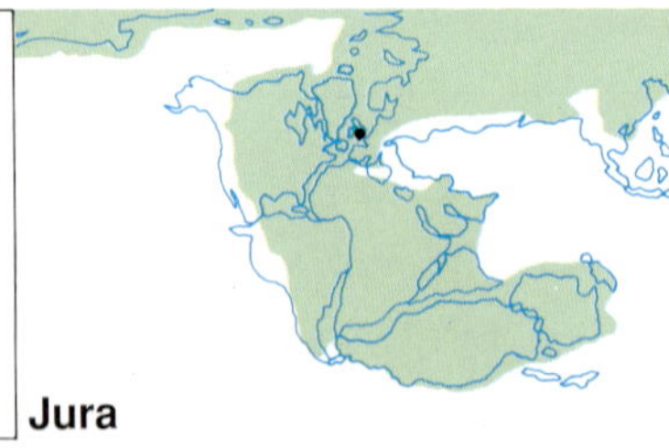

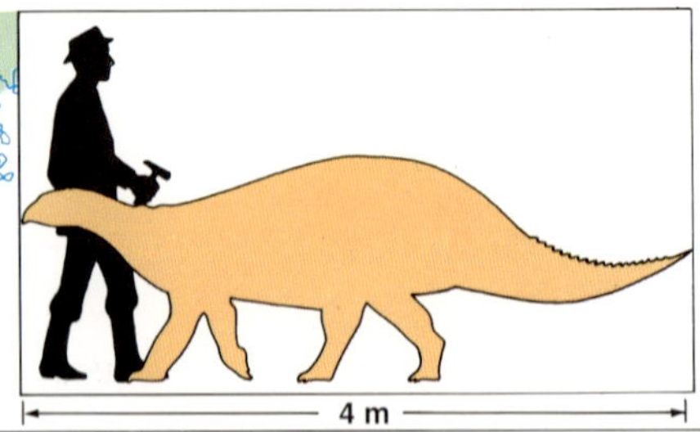

Scelidosaurus wurde nach Versteinerungen von einigen Beinknochen und Teilen des Schädels beschrieben. Besser erhaltene Skelette entdeckte man 1863 und 1955. Danach war *Scelidosaurus* ein etwa 4 m langes Tier, dessen Körper mit mehreren Reihen von einzeln stehenden Knochenplatten bedeckt war. Jede Platte hatte einen Dorn, der senkrecht vom Körper abstand. Der Kopf war trotz des schweren Körpers nur etwa 20 cm lang. *Scelidosaurus* hatte einen zahnlosen Hornschnabel; die dünnen Kiefer trugen kleine Zähne, welche die Form eines Blattes hatten.

Scelidosaurus lebte bereits im Unterjura und könnte eine urtümliche Form der Stachel-Dinosaurier gewesen sein. Aber es gibt nicht wenige Wissenschaftler, die ganz anderer Ansicht sind und dieses Tier als einen primitiven Panzer-Dinosaurier (*Ankylosauria*) ansehen. Eine Klärung dieser Frage ist erst möglich, wenn mehr Fossilien entdeckt werden.

Scutellosaurus

- Vogelbecken-Dinosaurier
- Vogelfuß-Dinosaurier
- E. H. Colbert (1981)
- 19, 20

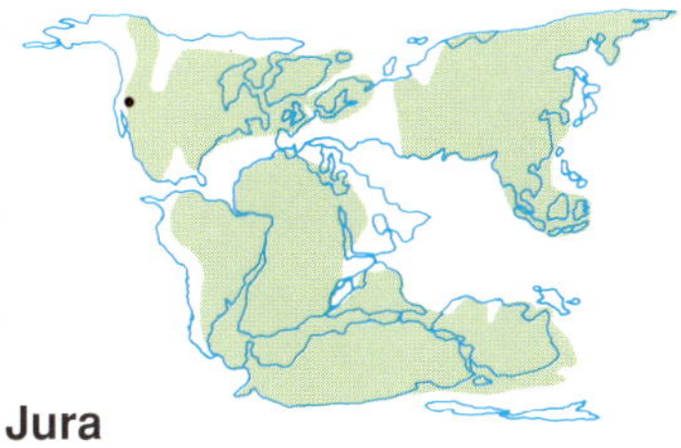

Jura

1,3 m

Scutellosaurus gehört zu den urtümlichen Vogelfuß-Dinosauriern und ist in mehrfacher Hinsicht bemerkenswert: Er hatte einen langen, schlanken Schwanz, der die Hälfte der gesamten Körperlänge ausmachte. Der Schwanz bildete auch das Gegengewicht, wenn das Tier auf den Hinterbeinen lief und sich vor einem Angreifer in Sicherheit brachte. Seine Vorderbeine waren deutlich länger als bei verwandten Gattungen (z.B. *Fabrosaurus*).

Wahrscheinlich bewegte sich *Scutellosaurus* auf allen vieren, wenn er Pflanzen vom Boden abriß und sie mit seinen spitzen Zähnen zermahlte. Vor Angreifern war er auch in dieser Stellung geschützt, denn er hatte auf dem Rücken und an den Körperseiten Reihen mit Hunderten von knöchernen Warzen, die einen Hautpanzer bildeten. Diese Ausbildung war bei der Familie *Fabrosauridae*, zu der *Scutellosaurus* gehört, bis dahin unbekannt.

Secernosaurus

- Vogelbecken-Dinosaurier
- Vogelfuß-Dinosaurier
- M. Brett-Surman (1979)

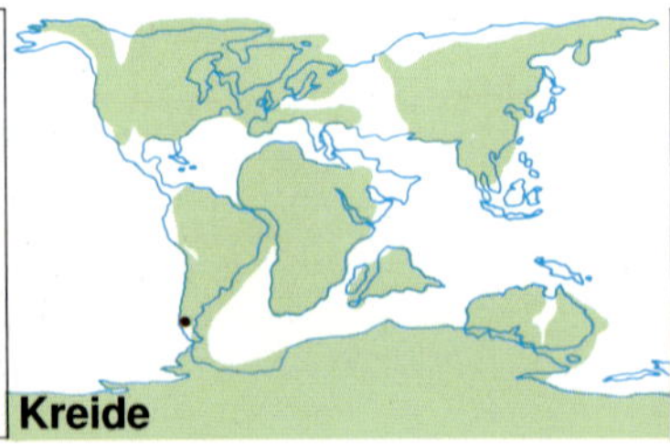

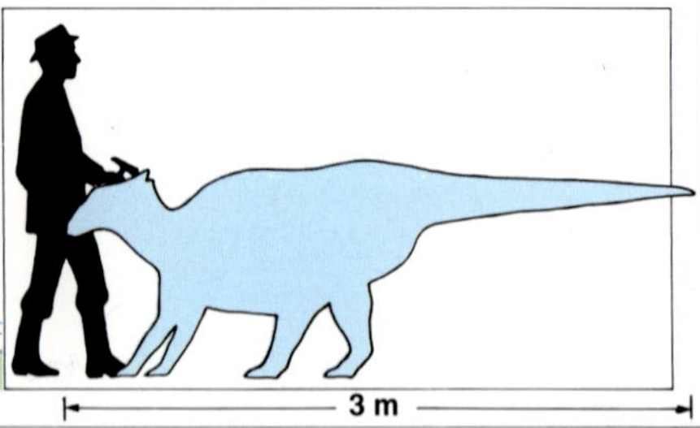

Secernosaurus ist der einzige Entenschnabel-Dinosaurier, der bisher in Südamerika gefunden wurde. Die übrigen Vertreter dieser Gruppe lebten in Nordamerika oder China – und das zeigt, daß diese Kontinente während der Kreidezeit miteinander verbunden waren. Seinen Namen verdankt *Secernosaurus* dem Umstand, daß er so weit von den anderen Vertretern seiner Gruppe entfernt lebte: Er bedeutet »abgetrennte Echse«.

Die Funde von *Secernosaurus* waren bisher nicht sehr reichlich. Die ersten Versteinerungen wurden 1923 in Argentinien von einer Expedition des Field Museum Chicago entdeckt. Sie erschienen aber nicht sehr interressant und wurden lange Zeit nicht beachtet. Erst 1979 wurden sie genau untersucht und benannt. Gefunden wurde der Beckengürtel, ein Schulterblatt, ein Unterschenkelknochen, einige Schwanzwirbel und Teile des Schädeldaches. Daraus ließ sich feststellen, daß *Secernosaurus* ein nur etwa 3 m langer Entenschnabel-Dinosaurier war und im Körperbau Ähnlichkeiten mit *Shantungosaurus* und *Edmontosaurus* aufwies. Wie die Tiere dieser Gattungen hatte auch *Secernosaurus* keinen Knochenkamm über der Schnauze.

An diesem Dinosaurier wird deutlich, daß die Paläontologen eine ganze Menge über das Aussehen eines Tieres sagen können, auch wenn ihnen nicht alle Knochen zur Verfügung stehen. Verwandte, besser bekannte Gattungen können hierbei wichtige Hinweise auf das Aussehen, aber auch auf die Lebensweise geben.

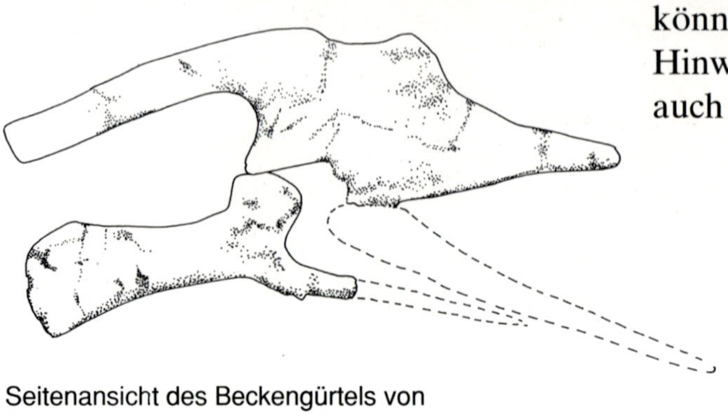

Seitenansicht des Beckengürtels von *Secernosaurus* (83 cm lang)

Segisaurus

- Echsenbecken-Dinosaurier
- Fleischfressende Dinosaurier
- C. Camp (1936)

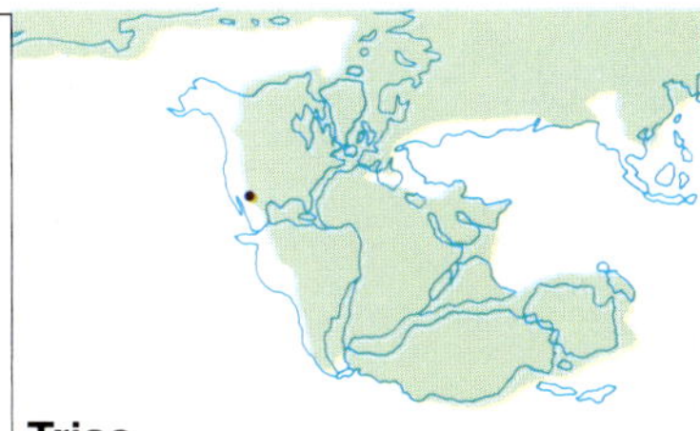

Trias

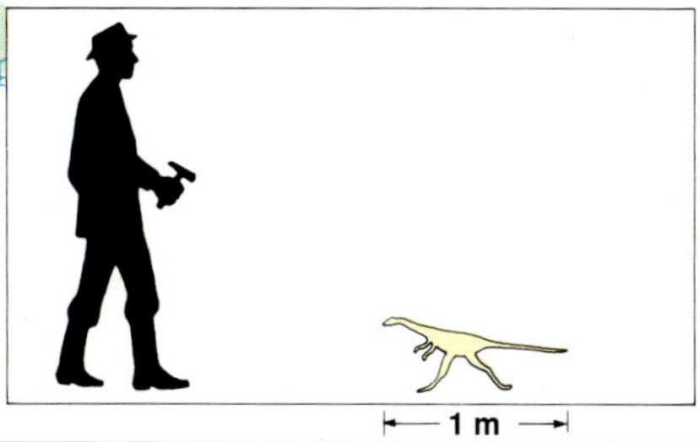

Segisaurus gehört zu den Hohlknochen-Dinosauriern (*Coelurosauria*) und ist mit *Procompsognathus* und *Saltopus* verwandt. In der Größe, aber auch in der Ausbildung der langen, schlanken Laufbeine erinnert *Segisaurus* an *Procompsognathus*, aber im Gegensatz zu diesem waren die meisten seiner Knochen dickwandig und nicht hohl.

Da die bisher gefundenen Reste von *Segisaurus* kein vollständiges Skelett ergeben, ist es nicht möglich, etwas Genaues über seine Lebensweise zu sagen. Es fehlen Schädel, einige Wirbelknochen und große Teile der Arme. Die langen Beine deuten aber auf einen Jäger hin. Auch die nur in Bruchstücken aufgefundenen Arme mit ihren scharfen Krallen lassen vermuten, daß *Segisaurus* damit Beutetiere ergriff. Bei seiner geringen Größe könnten es vor allem kleine Echsen und Insekten gewesen sein.

Segnosauria

Die Zwischenordnung *Segnosauria* ist erst 1980 für einige bis dahin unbekannte Dinosaurier aufgestellt worden, die in der Mongolei gefunden wurden. Es handelt sich dabei um schlanke, leicht gebaute Fleischfresser mit einer ganz merkwürdigen Ausbildung des Beckengürtels.

Bei einem Echsenbecken-Dinosaurier ist das Schambein stets nach vorn-abwärts gerichtet, das Sitzbein nach hinten-abwärts. Bei den *Segnosauria* sind dagegen beide nebeneinander nach hinten gerichtet. Alle bisher gefundenen Exemplare dieser Gruppe sind unvollständig und dadurch schwer zu deuten. Bisher wurden drei Gattungen unterschieden: *Segnosaurus*, *Erlikosaurus* und die vor kurzem beschriebene Gattung *Enigmosaurus*.

Vom Aussehen von *Segnosaurus* kann man sich nur schwer eine Vorstellung machen. Vielleicht handelte es sich um ein Tier, das sich nur langsam und schwerfällig bewegte; eventuell hatte es sogar Schwimmhäute zwischen den Zehen. Der russische Wissenschaftler, der das Tier beschrieb, nahm an, daß es sich vielleicht um einen schwimmenden, Fische jagenden Dinosaurier gehandelt haben könnte. Aber das ist nicht sehr wahrscheinlich, denn *Segnosaurus* fehlten die spitzen Zähne, um einen Fisch festzuhalten.

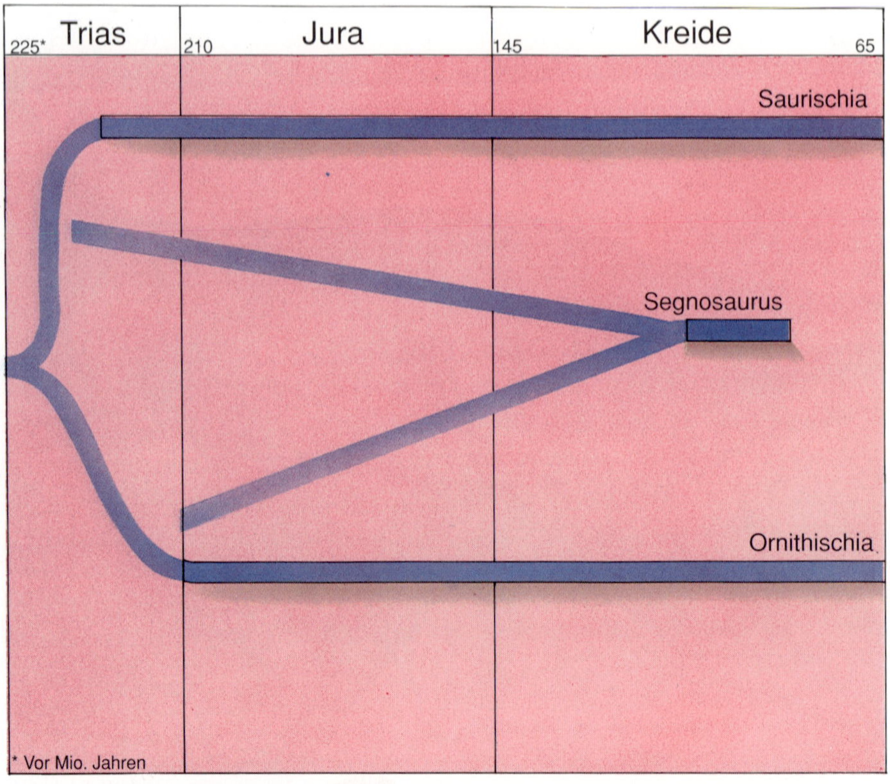

Erlikosaurus ist vielleicht identisch mit *Segnosaurus*, aber er wurde als eigene Gattung benannt, weil er in einigen Ausbildungen von diesem abweicht. Von *Erlikosaurus* wurden ein Schädel, Teile der Nackenwirbel, Armknochen und beide Beine gefunden. Er war im ganzen kleiner als *Segnosaurus* und hatte vielleicht mehr Zähne. Auch der dritte Dinosaurier dieser Gruppe, *Enigmosaurus*, wurde in der Mongolei gefunden. Sein Beckengürtel zeigte dieselbe Ausbildung wie bei *Segnosaurus*.
Trotz der abweichenden Ausbildung ihres Beckens ist man geneigt, die *Segnosauria* zu den Echsenbecken-Dinosauriern (*Saurischia*) zu stellen und hier zu den Fleischfressenden Dinosauriern (*Theropoda*). Vielleicht stehen sie aber auch zwischen den *Saurischia* und den *Ornithischia* und bilden eine eigene Ordnung.

Segnosaurus

Segnosaurus

- Echsenbecken-Dinosaurier
- Fleischfressende Dinosaurier
- A. Perle und R. Barsbold (1979)

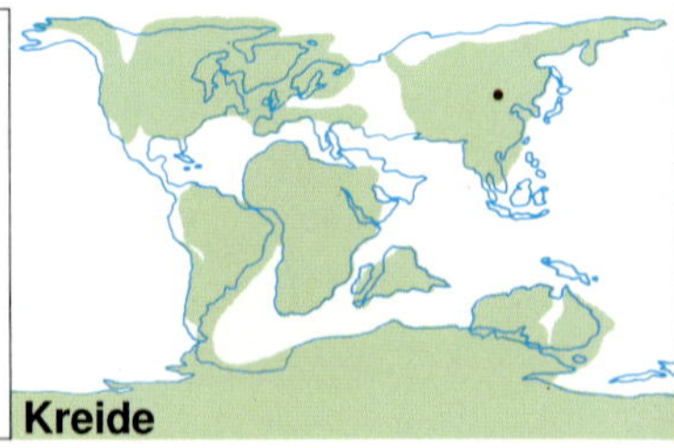

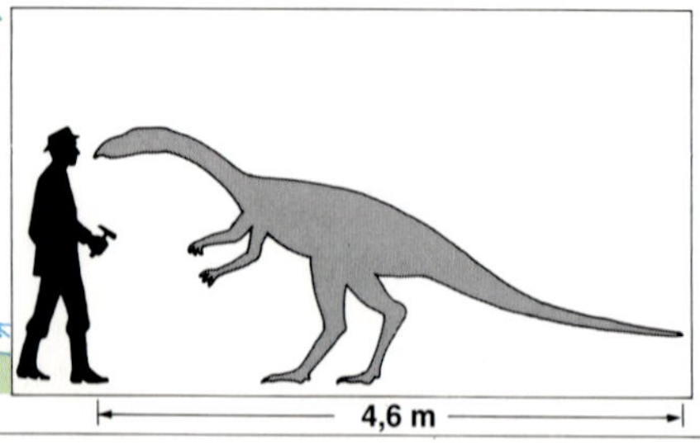

Von *Segnosaurus* ist nur ein unvollständiges Skelett bekannt: ein Unterkiefer, Teile der Wirbelsäule, der Arme und Beine sowie ein vollständiger Beckengürtel. Der Kiefer hatte im hinteren Teil die scharfen, spitzen Zähne eines Fleischfressers, aber Vorderzähne waren nicht ausgebildet. Vielleicht hatte *Segnosaurus* einen Hornschnabel, was allerdings für einen Fleischfresser eine merkwürdige Ausbildung gewesen wäre. Die Arme waren kurz, und an den Händen standen je drei Finger mit gut ausgebildeten Krallen. An jedem Fuß befanden sich vier Zehen.

Ganz auffallend war der Beckengürtel ausgebildet. Er hatte eher die Form eines Vogelbecken-Dinosauriers als die eines Echsenbecken-Dinosauriers. Bei eingehender Untersuchung zeigte sich, daß *Segnosaurus* doch eher zu den *Saurischia* (Echsenbecken-Dinosauriern) gehört, aber einer Entwicklungslinie entspricht, die nicht zu den *Ornithischia* (Vogelbecken-Dinosauriern) führte. Vielleicht bildete er eine eigene Gruppe zwischen diesen beiden Ordnungen. Die Wissenschaftler, die *Segnosaurus* 1979 beschrieben, äußerten die Vermutung, daß er sich von Fischen ernährte.

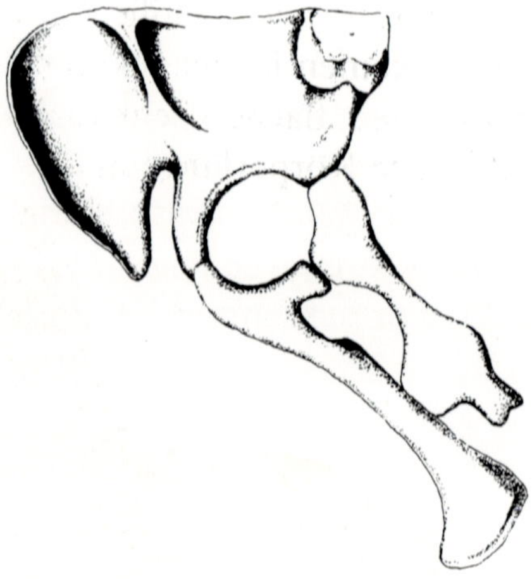

Beckengürtel von *Segnosaurus*

Shantungosaurus

- Vogelbecken-Dinosaurier
- Vogelfuß-Dinosaurier
- C. C. Hu (1973)
- 38

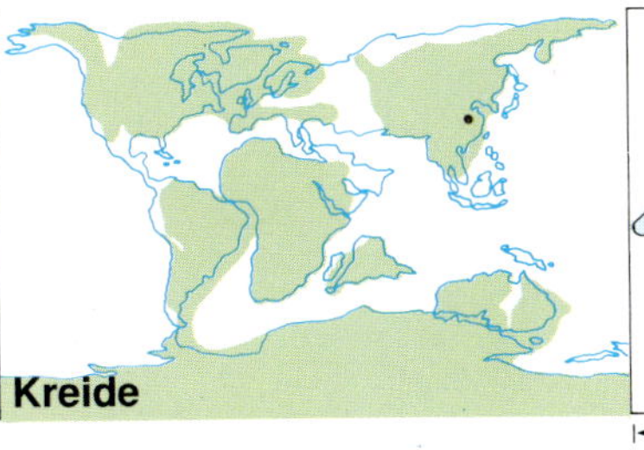

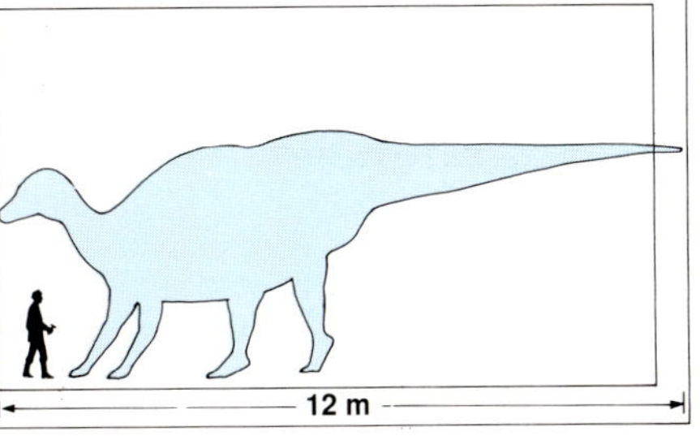

Shantungosaurus gehört zu den Entenschnabel-Dinosauriern (Familie *Hadrosauridae*), die keinen Knochenkamm über ihrer breiten, flachen Schnauze hatten. Mit 12 m Körperlänge und 4,5 t Gewicht ist er bisher der größte Dinosaurier dieser Gruppe. Wenn er sich auf den Hinterbeinen aufrichtete, ragte sein Kopf 7 m hoch. Allerdings entfiel fast die Hälfte der Gesamtlänge allein auf den mächtigen, seitlich abgeflachten Schwanz.

Shantungosaurus wurde nach seinem Fundort in der chinesischen Provinz Shantung (heute Shandong) benannt. Dort wurde in den 70er Jahren ein vollstän-diges Skelett gefunden, das jetzt im Museum für Wirbeltier-Paläontologie in Peking ausgestellt ist. Auf der Abbildung auf Seite 168 läßt sich erkennen, daß die beiden Frauen nicht einmal bis zu seinem Knie reichen.

Die engsten Verwandten von *Shantungosaurus* lebten in Nordamerika (*Edmontosaurus*, *Claosaurus*) und Südamerika (*Secernosaurus*) – die Entenschnabel-Dinosaurier waren also zu ihrer Zeit weit verbreitet.

Shantungosaurus

Shunosaurus

- Echsenbecken-Dinosaurier
- Pflanzenfressende Dinosaurier
- Dong, Zhow und Chang (1983)
- 38

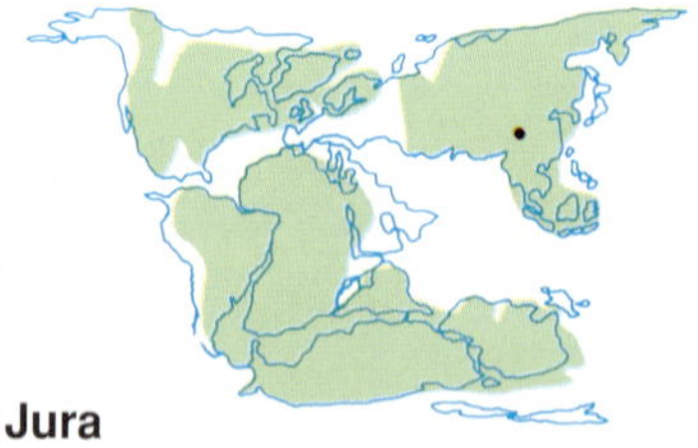

Jura

Shunosaurus wurde nach seinem Fundort Shu in der chinesischen Provinz Sichuan benannt. Hier war dieser Langhalsige Pflanzenfresser (*Sauropoda*) zusammen mit der verwandten Gattung *Datousaurus* 1979 entdeckt worden. Wahrscheinlich war *Shunosaurus* im Mitteljura in China weit verbreitet, denn bisher wurden nicht weniger als zehn Skelette gefunden, von denen einige fast vollständig sind.

Shunosaurus war etwa 9 m lang und damit deutlich kleiner als die übrigen *Sauropoden*. Er hatte einen verhältnismäßig großen Kopf, und in den Kiefern standen zahlreiche lange, löffelförmige Zähne. Der Hals war im Verhältnis zum Körper etwas kürzer als bei den später auftretenden *Sauropoden*, aber *Shunosaurus* hatte bereits ihre mächtigen Beine.

Silvisaurus

Vogelbecken-Dinosaurier
Panzer-Dinosaurier
T. H. Eaton Jr. (1960)

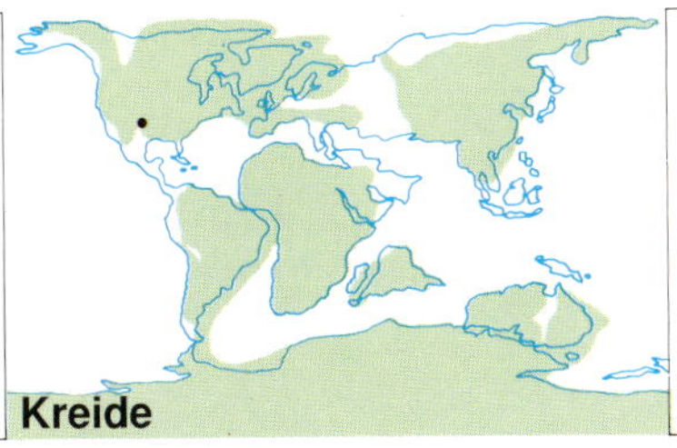

Silvisaurus wurde erst 1960 nach einem Schädel und Teilen des Skelettes beschrieben. Diese Versteinerungen wurden in einem Flußbett entdeckt, über das ständig Rinderherden zum Wasser zogen. Daß trotzdem etwas von den Fossilien erhalten blieb, lag nur daran, daß sie in sehr hartes Gestein eingebettet waren – und das machte ihre Präparation nicht gerade leichter. *Silvisaurus* war etwa 4 m lang und hatte einen schweren Knochenpanzer, der aus vielen kleinen Platten bestand. Sie waren in Querreihen über der Körperoberseite angeordnet. An den Körperflanken ragten vor allem am Vorderkörper und Schwanz starke Dornen nach außen. Das Auffallendste an *Silvisaurus* ist jedoch, daß er im vorderen Teil des Oberkiefers noch Zähne hatte. Bei den anderen Gattungen der Familie *Nodosauridae* fehlten diese, und daher sieht man *Silvisaurus* auch als einen urtümlichen Vertreter an. *Silvisaurus* war mit *Nodosaurus* und *Panoplosaurus* eng verwandt.

Spinosaurus

Echsenbecken-Dinosaurier
Fleischfressende Dinosaurier
E. Stromer (1915)

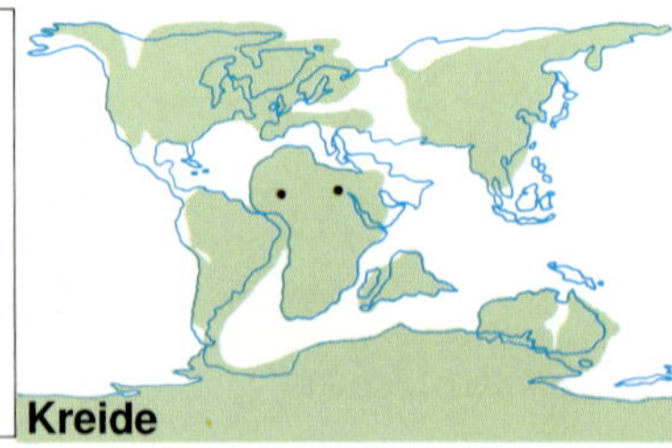

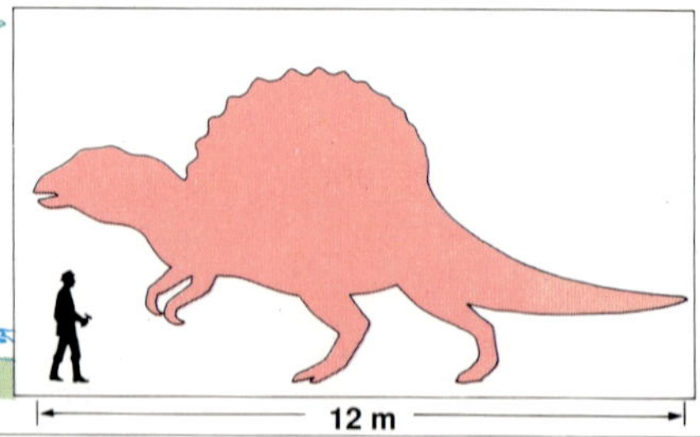

Spinosaurus war einer der größten Raubtier-Dinosaurier (*Carnosauria*). Er trug ein bis zu 2 m hohes »Segel« auf seinem Rücken. Gestützt wurde es durch riesige Verlängerungen der Rückenwirbel. Dieses Segel wurde vielleicht zur Regulierung der Körpertemperatur benutzt: Das Tier stellte sich morgens so auf, daß die wärmenden Sonnenstrahlen auf den Hautkamm fielen und den Körper schneller erwärmten als bei anderen Dinosauriern. Diese waren morgens noch nicht so beweglich und wurden zu einer leichten Beute.

Eventuell diente das Segel aber auch zur Anlockung der Weibchen und war bunt gefärbt.

Die bisher geborgenen Reste von *Spinosaurus* bestehen vor allem aus Teilen des Kiefers und der Wirbelsäule. Danach hatte *Spinosaurus* kräftige Zähne. Sein Gewicht muß etwa 6 t betragen haben. Da die Arme ziemlich lang waren, ist anzunehmen, daß er zeitweise auf allen vieren lief. Mit ihm zusammen lebte in Nordafrika ein Pflanzenfressender Dinosaurier, *Ouranosaurus*, der ebenfalls ein Segel auf dem Rücken hatte. Das deutet auf eine Anpassung an bestimmte Umweltverhältnisse hin.

Staurikosaurus

- Echsenbecken-Dinosaurier
- Pflanzenfressende Dinosaurier
- E. H. Colbert (1970)
- 19

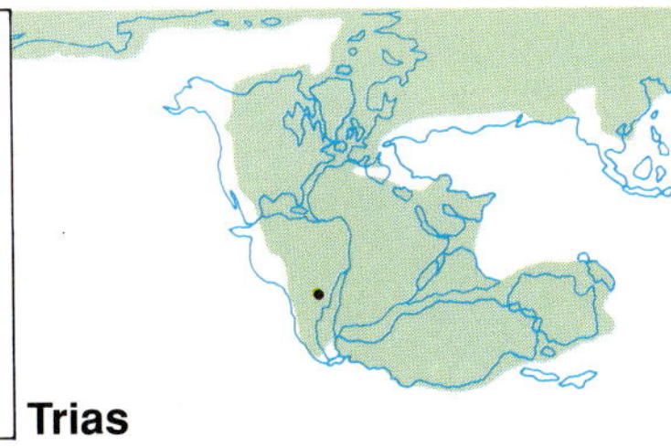

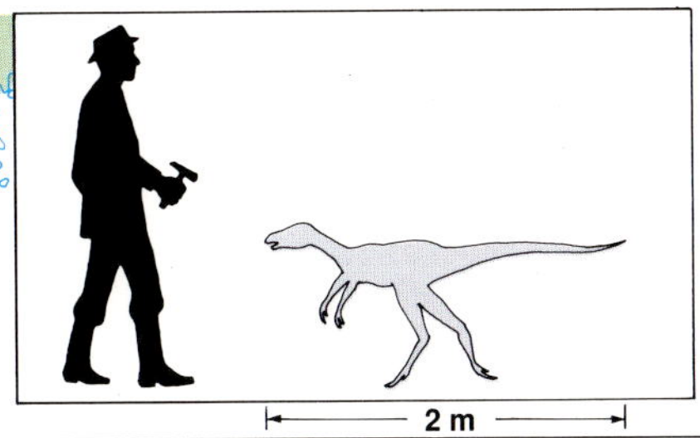

Staurikosaurus ist der einzige schon aus der Mitteltrias bekannte Dinosaurier. Er hatte einen schlanken Körper, einen verhältnismäßig großen Kopf und Zähne, die auf einen Fleischfresser hinweisen. *Staurikosaurus* hatte lange, schlanke Laufbeine und an den kurzen Armen je fünf Finger – bei den Dinosauriern eine urtümliche Ausbildung. Vielleicht war er ein Vorfahr der Frühen Pflanzenfresser (*Prosauropoda*).

Stegoceras

- Vogelbecken-Dinosaurier
- Dickkopf-Echsen
- L. M. Lambe (1902)

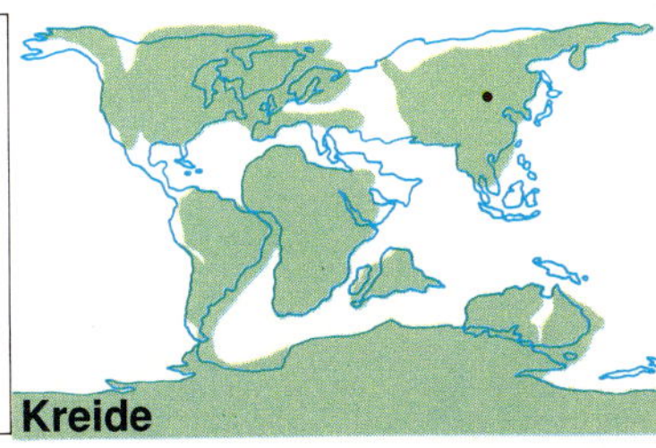

Stegoceras war ein schlanker Pflanzenfresser. Als er 1902 nach zwei Schädelteilen beschrieben und benannt wurde, nahm man an, daß es sich um einen Horn-Dinosaurier (*Ceratopsia*) handelte. Aber 1920 wurden ein fast vollständiger Schädel und Teile des Skelettes gefunden, die zeigten, daß *Stegoceras* zu einer völlig neuen Gruppe gehört: den Dickkopf-Echsen (*Pachycephalosauria*). Bei *Stegoceras* war das Schädeldach zu einer dicken Knochenkuppel verdickt, die mit zunehmendem Alter der Tiere immer dicker wurde. Wahrscheinlich kämpften die Männchen miteinander, indem sie bei waagerecht gestrecktem Körper mit den Köpfen gegeneinander rannten, bis einer aufgab.

Stegosauria

Die Unterordnung Stegosauria (Stachel-Dinosaurier) umfaßt eine Reihe mittelgroßer bis großer Pflanzenfresser. Alle hatten einen kleinen Kopf und einen schweren Körper, der auf dem Rücken eine Doppelreihe starker Knochenplatten trug. Auch auf dem Schwanz standen oft Paare von langen, scharfen Dornen. Die Tiere hatten starke, säulenförmige Beine und konnten sich nur langsam bewegen. Bei einem Angriff blieben sie wahrscheinlich stehen und wehrten sich durch wuchtige Schläge mit dem kräftigen Schwanz. Durch die Knochenplatten auf dem Rücken waren sie bis zu einem gewissen Grad geschützt.

Die bisher bekannten Vertreter lassen sich zu einer gut umgrenzten Familie zusammenfassen. Nur Scelidosaurus macht hier eine Ausnahme. Dieser Dinosaurier lebte im Unterjura. Es ist noch nicht geklärt, ob er eine frühe und urtümliche Form der Stachel-Dinosaurier darstellt oder zu den Panzer-Dinosauriern gehört. Auch Dravidosaurus fällt aus dem Rahmen: Er lebte in der Unterkreide in Indien, viele Millionen Jahre später als alle anderen Vertreter. Das könnte damit zusammenhängen, daß Indien zu dieser Zeit eine Insel war und die Stachel-Dinosaurier hier lange überleben konnten.

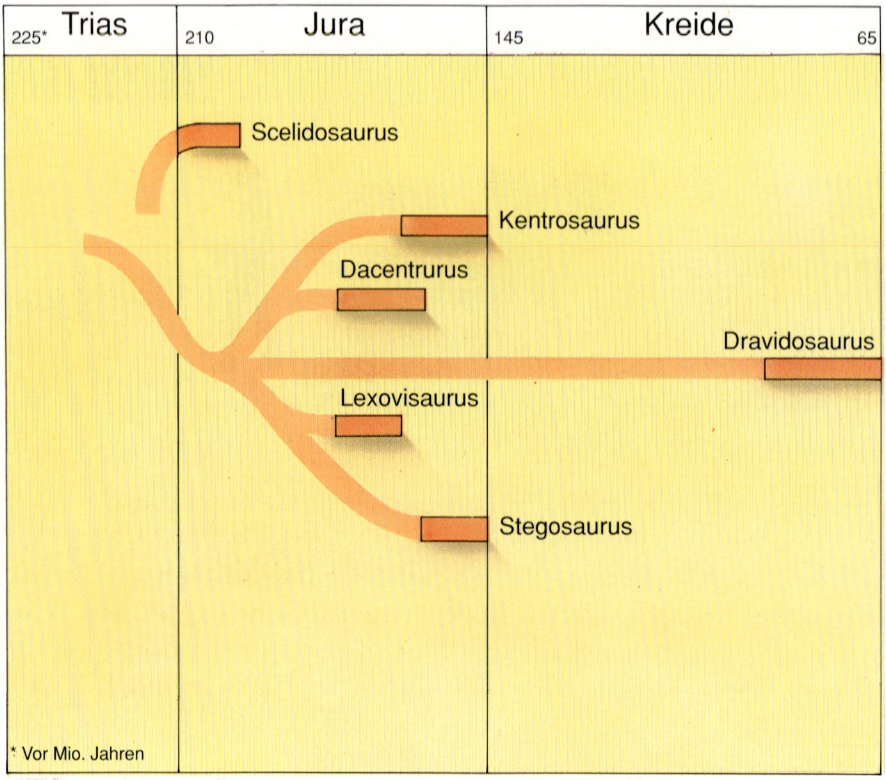

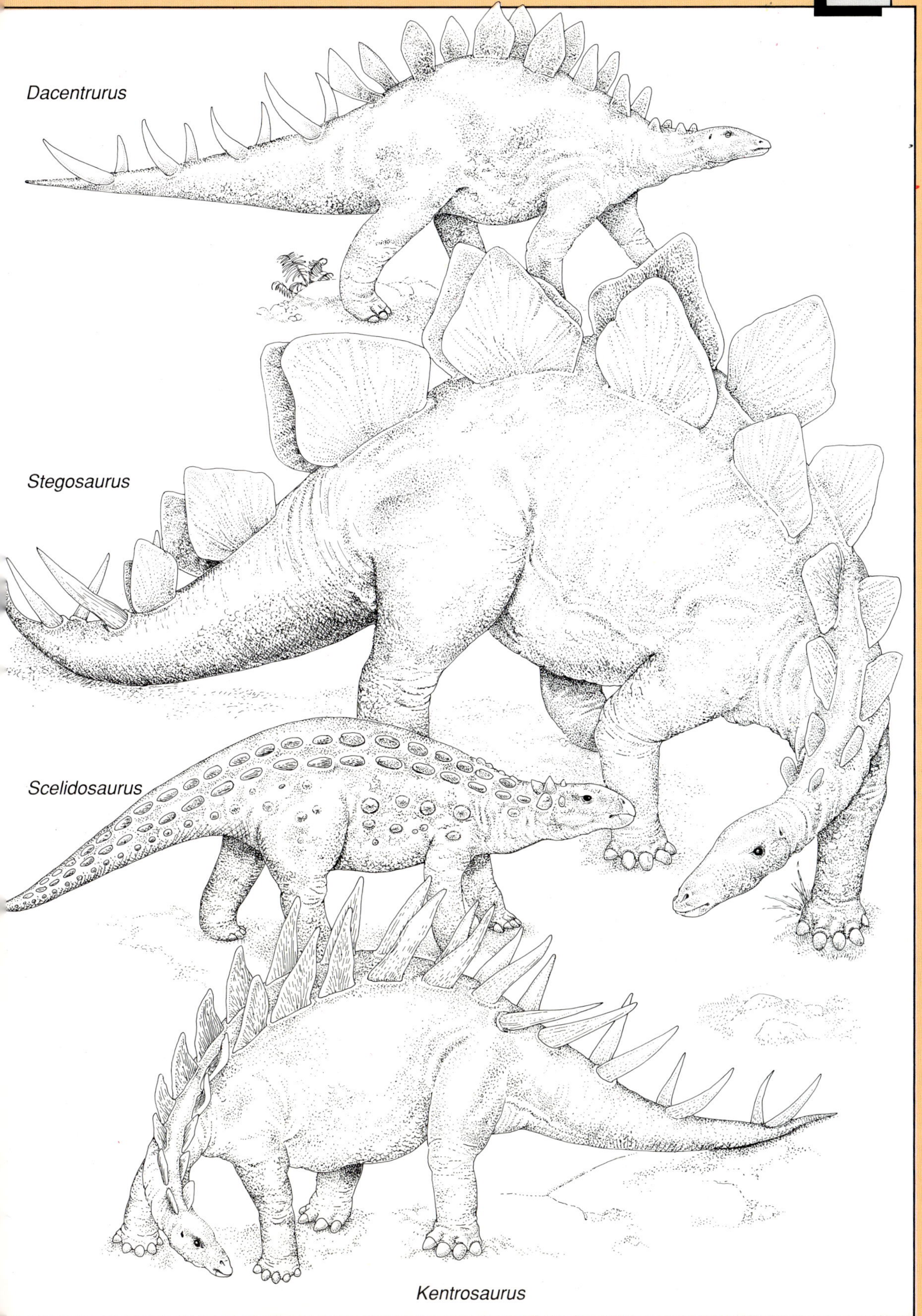
Dacentrurus
Stegosaurus
Scelidosaurus
Kentrosaurus

Stegosaurus

- Vogelbecken-Dinosaurier
- Stachel-Dinosaurier
- O. C. Marsh (1877)
- 7, 9, 10, 11, 25, 30, 33, 35

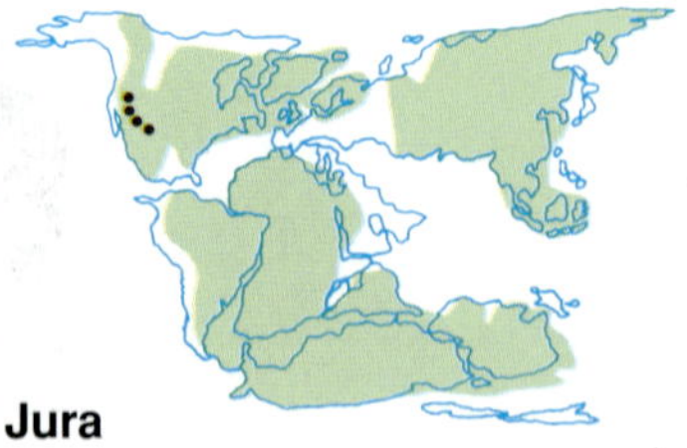

Jura

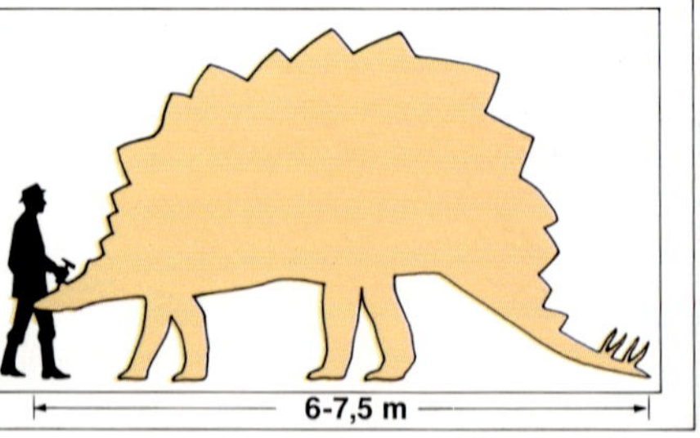

Stegosaurus ist der berühmteste Dinosaurier der Gruppe *Stegosauria* und wurde 1877 in Colorado (USA) gefunden. Auf seinem mächtigen, bis 2 t schweren Körper standen zwei Reihen von Knochenplatten, die bis zu 60 cm lang waren, auf dem Schwanz aber an Größe abnahmen. Am Hinterende des Schwanzes standen, je nach Art, vier oder acht bis zu 1 m lange Dornen – eine fürchterliche Waffe gegen jeden Angreifer.

Der kleine, nur 40 cm lange Kopf enthielt ein Gehirn von der Größe einer Walnuß. Im Hornschnabel saßen keine Zähne, und auch die Backenzähne waren nur klein. Bei *Stegosaurus* waren die Vorderbeine nur halb so lang wie die Hinterbeine, so daß die Rückenlinie nach vorn abfiel.

Stenonychosaurus

- Echsenbecken-Dinosaurier
- Fleischfressende Dinosaurier
- C. M. Sternberg (1932)
- 24

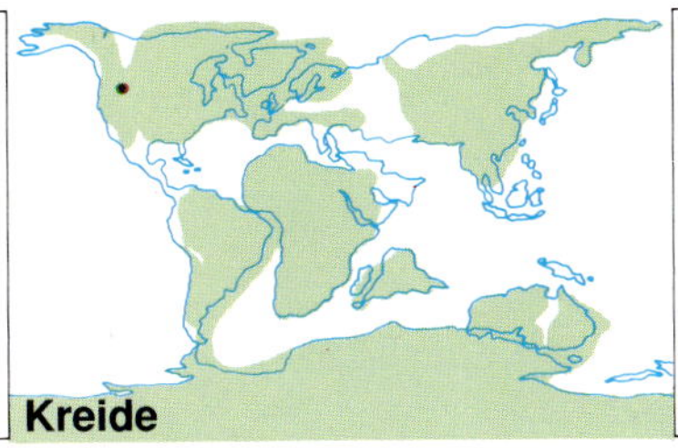

Stenonychosaurus, ein Vertreter der Sichelkrallen-Dinosaurier (*Deinonychosauria*), wird von den Wissenschaftlern als der intelligenteste Dinosaurier angesehen. Seine Gehirnmenge war im Vergleich zur Körpergröße weit umfangreicher als bei anderen Dinosauriern und etwa siebenmal so groß wie bei einem Krokodil. Das schlanke, etwa 2 m große Tier hatte lange Laufbeine und relativ lange Arme mit dünnen Fingern. Im übrigen war *Stenonychosaurus* dem *Saurornithoides* sehr ähnlich.
Die Fossilien, nach denen *Stenonychosaurus* beschrieben wurde, bestanden nur aus einigen Wirbelknochen und Handknochen sowie einem vollständigen Fuß. An diesem befanden sich vier Zehen, von denen eine sehr kurz war und eine andere eine sichelförmige Kralle trug, die zurückgezogen werden konnte. Auf den beiden übrigen Zehen lief das Tier. Wahrscheinlich war *Stenonychosaurus* nachts aktiv und konnte mit seinen großen Augen auch im Dunkeln sehen. Bei einem Gewicht von etwa 35 kg war er ein schneller und wendiger Jäger.

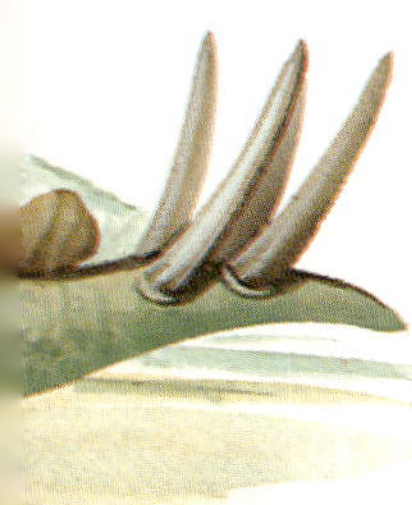

Struthiomimus

- Echsenbecken-Dinosaurier
- Fleischfressende Dinosaurier
- H. F. Osborn (1917)

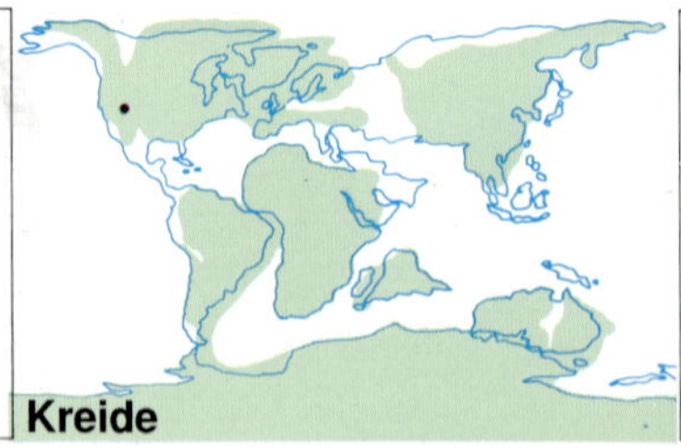

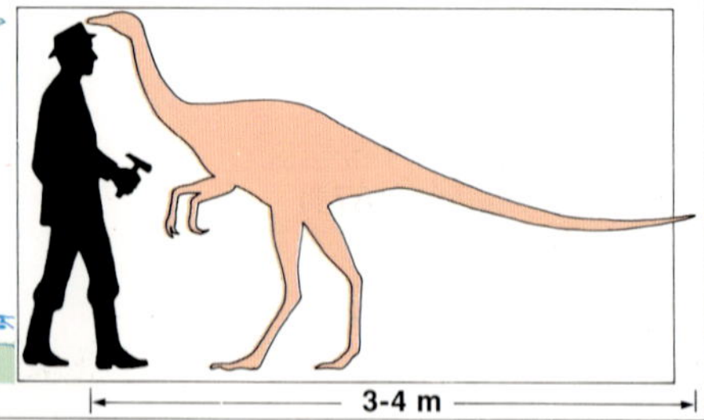

Struthiomimus, ein Vogelähnlicher Dinosaurier (*Ornithomimosauria*), ähnelte in seiner Körperhaltung einem Strauß, und darauf weist auch sein Name hin: Er bedeutet wörtlich übersetzt »Straußnachahmer«. Der lange, kräftige Schwanz, der das Gegengewicht zum Hals bildete, und die langen Vorderbeine passen allerdings wenig in dieses Bild. Das erste Skelett, das 1914 gefunden wurde, war fast vollständig. Obwohl einige Teile des Schädels fehlten, war doch festzustellen, daß die Kiefer keine Zähne hatten, sondern einen Hornschnabel trugen. Die Knochen waren hohl und dünn wie bei vielen Tieren aus diesem Verwandtschaftskreis.
Lange Zeit nahm man an, daß *Struthiomimus* und *Ornithomimus* zusammengehörten, aber neuere Untersuchungen haben gezeigt, daß es sich um zwei verschiedene Gattungen handelt. *Struthiomimus* hatte längere Arme und derbere, stark gekrümmte Krallen. Vielleicht konnte er damit seine Nahrung ausgraben. Man nimmt an, daß er ein Allesfresser war und auch Dinosaurier-Eier verzehrte.

Struthiomimus

Struthiosaurus

- Vogelbecken-Dinosaurier
- Panzer-Dinosaurier
- E. Bunzel (1871)
- 58

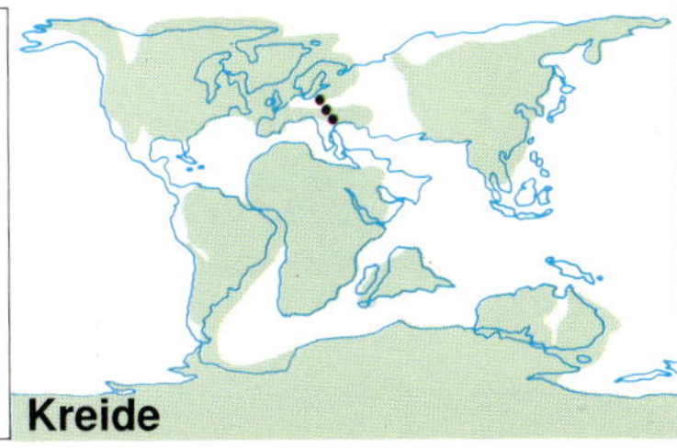

Struthiosaurus ist mit Sicherheit der kleinste bisher entdeckte Vertreter der Familie *Nodosauridae*, vielleicht sogar aller Panzer-Dinosaurier. *Struthiosaurus* war auch einer der letzten Dinosaurier dieser Gruppe; und es ist ferner bemerkenswert, daß er in Europa lebte, während seine näheren Verwandten in Nordamerika und Asien verbreitet waren.
Struthiosaurus wurde bisher in Frankreich, Österreich, Ungarn und Rumänien gefunden. Vielleicht waren die Gebiete in der Oberkreide Inseln, die aus den großen Flachmeeren ragten. An solchen isolierten Plätzen entwickelten sich nicht selten kleinere Formen von manchen Tieren. Man braucht nur an die Shetland-Ponies zu denken, an die Zwergelefanten, die es auf Malta gab, oder an die heute lebenden Zwergnilpferde auf Madagaskar.
Struthiosaurus hatte einen festen, aber beweglichen Knochenpanzer auf der Körperoberseite. Dieser war aus einzelnen Knochenplatten zusammengesetzt, die in die dicke Haut eingesenkt waren. Viele dieser Platten waren mit einem kurzen Höcker besetzt, sie standen an den Flanken von Körper und Schwanz. Platten mit kurzen Dornen bedeckten die ganze Oberseite, und an den Seiten standen lange Dornen weit ab. Auch Schulter und Nacken waren mit Dornen besetzt, die paarweise angeordnet waren. Wie bei allen Vertretern der Familie *Nodosauridae* fehlte eine Knochenkugel am Schwanzende.

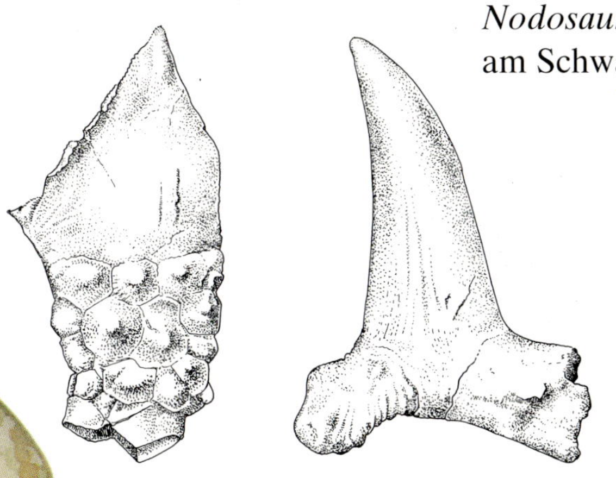

Links Knochenplatten aus der Haut von *Struthiosaurus* und rechts ein Dorn (beide 19 cm groß)

Styracosaurus

- Vogelbecken-Dinosaurier
- Horn-Dinosaurier
- L. M. Lambe (1913)
- 7, 24

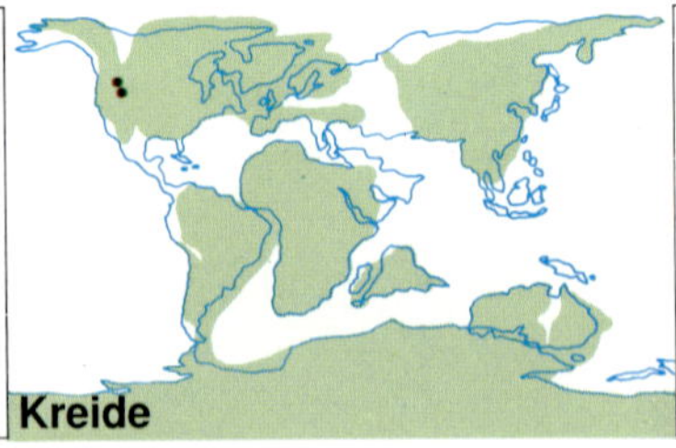

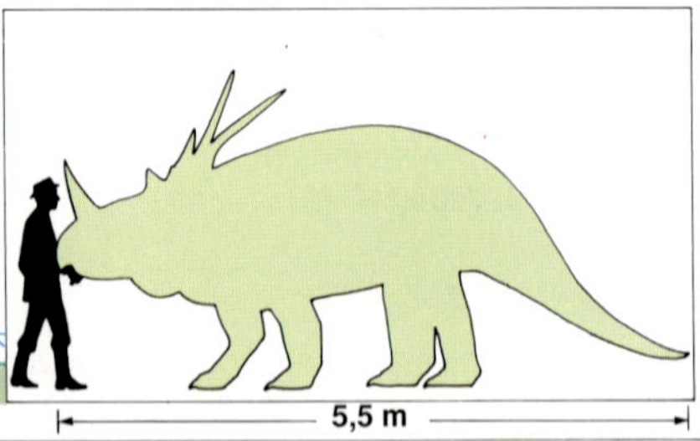

Styracosaurus war für seine Angreifer ein furchterregendes Tier. Der große Nackenschild trug einen ganzen Strahlenkranz von abstehenden Dornen. Außerdem hatte das Tier auf der Schnauze ein langes Horn, und oberhalb der Augen entsprangen zwei kleinere Höcker. Der Nackenschild war eine wirksame Waffe, wenn sich *Styracosaurus* wie ein heute lebendes Nashorn mit voller Wucht auf einen Gegner stürzte. Wie bei allen Tieren der »echten« Horn-Dinosaurier (Familie *Ceratopidae*) war der Körper von einer dicken Haut bedeckt; die Zehen aller vier Beine trugen Nägel, die zu Hufen umgebildet waren. Im Nackenschild befanden sich bei *Styracosaurus* zwei größere Öffnungen, die von Haut überzogen waren und den Schädel leichter machten.

Supersaurus

Echsenbecken-Dinosaurier
Pflanzenfressende Dinosaurier
entdeckt von Jim Jensen (1972)
6, 12

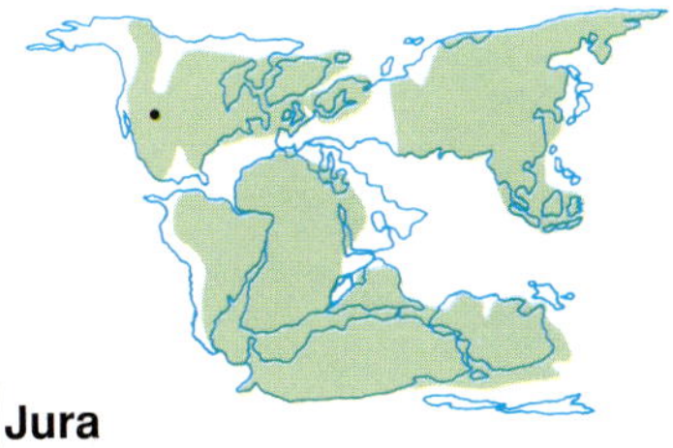

Jura

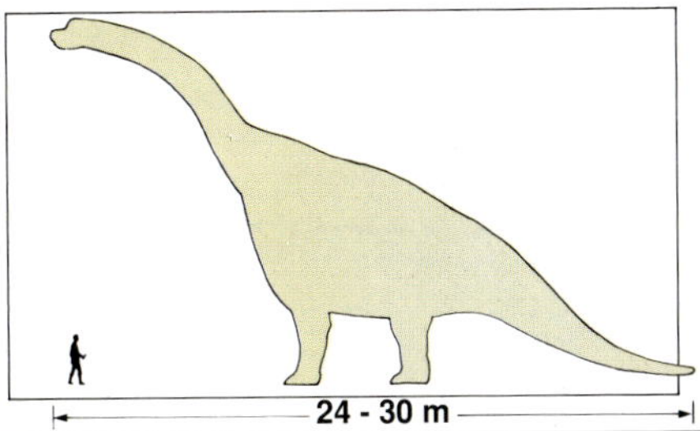

24 - 30 m

Supersaurus ist bisher noch nicht endgültig beschrieben worden. Er wurde 1972 in Colorado (USA) entdeckt, und es gibt wenig Zweifel, daß er mit *Brachiosaurus*, dem bisher größten vollständig erhaltenen Dinosaurier aus der Gruppe der Langhalsigen Pflanzenfresser (*Sauropoda*) verwandt ist. Aber *Supersaurus* war noch größer als *Brachiosaurus*. Er ist nur durch wenige Knochen bekannt, die aus einem einzigen Steinbruch stammen und von Fossiliensammlern entdeckt wurden. Die Sammler brachten diese Reste zu Jim Jensen, einem Spezialisten in Sachen Knochen, der sogleich erkannte, daß es sich hier um etwas Besonderes handelte. 1972 begann er mit der Ausgrabung und erwartete, Reste eines großen Dinosauriers zu finden – aber niemals hätte er geglaubt, daß er so riesige Knochen entdecken würde. Jensen gehört mit einer Größe von fast 2 m nicht gerade zu den kleinsten Männern, aber das Schulterblatt von *Supersaurus* überragte ihn noch ganz erheblich. Einer der Nackenwirbel war mehr als 1,5 m lang. Aus diesen Abmessungen läßt sich errechnen, wie groß *Supersaurus* im ganzen gewesen sein muß. Man kommt auf eine Länge von 24 - 30 m und bei normaler Körperhaltung auf eine Kopfhöhe von 15 m – mehr als die Höhe eines fünfstöckigen Gebäudes! Ein noch größerer Dinosaurier wurde 1979 in den gleichen Schichten gefunden; er soll den Namen *Ultrasaurus* erhalten.

Das Schulterblatt von *Supersaurus* ist größer als ein Mensch.

Syntarsus

- Echsenbecken-Dinosaurier
- Fleischfressende Dinosaurier
- M. A. Raath (1969)
- 4

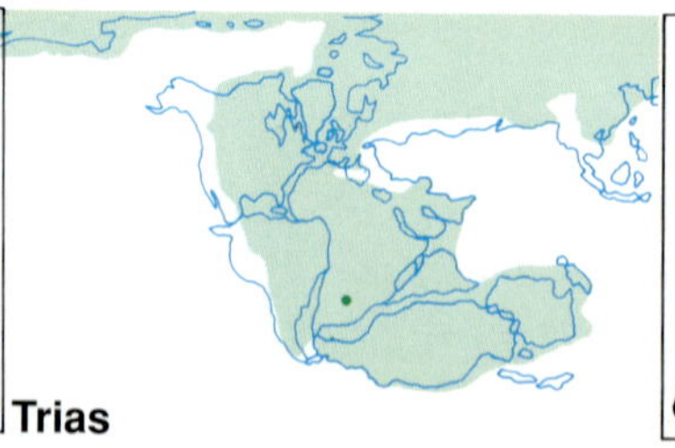

Trias

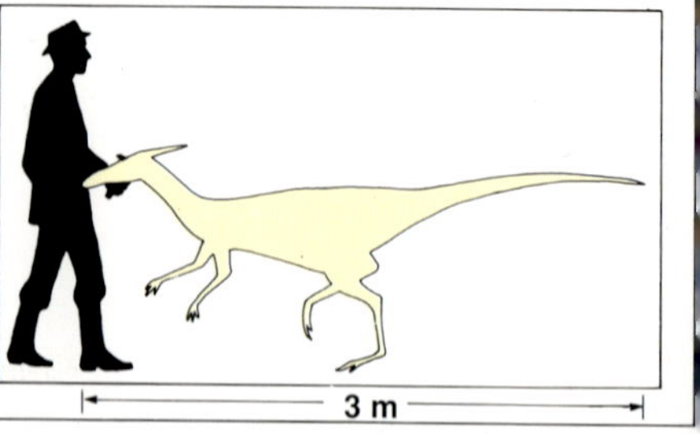

Syntarsus war ein etwa 3 m großer Hohlknochen-Dinosaurier (*Coelurosauria*), der mit *Coelophysis* verwandt war und wie dieser aus der Trias stammt. Er ist nach einem unvollständigen Skelett beschrieben worden, das in Zimbabwe gefunden worden ist.

Von *Coelophysis* unterscheidet sich *Syntarsus* durch seine verwachsenen Fußknochen. Er hatte lange, schlanke Beine und verhältnismäßig kurze Arme, an denen je drei Finger mit kräftigen, gekrümmten Krallen saßen. Das langbeinige, schlanke Tier konnte sicherlich schnell laufen und war durch sein geringes Gewicht ein wendiger Jäger.

In manchen Rekonstruktionen wird *Syntarsus* mit einem Federbusch auf dem Kopf und einem von Federn bedeckten Körper dargestellt. Aber diese Abbildungen sind durch nichts gerechtfertigt, denn ein Tier mit echten Federn, der *Archaeopteryx*, trat erst im Oberjura auf.

Tarbosaurus

- Echsenbecken-Dinosaurier
- Fleischfressende Dinosaurier
- E. A. Maleev (1955)
- 39, 50, 51, 60

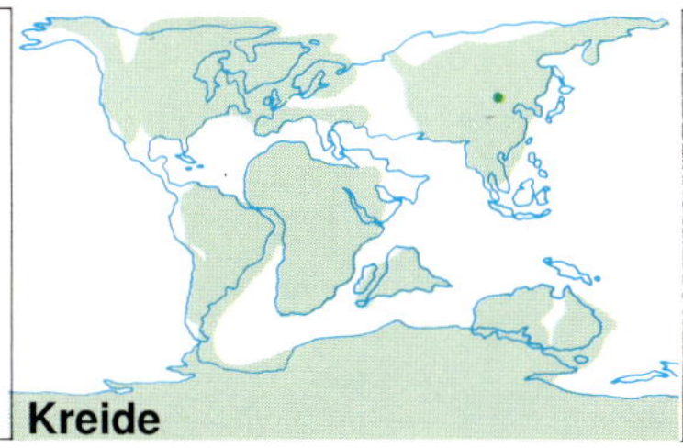

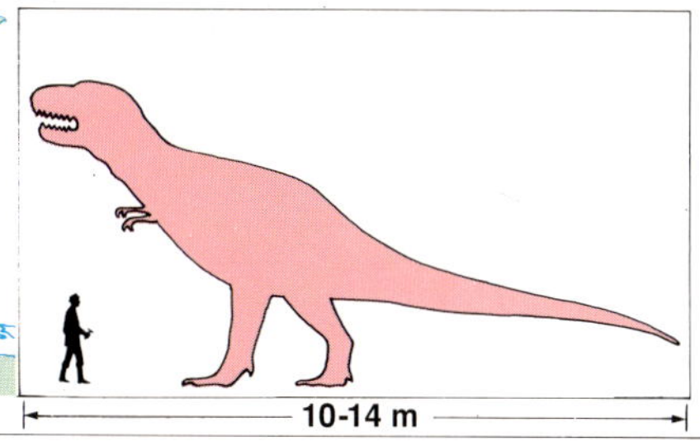

Tarbosaurus lebte in Zentralasien und war einer der größten Raubtier-Dinosaurier (*Carnosauria*). Er ähnelte *Tyrannosaurus*, war jedoch im ganzen etwas leichter gebaut. Beschrieben wurde er 1955 aufgrund von sieben Skeletten, die eine russische Expedition in der Wüste Gobi (Mongolei) entdeckt hatte. Weitere sechs Skelette wurden später von einer polnisch-mongolischen Arbeitsgruppe gefunden.

Tarbosaurus hatte einen langgestreckten, etwa 1,5 m langen Schädel, in dessen Oberkiefer 27 lange, nach hinten gekrümmte Zähne saßen. Starke Muskeln verbanden den Unterkiefer mit dem Oberkiefer, so daß das Tier seine Beute zerreißen konnte. Ob *Tarbosaurus* mit seiner Größe von 10 – 14 m und seinem Gewicht ein guter Jäger war, muß bezweifelt werden. Wahrscheinlich war er nicht wählerisch und ernährte sich nicht nur von den Entenschnabel- und Panzer-Dinosauriern, die mit ihm lebten, sondern auch von Aas.

Tarbosaurus hatte sehr kurze Arme mit je zwei Fingern, die nicht einmal zum Maul reichten. Die mächtigen Beine trugen das ganze Gewicht, das durch den kräftigen Schwanz ausgeglichen wurde. An jedem Fuß befanden sich drei kräftige, nach vorn gerichtete Zehen und eine kurze, nach hinten gestreckte Zehe. *Tarbosaurus* lief wahrscheinlich in der Haltung eines Laufvogels.

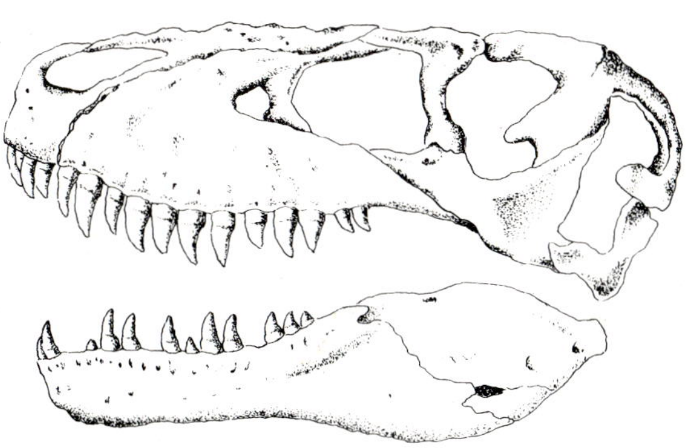

Schädel von *Tarbosaurus* (1,5 m lang)

Thecodontosaurus

- Echsenbecken-Dinosaurier
- Pflanzenfressende Dinosaurier
- H. Riley und T. Stutchbury (1843)

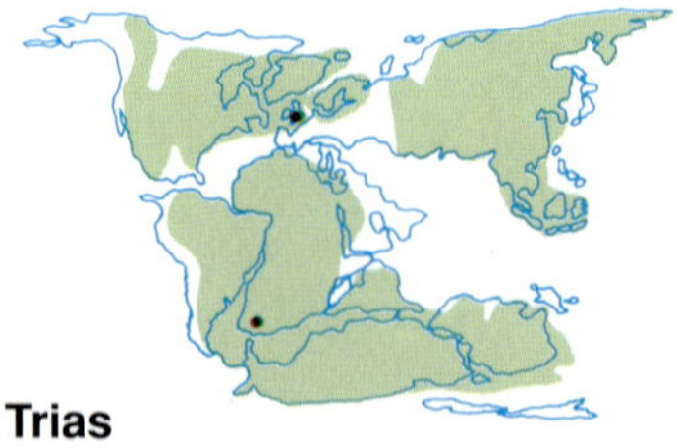

Trias

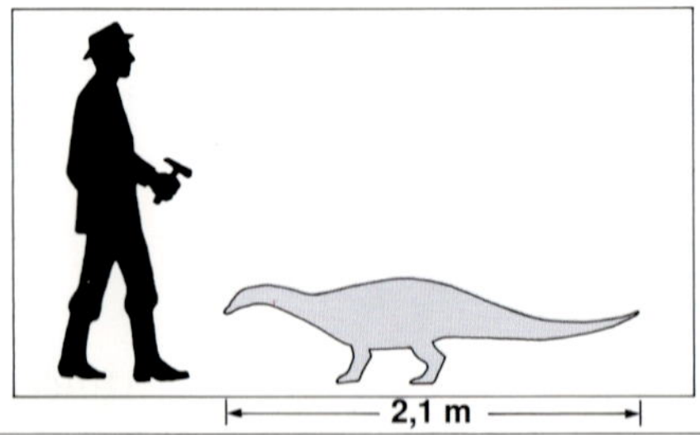

Thecodontosaurus wurde 1840 in Südwestengland bei Bristol entdeckt. Anfangs hatte man nur Teile des Kiefers gefunden; es folgten Zähne, Kieferknochen, Wirbel, Rippen und einzelne Arm- und Beinknochen. Später wurden in Schluchten und Höhlen am gleichen Fundort weitere Teile von Skeletten ausgegraben, so daß man sich ein gutes Bild von seinem Aussehen machen kann. *Thecodontosaurus* war ein schlanker, etwa 2,1 m langer Früher Pflanzenfresser (*Prosauropoda*) mit langen Beinen und um ein Drittel kürzeren Armen. An den Händen standen je fünf Finger; der kurze Daumen hatte eine Kralle, mit der Pflanzen ausgegraben werden konnten. Der kleine Kopf saß auf einem langgestreckten Hals, und in den Kiefern befanden sich viele kurze, stumpfe Zähne. Die Tiere lebten wahrscheinlich in einem wüstenähnlichen Klima auf Hochebenen und in Höhlen, sie wurden nach ihrem Tode von Sedimenten der Trias zugedeckt. In Südafrika wurden Fossilien gefunden, die man anfangs zu *Thecodontosaurus* rechnete. Vor einigen Jahren wurde festgestgellt, daß sie zum eng verwandten *Anchisaurus* gehörten.

Therizinosaurus

- Echsenbecken-Dinosaurier
- Fleischfressende Dinosaurier
- E. A. Maleev (1954)

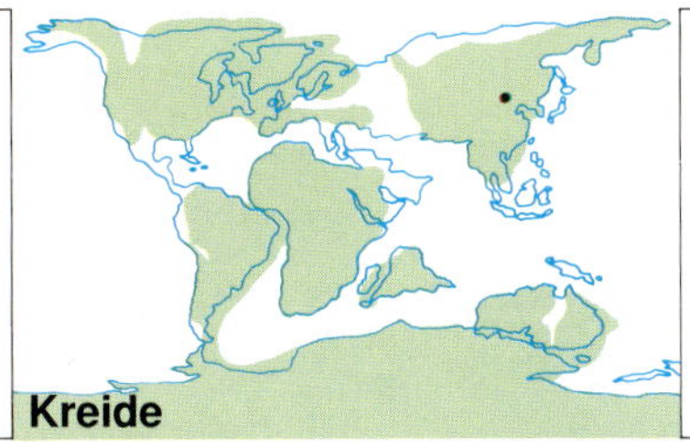

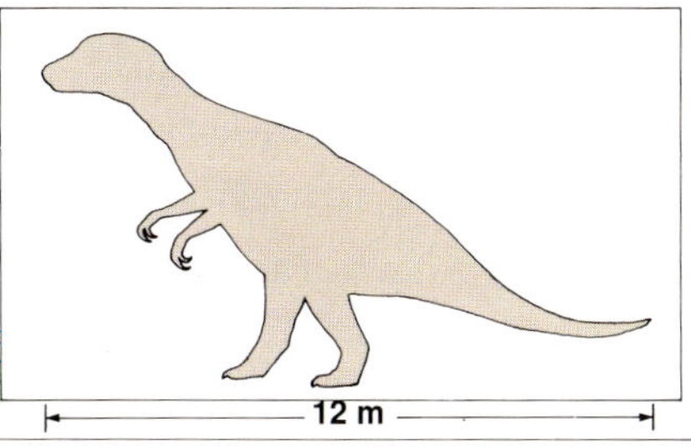

Therizinosaurus wurde erst 1954 beschrieben, und zwar nach einem Exemplar, das in der Mongolei gefunden worden war. Die Reste bestanden nur aus einem riesigen, 2,5 m langen Arm und einigen 70 cm langen, sichelförmigen Krallen. Bei dieser Längenangabe ist der hornige Teil der Kralle, der sie eingehüllt haben muß, nicht einmal berücksichtigt. Vielleicht ist sie in Wirklichkeit bis zu 1 m lang gewesen und hatte damit die Länge einer Sense. Die ersten Fossilien von *Therizinosaurus* wurden 1948 von einer sowjetisch-mongolischen Expedition gefunden. Die in den Jahren 1957, 1959 und 1960 durchgeführten Expeditionen in die Wüste Gobi und andere Teile der Mongolei brachten dann noch einige weitere Krallen, spärliche Reste der Beine und einige Zähne hervor. Die verwandtschaftlichen Beziehungen von *Therizinosaurus* konnten deshalb noch nicht festgestellt werden. Möglicherweise gehört er gar nicht zu den Sichelkrallen-Dinosauriern (*Deinonychosauria*).

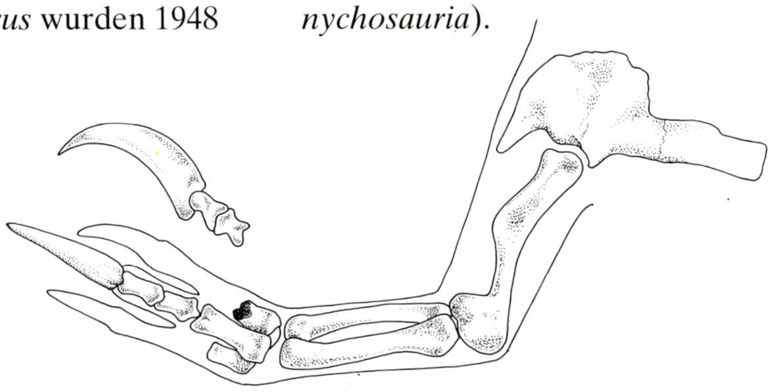

Ein Arm von *Therizinosaurus* in der Aufsicht. Die darüberliegende Kralle ist von der Seite abgebildet; an ihrem äußeren Bogen gemessen ist sie 70 cm lang.

Theropoda

Die Unterordnung *Theropoda* (Fleischfressende Dinosaurier) umfaßt alle Echsenbecken-Dinosaurier, die sich von anderen Tieren ernährten. Sie wird in mehrere Zwischenordnungen unterteilt. Die *Coelurosauria* (Hohlknochen-Dinosaurier) waren kleine bis mittelgroße, leichtgebaute Dinosaurier, während die *Carnosauria* (Raubtier-Dinosaurier) die großen, schweren Dinosaurier umfassen. Die *Ornithomimosauria* (Vogelähnliche Dinosaurier) werden von vielen Wissenschaftlern als eigene Familie zu den *Coelurosauria* gerechnet. Die *Deinonychosauria* (Sichelkrallen-Dinosaurier) schließlich sind kleine bis mittelgroße Dinosaurier mit einer Sichelkralle an den Füßen. Ob die *Segnosauria* mit ihrem abweichend gebauten Beckengürtel hierher gehören, ist fraglich.
Zu den Hohlknochen-Dinosauriern gehören die ältesten Gattungen der *Theropoden* aus der Obertrias, aber auch Gattungen aus dem Jura und der Kreide. Vielleicht sind aus ihnen im Unterjura die Raubtier-Dinosaurier entstanden, eventuell auch die Sichelkrallen-Dinosaurier und die *Segnosauria* in der Unterkreide. Zu den Fleischfressenden Dinosauriern gehört wahrscheinlich auch der Verwandtschaftskreis, aus dem sich im Jura die Vögel entwickelt haben.
Aus dem Oberjura stammt der Urvogel (*Archaeopteryx*), der in Solnhofen (Deutschland) gefunden worden ist.

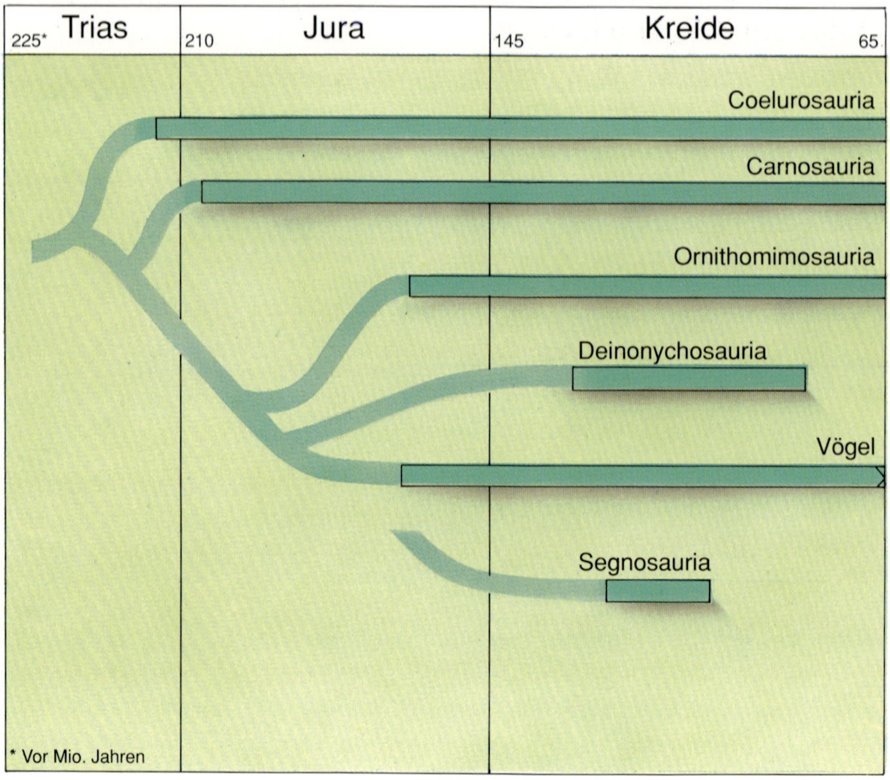

Titanosaurus

- Echsenbecken-Dinosaurier
- Pflanzenfressende Dinosaurier
- R. Lydekker (1877)
- 17

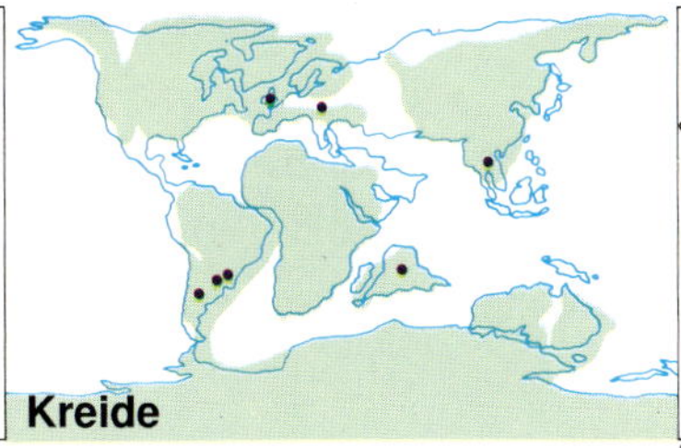

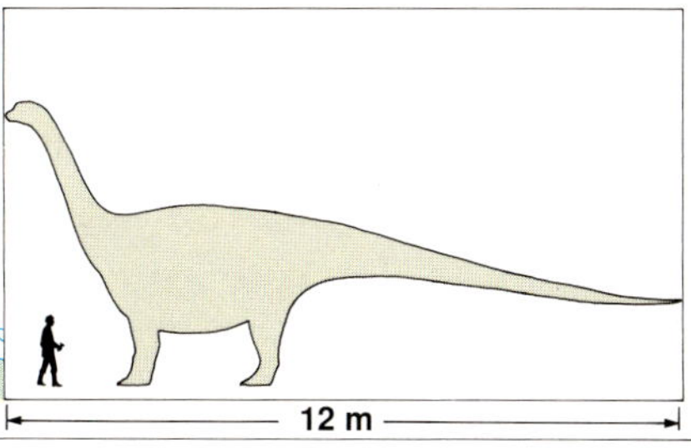

Titanosaurus gilt unter den Langhalsigen Pflanzenfressern (*Sauropoda*) nur als ein mittelgroßer Dinosaurier, auch wenn sein Name von einem Riesen aus den griechischen Sagen abgeleitet ist. Er war zu seiner Zeit über weite Teile der Erde verbreitet. Mehr als zehn Arten wurden beschrieben, die in Indien und Ungarn, aber auch in Argentinien gefunden worden waren.
Titanosaurus war etwa 12 m lang und hatte einen kräftigen Körper mit einem für die *Sauropoden* kurzen Hals und einem langen Schwanz. Vielleicht war sein Körper mit kleinen Knochenplatten bedeckt, wie sie bei *Saltasaurus* nachgewiesen worden sind. Die ersten Exemplare von *Titanosaurus* wurden in Indien entdeckt und nach wenigen Schwanzwirbeln und einem Oberschenkelknochen beschrieben. 50 Jahre später fand man vom gleichen Tier weitere Knochen der Gliedmaßen, aber leider hat man bisher nur Bruchstücke eines Schädels ausgegraben. Deshalb ist die systematische Stellung von *Titanosaurus* noch nicht vollständig geklärt. Es ist auch fraglich, ob die in Argentinien gefundenen Reste zu diesem Dinosaurier gehörten oder zu *Saltasaurus*.

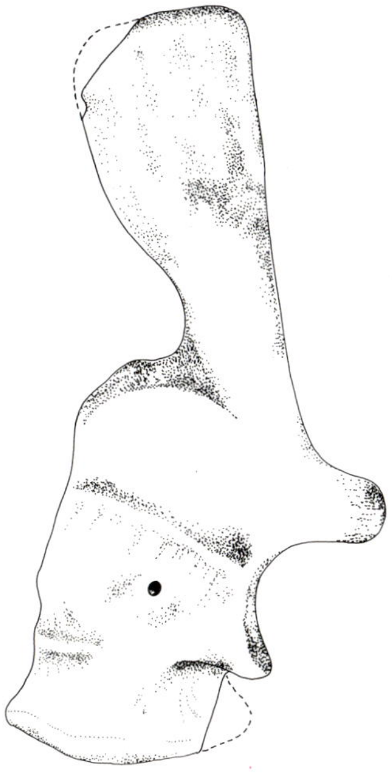

Oben: Schultergürtel von *Titanosaurus* (62 cm lang); unten: Oberarmknochen (55 cm lang)

Torosaurus

- Vogelbecken-Dinosaurier
- Horn-Dinosaurier
- O. C. Marsh (1891)
- 25

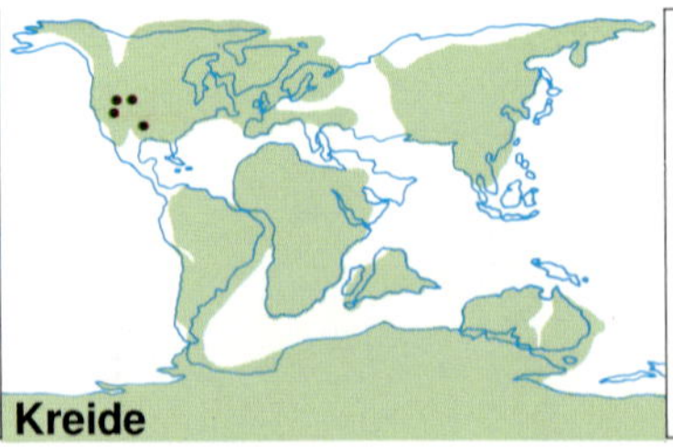

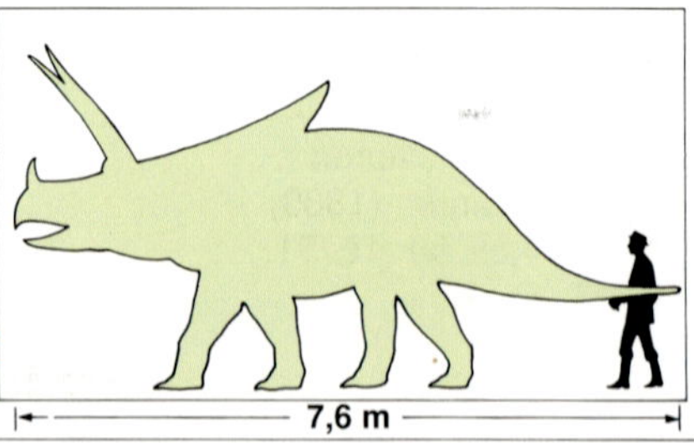

Torosaurus – der Name bedeutet wörtlich übersetzt »Stiersaurier« – lebte wie *Tri-ceratops* während der Oberkreide in Nordamerika. Beide Tiere hatten wahrscheinlich den gleichen Körperbau, allerdings sind von *Torosaurus* nur zwei Schädel bekannt, nach denen sogar verschiedene Arten beschrieben wurden. Der Schädel war mitsamt dem Nackenschild 2,6 m lang – und damit der größte, der jemals bei einem Horn-Dinosaurier gefunden wurde.

Torosaurus hatte drei Hörner, die alle nach vorn gerichtet waren: ein kurzes, dickes auf der Schnauze kurz oberhalb des Hornschnabels und über den Augen zwei längere. In dem riesigen Nackenschild, der länger war als der ganze Schädel, befanden sich zwei Fenster, die von Haut überzogen waren. Sie sind rechts in der Abbildung des Schädels gut zu erkennen. Der Außenrand des Schildes war glatt.

Torosaurus war schon wegen seiner Größe vor den meisten Fleischfressenden Dinosauriern sicher, aber er konnte sich mit seinen Hörnern auch wirkungsvoll verteidigen. Außerdem boten ihm der große Nackenschild und seine dicke Haut Schutz vor den meisten Feinden.

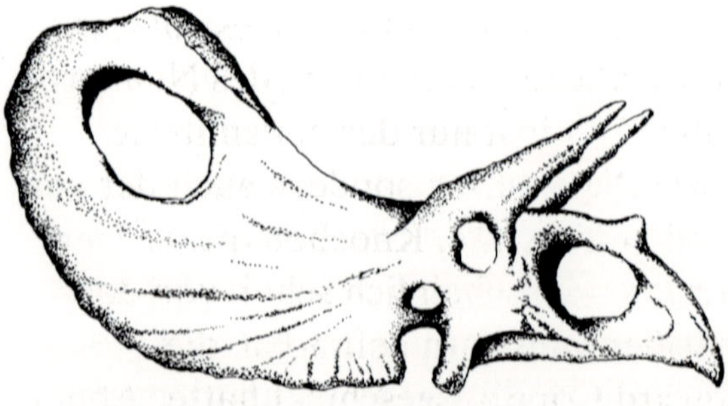

Schädel und Nackenschild von *Torosaurus* (zusammen 2,6 m lang)

Trotz seiner schweren, stämmigen Beine und eines Körpergewichtes von etwa 8 t konnte er schnell laufen.

Triceratops

- Vogelbecken-Dinosaurier
- Horn-Dinosaurier
- O. C. Marsh (1889)
- 7, 8, 24, 30, 44, 51, 57, 63, 65

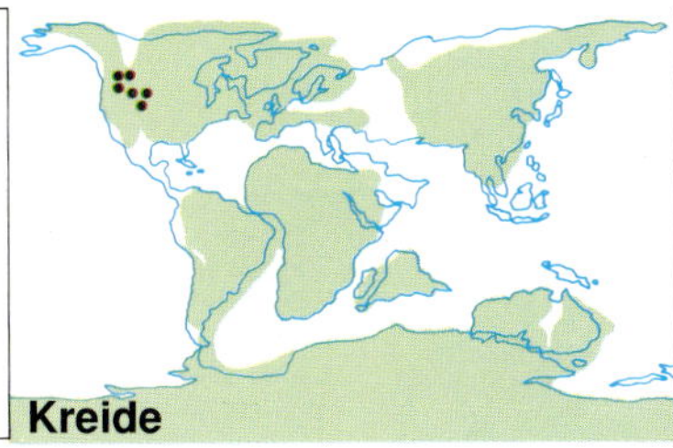

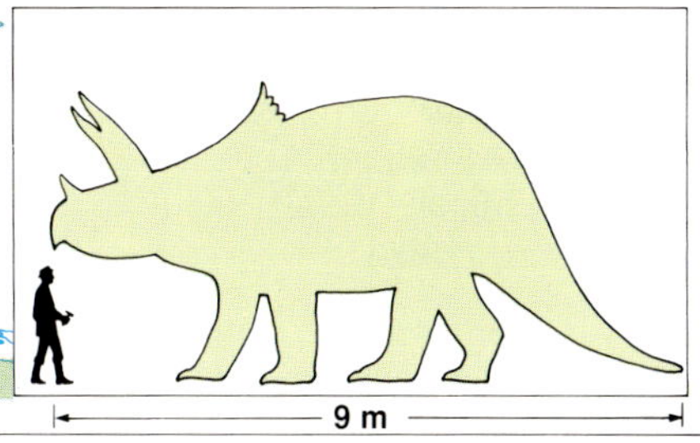

Triceratops (das »Dreihorngesicht«, wie die wörtliche Übersetzung des Namens lautet) ist nicht nur der bekannteste Horn-Dinosaurier, sondern auch der am besten erforschte. Knochen dieser Tiere wurden wahrscheinlich schon von den Fossiliensammlern gefunden, die Edward Cope ausgeschickt hatte. Aber seinem großen Widersacher Othniel C. Marsh blieb es vorbehalten, ein gut erhaltenes Skelett zu finden, aufgrund dessen dieser Dinosaurier beschrieben werden konnte – nachdem die Knochen zuerst als die eines Bisons angesehen worden waren! Zwischen 1889 und 1892 wurden nicht weniger als 30 Schädel und Skelette entdeckt. Mehr als 20 Arten wurden nach ihnen beschrieben, oft nach viel zu geringem Material.

Triceratops hatte drei Hörner: ein kurzes auf der Schnauze und über den Augen zwei längere, die nach vorn gerichtet waren. Der Nackenschild war am oberen Rand mit Knochenhöckern besetzt und hatte keine Öffnungen. Dadurch ist er mit keinem anderen Horn-Dinosaurier zu verwechseln.

Troodon

Echsenbecken-Dinosaurier
Fleischfressende Dinosaurier
J. Leidy (1856)

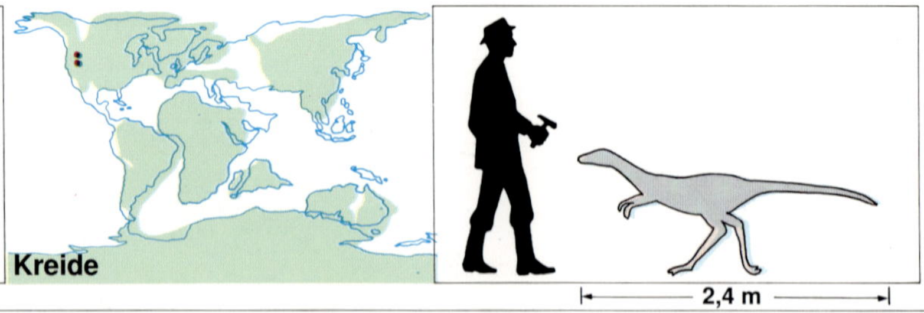

Über das Aussehen und die Lebensweise von *Troodon* weiß man nichts, denn von diesem Tier ist nur ein einziger Zahn bekannt. Er ist spitz und an den Kanten wie ein Sägeblatt gekerbt. Als man 1920 weitere Zähne fand, schien es klar zu sein, daß diese *Troodon*-Zähne in Wirklichkeit zu *Stegoceras* gehörten, der im Vorderkiefer die gleiche Zahnform aufwies. Aber nicht alle Wissenschaftler waren dieser Ansicht – und sie hatten recht! Bei einer neuen und genaueren Untersuchung des *Troodon*-Zahnes im Jahre 1987 stellte sich heraus, daß er den Zähnen von *Stenonychosaurus* ähnlich ist.

Diese Geschichte zeigt, wie schwierig es ist, die oftmals spärlichen Reste längst ausgestorbener Tiere zu deuten und sie einem bestimmten Verwandtschaftskreis zuzuordnen. In diesem Fall konnten nur eingehende Untersuchungen zeigen, daß es sich nicht um einen Vogelbecken-Dinosaurier, sondern um einen Echsenbecken-Dinosaurier handelt.

Tsintaosaurus

Vogelbecken-Dinosaurier
Vogelfuß-Dinosaurier
C. C. Young (1958)
38

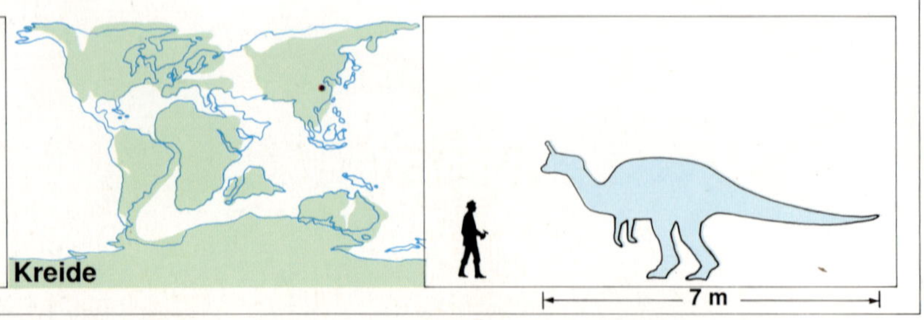

Tsintaosaurus war ein riesiger Entenschnabel-Dinosaurier (Familie *Hadrosauridae*). Er hatte zwischen den Augen einen großen Knochenzapfen, der senkrecht nach oben ragte und von den beiden Nasengängen durchzogen war. Sie waren im untersten Teil mit den Nasenöffnungen verbunden. Man nimmt an, daß sich seitlich des Zapfens große, aufblasbare Hautsäcke befanden. Mit diesem Organ konnte *Tsintaosaurus* vielleicht Laute erzeugen und sich verständigen.

Tyrannosaurus

- Echsenbecken-Dinosaurier
- Fleischfressende Dinosaurier
- H. F. Osborn (1905)
- 7, 9, 10, 16, 32, 34, 57, 63

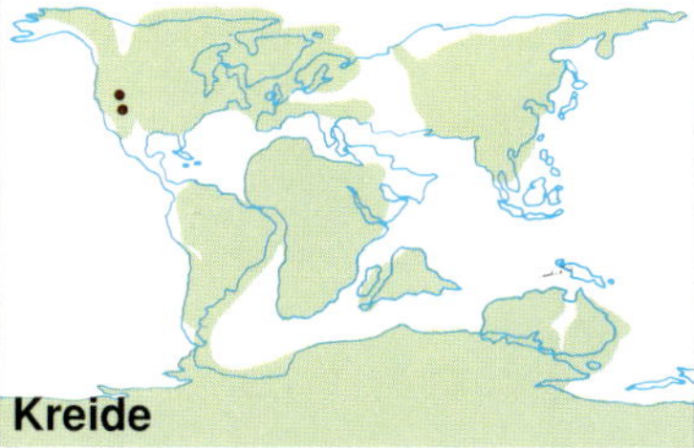

Tyrannosaurus, die Tyrannenechse, ist wohl der bekannteste Dinosaurier, und nach ihm ist auch die ganze Familie *Tyrannosauridae* benannt. Sie umfaßt nur wenige Gattungen und ist erst in der Oberkreide aufgetreten. Ihre Lebensspanne dauerte »nur« 15 Millionen Jahre.

Tyrannosaurus war mit 14 m Länge, 6 m Höhe und etwa 7 t Gewicht das größte Raubtier, das es je gegeben hat. Sein Kopf war etwa 1,5 m lang, und die Kiefer waren mit 15 cm langen Zähnen besetzt. Bereits im 19. Jahrhundert waren einzelne Zähne von *Tyrannosaurus* gefunden worden; ein einigermaßen gut erhaltenes Skelett wurde 1902 entdeckt und ein weiteres 1908 freigelegt. Aber erst die Entdeckung von eng verwandten Dinosauriern, z.B. *Tarbosaurus*, machte es möglich, ein genaueres Bild von *Tyrannosaurus* zu entwerfen. Dennoch ist bisher nicht geklärt, ob er zu den guten Jägern gehörte und andere Dinosaurier erbeutete, oder ob er ein träger, sich nur langsam bewegender Aasfresser war.

Ultrasaurus

- Echsenbecken-Dinosaurier
- Pflanzenfressende Dinosaurier
- entdeckt von Jim Jensen (1979)
- 12

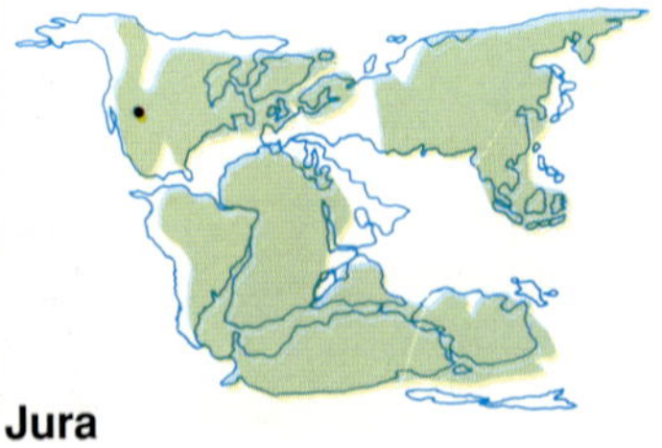

Jura

Ultrasaurus wurde 1979 im selben Gebiet von Colorado (USA) entdeckt, in dem auch *Supersaurus* wenige Jahre zuvor gefunden worden war. *Ultrasaurus* ist bisher noch nicht endgültig beschrieben worden, aber es ist ein offenes Geheimnis, daß er der größte aller bisher gefundenen Dinosaurier aus der Zwischenordnung der Langhalsigen Pflanzenfresser (*Sauropoda*) ist.

Die bis jetzt ausgegrabenen Reste sind nicht vollständig. Ein Arm und ein Schultergürtel zeigen jedoch, daß die Schulterhöhe des Tieres etwa 8 m betragen haben muß. Die gesamte Länge von *Ultrasaurus* wird auf mehr als 30 m berechnet. *Ultrasaurus* und *Supersaurus* stimmen wohl in den Körperverhältnissen mit *Brachiosaurus* überein, aber beide waren noch größer. Nimmt man an, daß *Brachiosaurus* ein Körpergewicht von 80 t hatte, so muß man für *Ultrasaurus* ungefähr 130 t veranschlagen. Damit wäre er schwerer gewesen als der heute lebende Blauwal, der seinen etwa 100 t schweren Körper vom Wasser tragen läßt.

Die größten Dinosaurier:
Ultrasaurus (1)
Supersaurus (2) und
Brachiosaurus (3)

Velociraptor

- Echsenbecken-Dinosaurier
- Fleischfressende Dinosaurier
- H. F. Osborn (1924)
- 50

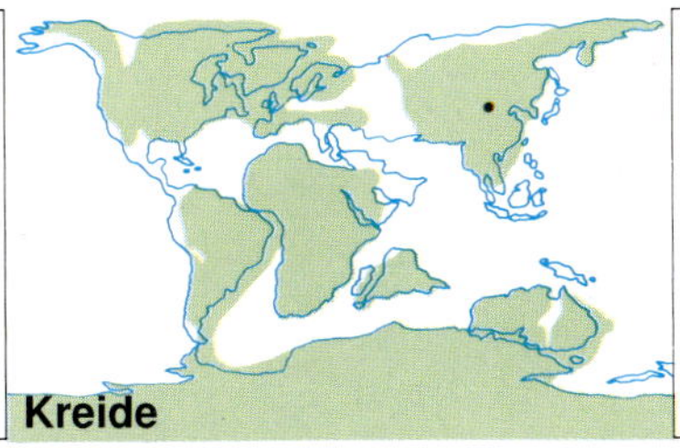

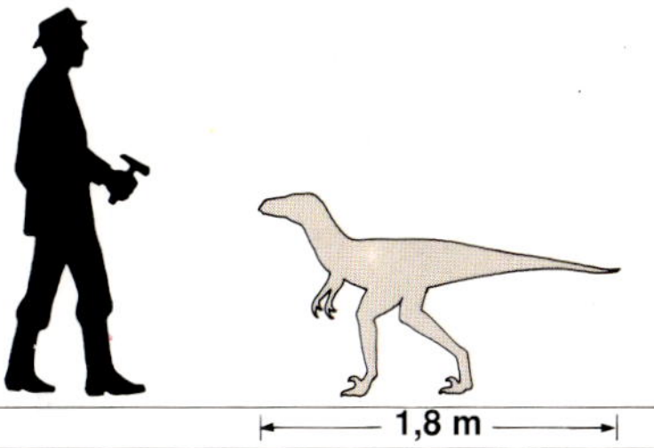

Velociraptor gehört zu den Sichelkrallen-Dinosauriern (*Deinonychosauria*). Er hatte einen langen Kopf, der in eine flache Schnauze auslief; seine Kiefer enthielten bis zu 30 scharfe und spitze Zähne. Die Sichelkralle jeweils an der zweiten Zehe eines Fußes war gut ausgebildet, aber nicht so groß wie bei *Deinonychus* und *Dromaeosaurus*, mit denen *Velociraptor* eng verwandt war. Mit den langen, schlanken Beinen konnte das Tier schnell laufen; darauf bezieht sich auch sein Name, der »schneller Räuber« bedeutet.

Über die Lebensweise von *Velociraptor* weiß man sehr gut Bescheid, denn 1971 wurde in der Mongolei ein gut erhaltenes Skelett zusammen mit einem Beutetier entdeckt. Bei diesem Fund hielt sich *Velociraptor* mit den Händen am Nackenschild des Horn-Dinosauriers *Protoceratops* fest, und dieser hatte den Brustkorb von *Velociraptor* durchbohrt. Die beiden Tiere müssen sich gegenseitig umgebracht haben und starben zur selben Zeit. *Velociraptor* machte also auf die großen Pflanzenfressenden Dinosaurier Jagd, wobei er auch vor einem Horn-Dinosaurier nicht ausriß. Wahrscheinlich jagten die Tiere in Rudeln.

Vulcanodon

Echsenbecken-Dinosaurier
Pflanzenfressende Dinosaurier
M. A. Raath (1972)
4

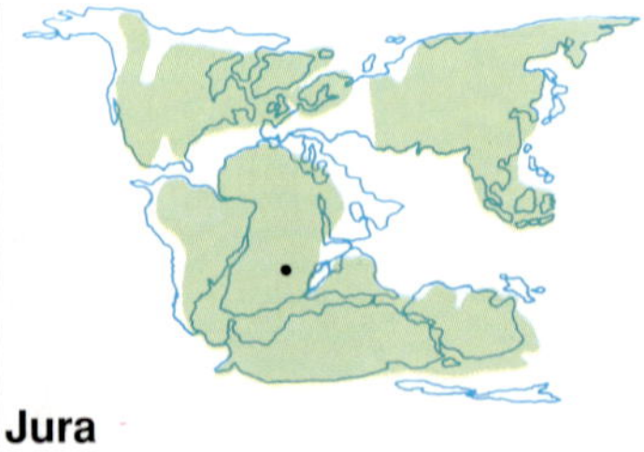

Jura

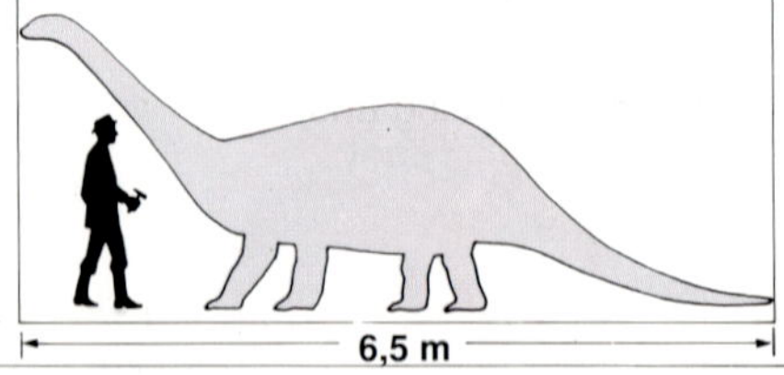

Vulcanodon gehört zu den Frühen Pflanzenfressern (*Prosauropoda*) und ist vielleicht mit *Melanorosaurus* aus Südafrika und *Riojasaurus* aus Südamerika verwandt, obwohl diese Tiere bereits in der Obertrias lebten.

Vulcanodon wurde 1972 nach einem Skelett beschrieben, dem nur einige Halswirbel und der Schädel fehlten. Einige einzeln liegende Zähne waren verhältnismäßig klein und hatten eingekerbte, scharfe Schneiden. Der Beckengürtel des Skelettes deutet auf einen Frühen Pflanzenfresser hin, während die Gliedmaßen mehr denen der Langhalsigen Pflanzenfresser ähneln.

Vielleicht nimmt *Vulcanodon* eine Zwischenstellung zwischen diesen beiden Gruppen ein.

Xiaosaurus

- Vogelbecken-Dinosaurier
- Vogelfuß-Dinosaurier
- Dong Zhiming und Tang Zilu (1983)

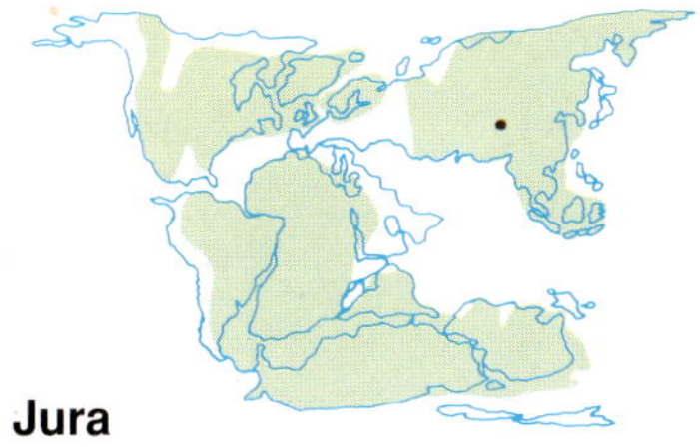

Xiaosaurus gehört zur Familie *Fabrosauridae*, die kleine, zierliche, auf zwei Beinen laufende Pflanzenfressende Dinosaurier umfaßt. Teile eines Kiefers und eines Beines wurden in der Provinz Sichuan (China) entdeckt.

Xuanhanosaurus

- Echsenbecken-Dinosaurier
- Fleischfressende Dinosaurier
- Dong Zhiming (1984)

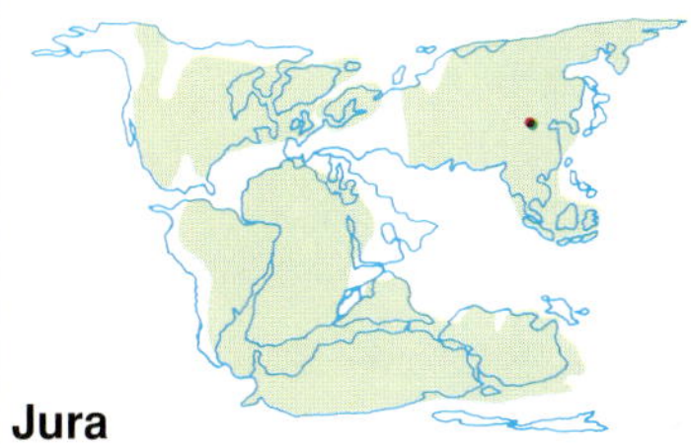

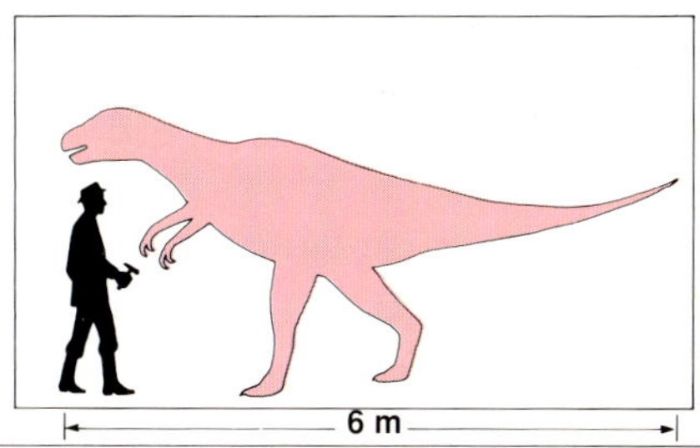

Xuanhanosaurus gehört zu den Raubtier-Dinosauriern (*Carnosauria*) und zur Familie *Megalosauridae*. Er lebte im Mittleren Jura und wurde in der Provinz Sichuan (China) ausgegraben. Bisher wurden nur zwei Rückenwirbel, ein Schultergürtel, Teile eines Armes und einer Hand gefunden. Sie stimmen weitgehend mit den entsprechenden Teilen von *Megalosaurus* überein.

Zephyrosaurus

- Vogelbecken-Dinosaurier
- Vogelfuß-Dinosaurier
- H.-D. Sues (1980)

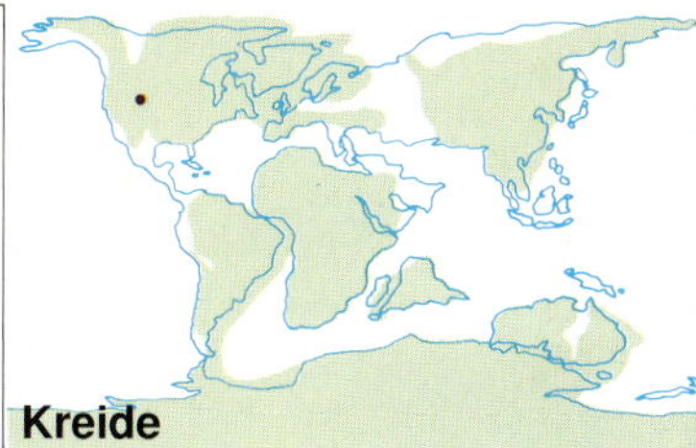

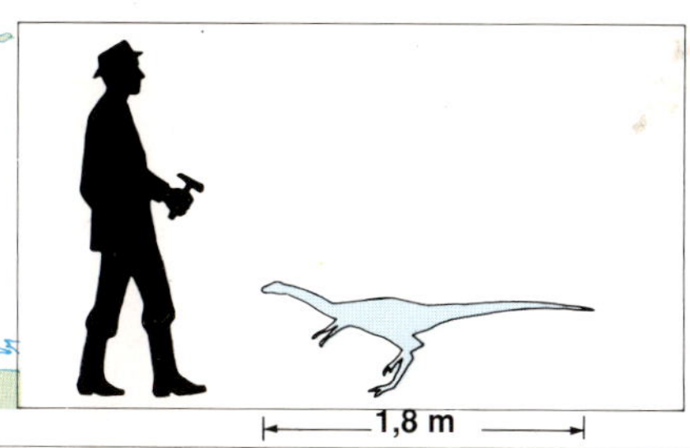

Zephyrosaurus ist eng mit *Hypsilophodon* verwandt und gehört zu den kleinen, schlanken, auf zwei Beinen laufenden Dinosauriern. Er ernährte sich von Pflanzen, die er mit den großen Backenzähnen zerrieb.

Verzeichnis der Museen

Afrika

1. **Bernard Price Institute of Palaeontology**, Johannesburg (Südafrika)
2. **Musée National du Niger**, Niamey (Niger)
3. **Museum für Geowissenschaften**, Rabat (Marokko)
4. **National Museum of Zimbabwe**, Harare (Zimbabwe)
5. **South African Museum**, Kapstadt (Südafrika)

Nord- und Südamerika

6. **Academy of Natural Sciences**, Philadelphia (Pennsylvania/USA)
7. **American Museum of Natural History**, New York (USA)
8. **Buffalo Museum of Science**, Buffalo (New York State/USA)
9. **Carnegie Museum of Natural History**, Pittsburgh (Pennsylvania/USA)
10. **Denver Museum of Natural History**, Denver (Colorado/USA)
11. **Dinosaur National Monument**, Jensen (Utah/USA)
12. **Earth Sciences Museum** (Brigham Young University), Provo (Utah/USA)
13. **Field Museum of Natural History**, Chicago (Illinois/USA)
14. **Fort Worth Museum of Science**, Fort Worth (Texas/USA)
15. **Houston Museum of Natural Science**, Houston (Texas/USA)
16. **Los Angeles County Museum of Natural History**, Los Angeles (California/USA)
17. **Museo Argentino de Ciencias Naturales**, Buenos Aires (Argentinien)
18. **Museum der La Plata Universität**, La Plata (Argentinien)
19. **Museum of Comparative Zoology** (Harvard University), Cambridge (Massachusetts/USA)
20. **Museum of Northern Arizona**, Flagstaff (Arizona/USA)
21. **Museum of Palaeontology** (University of California), Berkeley (California/USA)
22. **Museum of the Rockies**, Bozeman (Montana/USA)
23. **Naturgeschichtliches Museum**, Mexiko Stadt (Mexiko)
24. **National Museum of Natural Sciences**, Ottawa (Ontario/Kanada)
25. **Peabody Museum of Natural History** (Yale University), New Haven (Connecticut/USA)
26. **Pratt Museum** (Amherst College), Amherst (Massachusetts/USA)
27. **Provincial Museum of Alberta**, Edmonton (Alberta/Kanada)
28. **Redpath Museum**, Quebec (Kanada)
29. **Royal Ontario Museum**, Toronto (Ontario/Kanada)
30. **Smithsonian Institution** (National Museum of Natural History), Washington D.C. (USA)
31. **Stovall Museum**, Norman (Oklahoma/USA)
32. **Tyrrell Museum of Palaeontology**, Drumheller (Alberta/Kanada)
33. **University of Michigan Exhibit Museum**, Ann Arbor (Michigan/USA)

34. **University of Wyoming** (Geological Museum), Laramie (Wyoming/USA)
35. **Utah Museum of Natural History** (University of Utah), Salt Lake City (Utah/USA)

Asien

36. **Beijing Natural History Museum**, Peking (China)
37. **Indian Statistical Institute** (Geology Museum) Kalkutta (Indien)
38. **Institute of Vertebrate Palaeontology and Palaeanthropology**, Peking (China)
39. **Mongolian Academy of Sciences**, Ulan Bator (Mongolia)

Australien

40. **Australian Museum**, Sydney (New South Wales)
41. **Queensland Museum**, Brisbane (Queensland)

Europa

42. **Bayerische Staatssammlung für Paläontologie und Historische Geologie**, München (Deutschland)
43. **Bernissart Museum**, Hainaut (Belgien)
44. **Birmingham Museum**, Birmingham (Großbritannien)
45. **Geologisches Museum**, Leningrad (UdSSR)
46. **The Dinosaur Museum**, Dorchester (Großbritannien)
47. **Geologisches und Paläontologisches Institut** (Universität Münster), Münster (Deutschland)
48. **Museum für Naturkunde der Humboldt-Universität zu Berlin** (Paläontologisches Museum), Berlin (Deutschland)
49. **Institut und Museum für Geologie und Paläontologie** (Universität Tübingen), Tübingen (Deutschland)

Das Skelett von *Brachiosaurus* befindet sich im Paläontologischen Museum der Humboldt-Universität in Berlin.

50. **Institut für Paläobiologie**, Warschau (Polen)
51. **Institut de Paléontologie**, Paris (Frankreich)
52. **Institut Royal des Sciences Naturelles de Belgique**, Brüssel (Belgien)
53. **The Leicestershire Museums**, Leicester (Großbritannien)
54. **Musée Nationale d'Histoire Naturelle**, Paris (Frankreich)
55. **Museo Civico di Storia Naturale di Venezia**, Venedig (Italien)
56. **Museum of Isle of Wight Geology**, Sandown (Isle of Wight/ Großbritannien)
57. **British Museum** (Natural History), London (Großbritannien)
58. **Naturhistorisches Museum**, Wien (Österreich)
59. **Oxford University Museum**, Oxford (Großbritannien)
60. **Museum für Paläontologie**, Moskau (UdSSR)
61. **Paläontologisches Museum** (Universität Uppsala), Uppsala (Schweden)
62. **Sedgwick Museum** (Cambridge University), Cambridge (Großbritannien)
63. **Natur-Museum Senckenberg**, Frankfurt am Main (Deutschland)
64. **Staatliches Museum für Naturkunde**, Stuttgart (Deutschland)
65. **Royal Scottish Museum**, Edinburgh (Großbritannien)

Der riesige Entenschnabel-Dinosaurier *Shantungosaurus* ist im Museum für Wirbeltier-Paläontologie in Peking ausgestellt.

Was ist ein Dinosaurier?

Ein Dinosaurier ist ein Reptil aus jener Gruppe, deren Exemplare an ihrem Schädel zwei Schläfengruben hinter jeder Augenöffnung haben. Er gehört zu den ausgestorbenen Großsauriern, die entweder ein Echsenbecken oder ein Vogelbecken hatten. Seine nächsten Verwandten sind die ausgestorbenen Flugsaurier und die noch heute lebenden Krokodile.

Für einen Kenner ist diese Kurzbeschreibung ausreichend; wir wollen uns ihr schrittweise nähern und zuerst fragen, was das Besondere an einem Reptil ist. In der Entwicklung der Lebewesen auf unserer Erde nehmen die Reptilien eine hervorragende Stelle ein. Sie sind in der Steinkohlenzeit aus den Lurchen entstanden und haben sich weit mehr als diese an das Leben auf dem Festland angepaßt. Die Lurche mußten (und müssen noch heute) in das Wasser zurückkehren, um ihre Eier abzulegen. Jedes Tier begann seine ersten Lebensstadien im Wasser und besiedelte erst als erwachsenes Tier das Festland. Die Reptilien sind in dieser Hinsicht nicht mehr auf das Wasser angewiesen. Bei ihnen entwickeln sich die Embryonen in einem Ei mit einer festen Schale, das auf dem Land abgelegt wird. Sogleich nach dem Schlüpfen sind die Jungtiere Landbewohner. Die Dinosaurier waren Reptilien und lebten deshalb von Jugend an auf dem Lande.

Im System der Tiere läßt sich die Klasse der Reptilien in mehrere Unterklassen gliedern; wir unterscheiden im folgenden sieben. Die urtümlichen Reptilien, die eine eigene Unterklasse bilden, haben einen schweren, kompakten Schädel, in dem sich nur zwei Augenöffnungen und zwei Nasenöffnungen befinden. Die Kaumuskeln sitzen lediglich an den beiden Kiefern. Die Tiere können ihr Maul nicht weit öffnen und auch nicht kräftig zubeißen. Die meisten starben vor 250 Millionen Jahren aus, nur die Schildkröten überlebten und bilden heute eine artenreiche Gruppe. Zu ihnen gehören auch einige Meerestiere, die zur Eiablage ans Land kommen und ihre Eier im Sand eingraben, wo sie von der Sonnenwärme ausgebrütet werden. Die Jungtiere kehren dann ins Meer zurück.

Vier andere Unterklassen hatten auf jeder Seite des Schädels hinter dem Auge eine Schläfengrube. Diese war zu Lebzeiten der Tiere von einer Membran verschlossen, durch die starke Sehnen verliefen, die mit den Kaumuskeln verbunden waren. Diese Tiere konnten das Maul weit öffnen und hatten eine erhöhte Beißkraft. Zu den Unterklassen, bei denen die Tiere eine einzige Schläfengrube auf jeder Seite des Schädels hatten, gehören ausschließlich längst ausgestorbene Vertreter: säugetierähnliche Reptilien, Fischechsen, Permechsen sowie Paddelechsen und Pflasterzahnechsen.

Bei zwei anderen Unterklassen der Reptilien ist das Gewicht des Schädels noch weiter vermindert. Der Schädel hat nicht nur eine, sondern zwei Schläfengruben hinter jedem Auge. Da die beiden Unterklassen sehr verschieden sind, nimmt man an, daß sie sich aus zwei verschiedenen Vorfahren entwickelt haben. Zur artenreichsten Unterklasse, den Schuppenkriechtieren, gehören die ausgestorbenen Ur-Schuppensaurier und die Schnabelechsen, von denen nur die Brückenechse überlebt hat, sowie die heute lebenden Schuppenkriechtiere (Echsen und Schlangen). Die Großsaurier bilden die zweite Unterklasse. Zu ihnen gehören die vor langer Zeit ausgestorbenen Ur-Wurzelzähner, die Echsenbecken- und Vogelbecken-Dinosaurier sowie die Flugsaurier, aber auch die noch heute lebenden Krokodile. Die Ur-Wurzelzähner waren vom obersten Perm bis zur Obertrias weit verbreitet. Sie hatten die Form eines Krokodils, waren aber kleiner. Ihre Körper und Schwänze waren mit Knochenplatten bedeckt, die einen Panzer bildeten. Im Gegensatz zu den Krokodilen wurde bei ihnen der Gaumen noch nicht von einer durchgehenden Knochenplatte gebildet. Alle waren Fleischfresser.

Die Flugsaurier waren den heute lebenden Fledermäusen sowohl im Aussehen als auch in der Lebensweise ähnlich. Ihr Skelett war sehr leicht gebaut, sie hatten einen langgestreckten Schädel mit spitzer Schnauze. Zu ihnen gehören viele verhältnismäßig kleine Tiere, aber auch riesige Arten mit der Flügelspannweite eines Segelflugzeuges. Sie konnten sich damit nicht vom Boden erheben, sondern stürzten sich von Klippen herab und segelten im Wind. Flugsaurier traten im Jura auf und starben am Ende der Kreidezeit aus. Die Krokodile haben bis heute überlebt und sind so bekannt, daß sie hier nicht geschildert werden müssen.

Die Dinosaurier sind wahrscheinlich aus den Ur-Wurzelzähnern entstanden. Sie haben alle zwei Schläfengruben auf jeder Seite des Schädels hinter dem Auge, die bei versteinerten Schädeln als Fenster erscheinen. Sie sind z.B. auf den Seiten 18 und 50 bei den abgebildeten Schädeln leicht zu erkennen. Die beiden Ordnungen der Dinosaurier unterscheiden sich deutlich in der Ausgestaltung ihres Beckengürtels. Viele liefen auf den Hinterbeinen – das war nur möglich, weil ihre starken Beinmuskeln an langen Knochen angewachsen waren. Bei den Dinosauriern mit einem Echsenbecken setzten die Muskeln am Schambein an, bei den Vogelbecken-Dinosauriern an einem Fortsatz des Darmbeines oder des Schambeines. Bei beiden Ordnungen gab es jedoch auch Verwandtschaftskreise, bei denen die Tiere auf allen vieren liefen.

Fachworterklärung

Aasfresser Tiere, die sich auf das Fleisch toter Tiere spezialisiert haben.
Allesfresser Tiere, die sich sowohl vom Fleisch anderer Tiere als auch von Pflanzen ernähren.
Art Eine Gruppe von Pflanzen oder Tieren, die sich untereinander gleichen. Wenn sie sich paaren, entstehen neue Lebewesen, die ihren Eltern ganz ähnlich sind.
Beckengürtel Ein Stützgerüst, das bei den Wirbeltieren die Hinterbeine mit der Wirbelsäule verbindet. Aus der Verschmelzung mehrerer Wirbel entsteht das Kreuzbein. Jede Gürtelhälfte besteht aus Darmbein, Schambein und Sitzbein.
Familie Eine Gruppe mehrerer Tier- oder Pflanzengattungen, die besondere Ausbildungen gemeinsam haben.
Fleischfresser Tiere, die sich ausschließlich vom Fleisch anderer Tiere ernähren. Bei ausgestorbenen Tieren kann man die Art der Ernährung an den Zähnen erkennen.
Fossilien – siehe Versteinerung
Gattung Eine Gruppe von Pflanzen- oder Tierarten, die einander ähnlich, aber nicht gleich sind.
Huf Ein dicker Überzug aus Horn, der die Zehen schützt.
Jura (der) Zeitalter in der Mittelzeit der Erde, vor 208 bis 144 Millionen Jahren.
Känozoikum Die Neuzeit der Erde; sie begann vor etwa 65 Millionen Jahren und reicht bis zur Heutzeit.
Kontinente Große Schollen der Erdkruste, die auf dem flüssigen Gesteinsmantel der Erde schwimmen. Sie ragen als Festländer aus den Meeren.
Kralle Ein spitzes Gebilde aus Horn, das bei vielen Reptilien, Vögeln und Säugetieren am Ende der Zehen steht.
Kreide (die) Zeitalter in der Mittelzeit der Erde, vor 144 bis 65 Millionen Jahren.
Mesozoikum Die Mittelzeit der Erde vor 245 bis 65 Millionen Jahren. Sie wird in Trias, Jura und Kreide gegliedert.
Ordnung Ein Verwandtschaftskreis im System der Pflanzen und Tiere, der unterhalb der Klasse steht.
Paläontologie Die Versteinerungskunde ist die Wissenschaft von den Pflanzen und Tieren der erdgeschichtlichen Vergangenheit.
Paläozoikum Die Altzeit der Erde. Sie umfaßt Kambrium, Ordovizium, Silur, Devon, Karbon und Perm.

Deinocheirus hatte riesige Arme (siehe S.55), sie waren über 2 m lang.

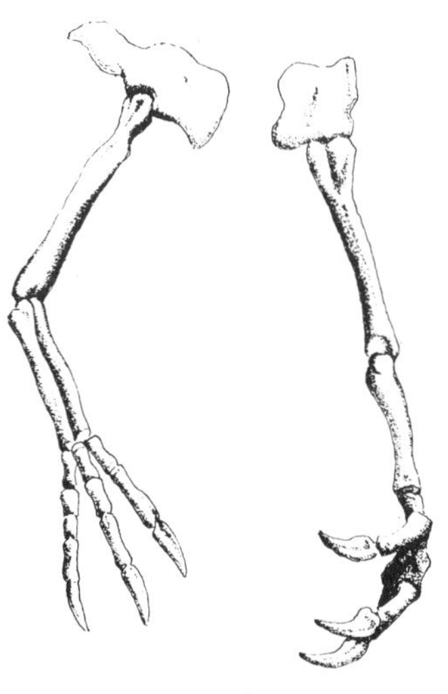

Pflanzenfresser Tiere, die sich ausschließlich von Pflanzenteilen ernähren.
Rekonstruktion Nachbildung eines Tieres aufgrund der bekannten Versteinerungen.
Schädel Der Teil des Skeletts der Wirbeltiere, der den Kopf bildet. Der Schädel umschließt und schützt das Gehirn und die Sinnesorgane (Ohren, Augen, Nase).
Schultergürtel Ein Stützorgan, das bei den Wirbeltieren die Vorderbeine mit dem Brustkorb verbindet. Jede Gürtelhälfte besteht bei den Reptilien aus dem Schulterblatt, dem Schlüsselbein und dem Rabenschnabelbein.
Skelett Die Gesamtheit der Knochen der Wirbeltiere.
Trias (die) Zeitalter in der Mittelzeit der Erde vor 245 bis 208 Millionen Jahren.
Unterordnung Eine Gruppe, die im System der Pflanzen und Tiere einen Teil einer Ordnung umfaßt.
Versteinerung Reste und Spuren von vorzeitlichen Lebewesen.

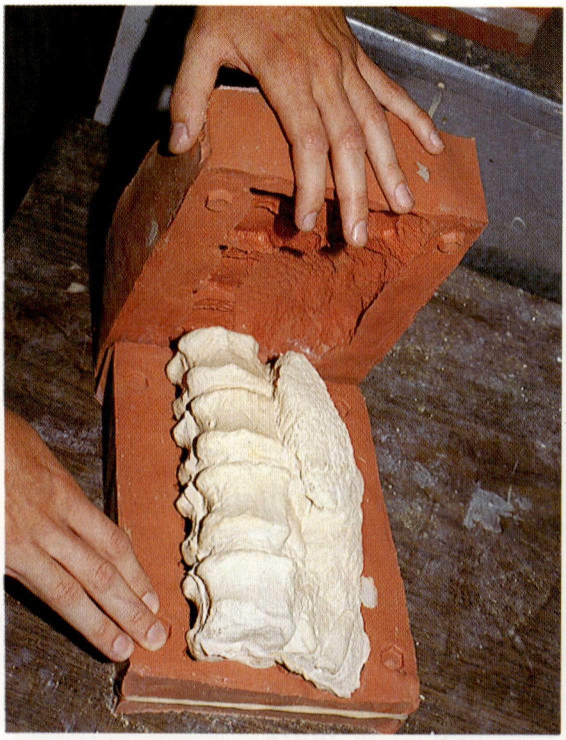
Von Versteinerungen werden heute Abgüsse gemacht, die in verschiedenen Museen ausgestellt werden. Hier wird ein Plastikabguß von einigen Wirbelknochen aus der Form genommen.

Zwischenordnung Ein Verwandtschaftskreis, der im System der Tiere zwischen Unterordnung und Familie steht.

Literaturverzeichnis

Beurlen, K.: Geologie – Die Geschichte der Erde und des Lebens. Stuttgart (1975).

Charig, A. J.: Dinosaurier – Rätselhafte Riesen der Urzeit. Frankfurt a. M., Basel, Wien (1984).

Colbert, E. H.: Dinosaurs: An Illustrated History. Maplewood/USA (1986).

Cox, B., D. Dixon, B. Gardiner und R. Savage: Dinosaurier und andere Tiere der Vorzeit. München (1989).

Desmond, J.: Das Rätsel der Dinosaurier. München (1981).

Glut, D.: The New Dinosaur Dictionary. Secaucus/USA (1982).

Halstead, L. B.: Spuren im Stein. Das Kosmosbuch der Paläontologie. Stuttgart (1983).

Haubold, H.: Lebensbilder und Evolution fossiler Saurier. Wittenberg (1981).

Kuhn, O.: Die deutschen Saurier. Krailling (1968).

Kuhn-Schnyder, E.: Geschichte der Wirbeltiere. Basel (1953).

Kuhn-Schnyder, E. und H. Rieber: Paläozoologie – Morphologie und Systematik ausgestorbener Tiere. Stuttgart, New York (1984).

Kurtén, B.: Die Welt der Dinosaurier. München (1968).

Lambert, D.: Dinosaurier. Wien, Nürnberg (1978).

Müller, A. H.: Lehrbuch der Paläozoologie. Band 3, Vertebraten. Teil 2, Reptilien und Vögel. Jena (1968).

Mundlos, R.: Wunderwelt in Stein. Fossilfunde – Zeugen der Urzeit. Gütersloh (1976).

Norman, D.: The Illustrated Encyclopaedia of Dinosaurs. London (1985).

Probst, E.: Deutschland in der Urzeit. München (1986).

Steel, R.: Handbuch der Paläoherpetologie. Teil 14, Saurischia. Stuttgart, Portland/USA (1970).

Steel, R.: Handbuch der Paläoherpetologie. Teil 15, Ornithischia. Stuttgart, Portland/USA (1969).

Steel, R. und A. F. Harvey: Lexikon der Vorzeit. Freiburg (1981).

Steiner, W.: Die große Zeit der Saurier. 250 Millionen Jahre Erd- und Lebensgeschichte vom Karbon bis zur Kreidezeit. Leipzig, Jena, Berlin (1986).

Tweedie, M.: Die Welt der Dinosaurier. Herrsching (1977).

Wilford, J. N.: The Riddle of the Dinosaurs. London (1985).

Register

Die fettgedruckten Zahlen weisen auf eine Abbildung hin.

mit Spaß ENTDECKEN
Sachbücher für Kinder und Jugendliche

ISBN 3-7607-4540-7

ISBN 3-7607-4541-5

ISBN 3-7607-4542-3

ISBN 3-7607-4543-1

ISBN 3-7607-4544-X

ISBN 3-7607-4545-8

ISBN 3-7607-4552-0

ISBN 3-7607-4524-5

ISBN 3-7607-4546-6

ISBN 3-7607-4538-5

ISBN 3-7607-4547-4

ISBN 3-7607-4525-3

ISBN 3-7607-4539-3

ISBN 3-7607-4548-2